高 等 院 校 信 息 技 术 规 划 教 材

离散数学

王卫红 李曲 郑宇军 沈瑛 张永[illegible]

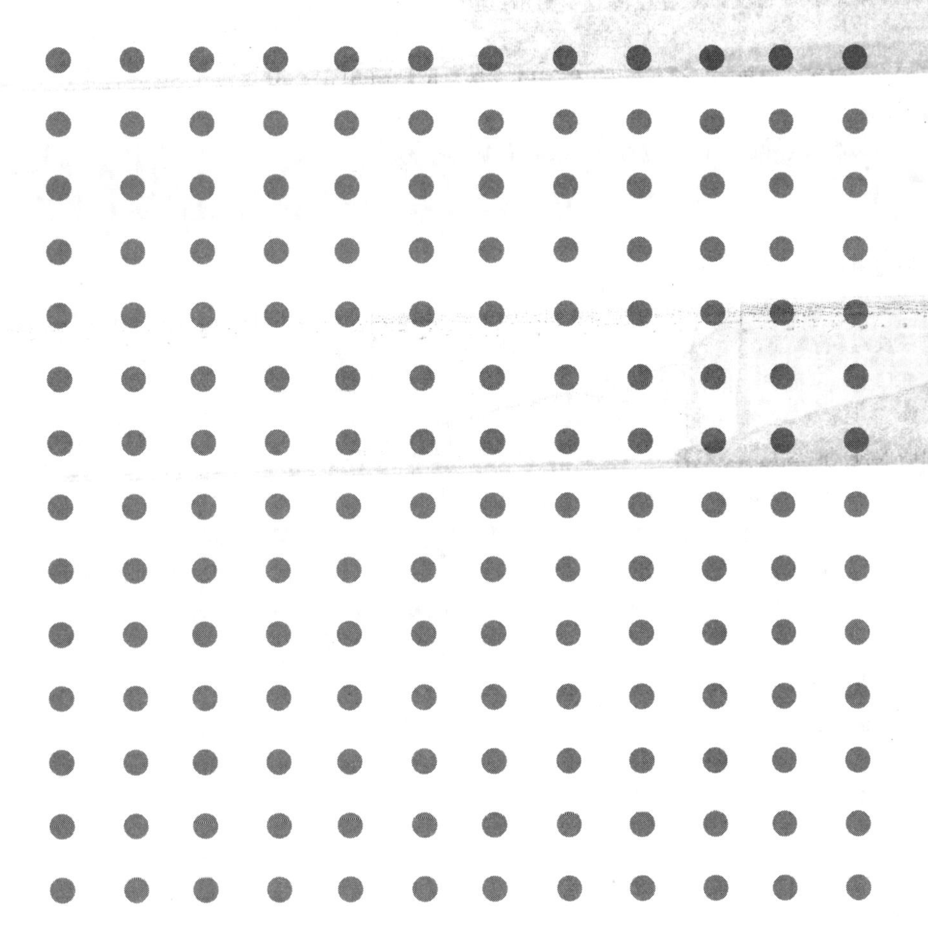

清华大学出版社
北京

内 容 简 介

本书系统地介绍了计算机科学与技术等相关专业所必需的离散数学知识。全书共 8 章。第 1 章介绍命题及命题逻辑，第 2 章介绍谓词逻辑及其推理理论，第 3 章介绍集合与关系的基本概念和性质，第 4 章介绍函数，第 5 章介绍代数系统，第 6 章介绍格与布尔代数，第 7 章介绍图论的基本概念及其性质，第 8 章介绍离散数学在计算机科学中的一些具体应用。

本书适合作为高等学校计算机专业及相关专业的本科生教材，也可以供对离散数学有兴趣的读者自学。

图书在版编目(CIP)数据

离散数学 / 王卫红等编著. —北京：清华大学出版社，2013(2023.1 重印)
高等院校信息技术规划教材
ISBN 978-7-302-33523-8

Ⅰ. ①离… Ⅱ. ①王… Ⅲ. ①离散数学 Ⅳ. ①O158

中国版本图书馆 CIP 数据核字(2013)第 199045 号

责任编辑：焦　虹　战晓雷
封面设计：常雪影
责任校对：焦丽丽
责任印制：丛怀宇

出版发行：清华大学出版社
网　　址：http://www.tup.com.cn，http://www.wqbook.com
地　　址：北京清华大学学研大厦 A 座　　邮　　编：100084
社 总 机：010-83470000　　邮　　购：010-62786544
投稿与读者服务：010-62776969，c-service@tup.tsinghua.edu.cn
质 量 反 馈：010-62772015，zhiliang@tup.tsinghua.edu.cn
印 装 者：保定市中画美凯印刷有限公司
经　　销：全国新华书店
开　　本：185mm×260mm　　**印　　张**：14　　**字　　数**：320 千字
版　　次：2013 年 9 月第 1 版　　**印　　次**：2023 年 1 月第13次印刷
定　　价：50.00 元

产品编号：055002-04

前言 Foreword

离散数学是现代数学的重要分支，也是计算机科学的重要理论基础。离散数学作为应用计算机求解实际问题的重要工具，在离散建模中具有重要的意义。随着计算机技术的日益普及，越来越多的行业开始采用计算机解决实际问题，学习和掌握离散建模的重要性日益凸显。学好离散数学，不仅能为计算机相关专业的学生后续课程的学习打下坚实的基础，也能培养学生的逻辑推理和抽象思维能力，为学生今后从事相关专业的学习和工作打下坚实的数学基础。

离散数学的主要研究对象是计算机相关学科中离散量的结构及其相互关系。本书主要包括数理逻辑、集合与函数、代数系统及布尔代数、图论等主要内容，内容涵盖计算机科学技术中常用的离散结构的数学基础。本书在注重离散数学体系的基础上，强化证明思想和方法的介绍，在讲解基本内容及基本概念的时候尽可能结合实例，重视理论和方法的实用性。本书除在每章中增加了一些实例的讲解和习题之外，还专门在第 8 章讨论了数理逻辑、集合论、代数系统以及图论在计算机科学中的应用。

本书系统地介绍了计算机科学与技术等相关专业所必需的离散数学知识。全书共 8 章，第 1 章介绍命题及命题逻辑，第 2 章介绍谓词逻辑及其推理理论，第 3 章介绍集合与关系的基本概念和性质，第 4 章介绍函数，第 5 章介绍代数系统，第 6 章介绍格与布尔代数，第 7 章介绍图论的基本概念及其性质，第 8 章介绍离散数学在计算机科学中的一些具体应用。

本书适合作为高等学校计算机专业及相关专业的本科生教材，也可以供对离散数学有兴趣的读者自学。

限于作者水平，书中不当之处在所难免，恳请读者批评指正。

编者

2013 年 8 月

目录 Contents

第1章 chapter 1

命题逻辑

本章要点

- 命题的概念和表示
- 命题联结词、命题公式
- 真值表、重言式
- 等价公式与蕴含式
- 对偶与范式
- 推理理论

本章学习目标

- 掌握命题及其联结词的基本概念
- 掌握命题公式的基本概念与翻译方法
- 掌握范式的推演和变化方法
- 掌握命题演算的推理理论和规则

1.1 命题及联结词

1.1.1 命题的概念

数理逻辑是用数学方法研究逻辑思维的一门学科，它研究的中心问题是推理。而推理的前提和结论都是表达判断的陈述句，因而表达判断的陈述句就成了推理的基本要素。可以说，命题是命题逻辑研究的基本对象。在数理逻辑中，把具有唯一真值的陈述句称为**命题**。

可以把上面的这句话作为判定一个句子是否为命题的依据，换言之，如果要判断给定的句子是否为命题，应首先判断它是否为陈述句，再判断它是否有唯一的真值。作为命题的陈述句所表达的判断只有两种结果，称这种判断结果为命题的**真值**。真值只能取两个值：真(用 T 或 1 表示)或假(用 F 或 0 表示)。真对应正确的判断，假对应错误的判断。根据命题定义可知，任何命题的真值都是唯一的，也就是不仅不能既真又假，也不能既非真又非假。真值为真的命题称为**真命题**，真值为假的命题称为**假命题**。

下面先介绍几个实例。

例 1.1 判断下列句子中哪些是命题。

(1) 中国是亚洲最大的国家。

(2) 雪是黑色的。

(3) 生活多么美好啊!

(4) $x+y>10$。

(5) 你喜欢打篮球么?

(6) 我正在说谎。

(7) 请跟我来!

根据上面的说明知道,判断给定的句子是否为命题,应该分为两步:首先判定它是否为陈述句,其次判断它是否有唯一的真值。

在以上例子中,(3)是感叹句,(5)是疑问句,(7)是祈使句,它们都不是陈述句,因而都不是命题。

除了(3)、(5)、(7)之外的4个句子虽然都是陈述句,但并不都是命题。

对于(4),由于x与y的不确定性,使得该陈述句没有唯一的真值。因为当$x=5$,$y=8$时,$5+8>10$正确;而当$x=5$,$y=4$时,$5+4>10$不正确。也就是说,该陈述句的真值会根据x和y的取值发生变化,也就是没有唯一的真值。因而(4)不是命题。

在剩余的3个陈述句(1)、(2)和(6)中,(1)和(2)的真值能够确定,是命题。其中(1)是正确的判断,所以(1)是真命题。(2)是错误的判断,所以(2)是假命题。若(6)的真值为真,即"我正在说谎"为真,则(6)的真值应为假;反之,若(6)的真值应为假,也就是"我正在说真话"为真,则又推出(6)的真值应为真。所以(6)的真值无法确定,所以它不是命题。像(6)这种由真推出假,又由假推出真的陈述句称为**悖论**。凡是悖论都不是命题。

值得注意的是,一个句子真值是否唯一与我们是否知道它的真值并不是一回事。也就是说,有些时候,由于某些客观条件的限制,我们可能无法判定它的真值,但是它的真值本身却是唯一的。

例如下面的这个例子:

(8) 地球以外的星球上也有生物。

虽然现在没有办法证实外星上是不是真的有生物,暂时不知道这个句子的真值情况。但是,随着科学技术的发展,它的真值也会知道的。因而(8)的真值也是唯一的,所以它也是命题。

同样,现在还有许多科学问题,虽然今天暂时没有办法判断它们是正确的或者错误的,但是将来总有一天它们会被证明或者证伪,因而它们的真值是唯一的,所以这些答案还未知的科学问题也是命题。因而,必须注意,命题的真值有时可以明确地给出,有时还需要根据环境、条件和实际情况等才能确定其真值情况,但是这并不影响这些问题真值的唯一性。

例 1.2 判断下列命题的真假。

(1) 第二十九届夏季奥运会在北京举办。

(2) 每个素数都是奇数。

(3) 太阳从东方升起。

(4) 中国是世界上国土面积最大的国家。

解：根据实际情况，不难判断，上述命题的真值分别为

(1) T； (2) F； (3) T； (4) F。

在数理逻辑中，为了抽象和演算的方便，命题可以用大写字母或者带下标的大写字母来表示，例如，P、A_i 都可以用来表示命题：

P：张三是大学生。

A_i：4 是素数。

这些用来表示命题的符号称为**命题标识符**。一个命题标识符如果表示确定的命题，就称为**命题常量**，如果命题标识符只表示任意命题的位置，就称为**命题变元**。由于命题变元可以表示任意命题，所以命题变元的真值不能确定，因此命题变元不是命题。命题变元虽然没有确定的真值，但是当用一个具体的命题带入的时候，它的真值就可以得到确定。

1.1.2 原子命题和复合命题

前面介绍了命题的概念。为了更准确地对命题的种类进行划分和表示，在命题逻辑中，把命题分为两种类型：第一种类型是不能分解为更简单的陈述句，称作**原子命题**，例如，“小张是大学生”。第二种类型是由联结词、标点符号和原子命题构成的命题，称作**复合命题**。例如，“张华和李强都是大学生”。这个命题表示的是“张华是大学生而且李强也是大学生。”一个原子命题可以用一个命题标识符来表示。为了表达复合命题，必须使用命题联结词，下面介绍几种基本的命题联结词。

1.1.3 联结词

定义 1.1 设 P 为任一命题。复合命题“非 P”(或“P 的否定”)称为 P 的否定式，记作 $\neg P$。符号 $\neg$ 称为**否定联结词**。

由定义可知，若 P 为真，则 $\neg P$ 为假；若 P 为假，则 $\neg P$ 为真。

命题 P 与其否定 $\neg P$ 的关系也可以用表 1.1 来表示。把这种列出命题的各种真值情况的表格称为真值表。

表 1.1 否定联结词的真值表

P	$\neg P$
T	F
F	T

例 1.3

(1) P：鲸是哺乳动物。

　　$\neg P$：鲸不是哺乳动物。

(2) P：重庆市是直辖市。

　　$\neg P$：重庆市不是直辖市。

“否定”的意义仅仅是修改了命题的内容，仍把它看作联结词，并称它是一元运算。

例如，对于例 1.3 中的(1)，由于“P：鲸是哺乳动物。”的真值为真，所以它的否定“$\neg P$：鲸不是哺乳动物。”的真值就相应为假。

定义 1.2 设 P,Q 为两个命题。复合命题“P 并且 Q”(或“P 与 Q”)称为 P 与 Q 的**合取式**，记作 $P \wedge Q$，符号 $\wedge$ 称为**合取联结词**。

$P \wedge Q$ 的逻辑关系为 P 与 Q 同时成立，因而 $P \wedge Q$ 为真当且仅当 P 与 Q 同时为真。

合取联结词的定义也可以用表 1.2 来表示。

表 1.2 合取联结词的真值表

P	Q	$P \wedge Q$
T	T	T
T	F	F
F	T	F
F	F	F

例 1.4

P：北京是直辖市。

Q：北京是中国的首都。

则上述命题的合取为 $P \wedge Q$：北京是直辖市且北京是中国的首都。而且，由于 P 和 Q 的取值都为真，所以根据真值表可以看出，$P \wedge Q$ 的取值也为真。

例 1.5 将下列命题符号化。

(1) 王强既勤奋又聪明。

(2) 王强不但聪明而且勤奋。

(3) 王强不勤奋但是很聪明。

解：首先将原子命题符号化：

P：王强很勤奋。

Q：王强很聪明。

则(1)和(2)都可以符号化为 $P \wedge Q$。(3)则应该符号化为 $\neg P \wedge Q$。

需要注意的是，合取的概念与自然语言中的“和”或者“与”的意思相似，但并不完全相同。例如：

P：5 是奇数。

Q：牛顿是英国人。

上述命题的合取为

$P \wedge Q$：5 是奇数与牛顿是英国人。

这句话在自然语言中是没有意义的，但是作为数理逻辑中 P 和 Q 合取 $P \wedge Q$ 来说，它仍然可以作为一个新的命题。并且，由于这里 P 和 Q 的真值都为 T，所以 $P \wedge Q$ 的真值也为 T。显然，新构成的复合命题同样是一个命题，而且具有唯一的真值。

由此可以看到，在命题逻辑中，我们并不关心用联结词联系起来的几个命题之间是否具有内在的实质联系，我们关心的是命题的真值情况。

另外，有些自然语言中的“和”或者“与”表示简单命题，不能用合取来表示。例如，命题：

P：刘鹏和刘翔是兄弟。

因为“刘鹏是兄弟”和“刘翔是兄弟”都不能成为一个命题，所以命题 P 是一个原子命题，不能用合取表示为复合命题。

定义 1.3 设 P、Q 为任意两个命题，复合命题“P 或 Q”称作 P 与 Q 的**析取式**，记作 $P \vee Q$，符号 $\vee$ 称为**析取联结词**。

$P \vee Q$ 的逻辑关系为 P 与 Q 中至少一个成立，因而 $P \vee Q$ 为真当且仅当 P 与 Q 中至少一个为真。换言之，只有当 P 和 Q 都为假的时候 $P \vee Q$ 的真值才取假。

析取联结词的定义也可以用表 1.3 来表示。

表 1.3 析取联结词的真值表

P	Q	$P \vee Q$
T	T	T
T	F	T
F	T	T
F	F	F

例 1.6 将下列命题符号化。

(1) 张华学过英语或法语。

(2) 王伟是足球运动员或排球运动员。

上述两个命题都可以用析取式 $P \vee Q$ 表示。

请注意,并不是所有的自然语言中的"或"都可以直接用析取来表示。有些自然语言中的"或"与数理逻辑中的析取并不完全对应。

例如,当我们说"小王在图书馆或运动场"的时候,因为小王某一时间只能出现在一个位置,所以"P: 小王在图书馆"和"Q: 小王在运动场"这两个命题不可能同时取真,所以不能简单地使用 $P \vee Q$ 来翻译该命题,而必须将该命题符号化为$(P \wedge \neg Q) \vee (\neg P \wedge Q)$,表示"小王在图书馆不在运动场或者小王不在图书馆在运动场"。将这种两个命题不能同时成立的"或"称为"不可兼或"。

这一类的例子还有很多。例如:

这个星期二是16号或者17号。

武昌到北京的 Z38 次列车是晚上7点或者8点出发。

定义 1.4 设 P、Q 为两个命题,其**条件命题**是一个复合命题,记作 $P \rightarrow Q$,读作"如果 P,则 Q"。→称作**条件联结词**。称 P 是命题的**前件**,Q 是命题的**后件**。

$P \rightarrow Q$ 为假当且仅当 P 为真且 Q 为假。

条件联结词的定义也可以用表 1.4 来表示。

表 1.4 条件联结词的真值表

P	Q	$P \rightarrow Q$
T	T	T
T	F	F
F	T	T
F	F	T

从表 1.4 可以看出,条件命题 $P \rightarrow Q$ 的前件 P 为假时,不论后件 Q 是真是假,$P \rightarrow Q$ 均为真。这一点与自然语言中的"如果……那么……"是不同的。在自然语言中,通常要求"如果……"为真,才能进行某种判断,当"如果……"为假时,往往无法判断。在这里,把命题逻辑中的这种前件为假的情况称为"善意的推定"。

在自然语言中,"如果……"与"那么……"之间常常是有因果关系的,否则就没有意义,但是对于数理逻辑中的条件命题 $P \rightarrow Q$ 来说,只要 P、Q 能分别确定真值,$P \rightarrow Q$ 即成为命题。

例 1.7

(1) 只要你认真学习,就能学好离散数学这门课。

(2) 如果太阳从西边升起,那么乌鸦是白色的。

(3) 如果 $5+4=7$,则今天是星期天。

以上3个句子都能采用条件命题 $P \rightarrow Q$ 的形式表达出来。虽然(2)和(3)命题中的前件和后件之间没有直接的联系,但是条件命题的真值都是确定的。所以,这两句话都是命题,而且都是真命题。

定义 1.5 设 P、Q 为两个命题,复合命题 $P \leftrightarrow Q$ 称作 P 与 Q 的**双条件命题**,读作"P 当且仅当 Q"。↔称作**双条件联结词**。

$P \leftrightarrow Q$ 的逻辑关系是 P 与 Q 互为充分必要条件。$P \leftrightarrow Q$ 为真当且仅当 P 与 Q 的真值相同。很容易发现,$P \leftrightarrow Q$ 与$(P \rightarrow Q) \wedge (Q \rightarrow P)$的逻辑关系一致。关于这一点,将在后面予以证明。

双条件联结词与 P、Q 的真值关系也可以用表 1.5 来表示。

表 1.5 双条件联结词的真值表

P	Q	$P \leftrightarrow Q$
T	T	T
T	F	F
F	T	F
F	F	T

例 1.8

(1) 3+5=8 当且仅当国庆节是十月一日。

(2) 一个三角形是等边三角形当且仅当三角形的内角均为 60°。

不难看出,以上两个例子都可以用双条件命题 $P \leftrightarrow Q$ 来表示。

以上定义了 5 种最基本、最常用的联结词,它们构成了一个联结词的集合:$\{\neg, \wedge, \vee, \rightarrow, \leftrightarrow\}$,其中 $\neg$ 是一元联结词符号,其余的都是二元联结词符号。

以上 5 个联结词的真值情况总结在表 1.6 中,以方便读者记忆。

表 1.6 联结词的真值表

P	Q	$\neg P$	$P \wedge Q$	$P \vee Q$	$P \rightarrow Q$	$P \leftrightarrow Q$
T	T	F	T	T	T	T
T	F	F	F	T	F	F
F	T	T	F	T	T	F
F	F	T	F	F	T	T

1.2 命题的合式公式和翻译

1.2.1 命题公式

1.1 节介绍了命题变元的概念并采用基本的命题联结词对较简单的复合命题进行了命题的符号化。为了解决更复杂的命题表示和演算的问题,需要对公式的构成法则进行一些规定。

由命题变元、命题联结词和圆括号所组成的字符串可构成命题公式,但是并不是由这 3 类符号所组成的任何符号串都能成为命题公式。下面给出有效的命题逻辑演算的公式的概念。

定义 1.6 命题演算的合式公式规定为:

(1) 单个的命题变元本身是一个合式公式;

(2) 若 A 是合式公式,则 $\neg A$ 也是合式公式;

(3) 若 A、B 是合式公式,则 $A \wedge B$、$A \vee B$、$A \rightarrow B$ 和 $A \leftrightarrow B$ 也是合式公式;

(4) 只有有限次地应用(1)~(3)形成的符号串才是合式公式。

这个合式公式的定义是以递归形式给出的。其中(1)称为基础,它约定了最基本的命题公式,即单个命题变元。(2)和(3)称为归纳,它约定了形成命题公式的基本规则,即进行 5 种基本的命题逻辑联结词的演算。(4)称为界限,它约定了合式公式只能通过有限次地应用(1)、(2)、(3)才能得到。

合式公式也称为**命题公式**,简称**公式**。

为了简便起见,通常省略最外层的括号。为了运算的方便,一般规定联结词的优先次序由高到低分别为$\neg$、$\wedge$、$\vee$、$\rightarrow$、$\leftrightarrow$。

例 1.9 根据上面定义,请判断下列哪些公式是合式公式。

(1) $Q\rightarrow(P\rightarrow\neg R)$

(2) $PQ\rightarrow R$

(3) $\neg(P\wedge Q)$

(4) $P\wedge Q\wedge\rightarrow\neg P$

(5) $(Q\rightarrow)\vee(P\wedge Q)$

(6) $(P\rightarrow R)\wedge(Q\rightarrow\neg R)\wedge(\neg R\rightarrow(P\vee Q))$

解:根据合式公式的定义,不难看出(1)、(3)、(6)都是合式公式,而(2)、(4)、(5)都不是合式公式。

由以上的定义和例子可以看到:命题公式本身是没有真值的,只有对命题公式的变元进行指派之后,公式才有真值。

1.2.2 命题公式的翻译

数理逻辑中推理的对象都是命题及公式。有了合式公式的概念,就能够把自然语言中的许多语句翻译成数理逻辑中的符号形式,并根据需要进行运算。

例 1.10 将下列命题符号化。

(1) 李平既会唱歌又会跳舞。

(2) 李平会唱歌,但不会跳舞。

(3) 李平既不会唱歌,又不会跳舞。

解:命题符号化的基础是首先将原子命题符号化,在此首先找出原子命题:

P:李平会唱歌。

Q:李平会跳舞。

不难发现,虽然上面3个命题采用的叙述形式不相同,但是都包含了合取的含义。

则根据句子的意思,以上3个命题可以分别符号化为

(1) $P\wedge Q$

(2) $P\wedge\neg Q$

(3) $\neg P\wedge\neg Q$

在自然语言中,有许多语句表达的其实是相同的逻辑关系。例如,“只要P,就Q”,“因为P,所以Q”,“除非Q,才P”,“除非Q,否则非P”等。这些语句表达的都是Q是P的必要条件,因而都可以符号化为$P\rightarrow Q$。

例 1.11 除非你努力,否则你将失败。

解:这个命题的意义,也可以理解成:如果你不努力,那么你将失败。

首先对原子命题符号化。设

P:你努力。

Q:你失败。

本例可以表示为

$\neg P\rightarrow Q$

还可以将一些更加复杂的句子符号化。

例 1.12 将下列命题符号化。

小王在图书馆看书，除非今天是星期天或者小王在上课。

解：设

P：小王在图书馆看书。

Q：今天是星期天。

R：小王在上课。

则该句应该翻译为

$\neg(Q \vee R) \to P$

例 1.13 设 P、Q、R 的意义如下：

P：苹果是甜的。

Q：苹果是红的。

R：我买苹果。

请用自然语言描述以下复合命题：

(1) $(P \wedge Q) \to R$

(2) $(\neg P \wedge \neg Q) \to \neg R$

解：

(1) 如果苹果是红的而且很甜，那么我就买苹果。

(2) 苹果既不红又不甜，所以我没买苹果。

命题符号化是数理逻辑中的一个基础，特别是命题推理中不可或缺的重要步骤，请读者多加练习，熟练掌握。

1.2.3 真值表

前面在介绍联结词的时候使用了很多列出真值的组合情况的表，并没有给出定义，这里给出这些表的定义。

定义 1.7 在命题公式中，对于分量指派真值的各种可能的组合，就确定了这个命题公式的各种真值情况，把它汇列成表，就是命题公式的**真值表**。

一个公式不是命题，因此也没有真值。如果把公式中的所有原子命题变元都替换成命题，可以得到一个相应的真值。逐个写出原子命题变元的真值，根据不同的命题联结词的运算规则，则可得到更复杂的合式公式的真值情况。

例如，可以将前面已经讨论过的基本命题联结词的真值列表出来。

例 1.14 写出 5 个基本联结词的真值表。

真值表如表 1.7 所示。

表 1.7 联结词的真值表

P	Q	$\neg P$	$P \wedge Q$	$P \vee Q$	$P \to Q$	$P \leftrightarrow Q$
T	T	F	T	T	T	T
T	F	F	F	T	F	F
F	T	T	F	T	T	F
F	F	T	F	F	T	T

例 1.15 构造$\neg P \vee Q$的真值表。

真值表如表 1.8 所示。

表 1.8 $\neg P \vee Q$ 的真值表

P	Q	$\neg P$	$\neg P \vee Q$
T	T	F	T
T	F	F	F
F	T	T	T
F	F	T	T

上面已经给出了几个真值表的实例，那么，怎样才能快速而且准确地写出一个合式公式的真值表呢？可以按照这样的原则来构造：

(1) 命题变元按照英文字母的顺序排列，如 $P,Q,R,\cdots$。带有下标的则按照下标的大小顺序排列，如 $P_1,P_2,P_3,\cdots$。

(2) 公式的每种解释构成一个 T 和 F 两种情况，将这些真值的各种不同的情况写出来，相应地写出公式在对应解释的真值情况。

(3) 遵循从简单到复杂的情况，由括号内到括号外的原则。

例 1.16 构造 $(P \vee \neg R) \wedge (P \to Q)$的真值表。

真值表如表 1.9 所示。

表 1.9 $(P \vee \neg R) \wedge (P \to Q)$的真值表

P	Q	R	$\neg R$	$P \vee \neg R$	$P \to Q$	$(P \vee \neg R) \wedge (P \to Q)$
T	T	T	F	T	T	T
T	T	F	T	T	T	T
T	F	T	F	T	F	F
T	F	F	T	T	F	F
F	T	T	F	F	T	F
F	T	F	T	T	T	T
F	F	T	F	F	T	F
F	F	F	T	T	T	T

真值表反映了命题在命题变元的不同指派下所取得的不同真值情况。一个命题公式真值的取值数目(即除去表头外真值表的行数)取决于命题中所含命题变元的个数。因为每个命题变元可能有真或假两种取值，所以，一般而言，含有 n 个命题变元的命题公式所对应的真值共有 2^n 种情况。

定义 1.8 如果给定命题公式 A 的一组真值指派使得 A 的真值为真，则称该组真值为公式 A 的**成真指派**，反之，称为 A 的**成假指派**。

真值表中合式公式的成真指派(或成假指派)说明了合式公式中的命题变元在什么样的真值指派的组合情况下使得合式公式的取值为真(或为假)。

例如，对于例 1.16，对照真值表 1.9 可以看到，当 P、Q、R 的取值分别为 TTT、TTF、FTF 和 FFF 时，公式$(P \vee \neg R) \wedge (P \to Q)$的真值为真，所以称命题变元的这 4 种真值指派组合都是公式的成真指派。而当 P、Q、R 的取值分别为 TFT、TFF、FTT 和 FFT 时，公式$(P\vee\neg R)\wedge(P\rightarrow Q)$的真值为真，所以称命题变元的这 4 种真值指派组合都是公式的成假指派。

例 1.17 构造$(P\vee R)\wedge(\neg Q\rightarrow R)$的真值表，并指出公式的成真赋值。

解：根据构造真值表的基本方法，公式的真值表如表 1.10 所示。

表 1.10 $(P\vee R)\wedge(\neg Q\rightarrow R)$的真值表

P	Q	R	$P\vee R$	$\neg Q$	$\neg Q\rightarrow R$	$(P\vee R)\wedge(\neg Q\rightarrow R)$
T	T	T	T	F	T	T
T	T	F	T	F	T	T
T	F	T	T	T	T	T
T	F	F	T	T	F	F
F	T	T	T	F	T	T
F	T	F	T	F	T	T
F	F	T	F	T	T	F
F	F	F	F	T	F	F

由真值表可以看出，真值表除去表头公式所在的行(称为第 0 行)以外，只有第 4、7、8 行的取值为假，则真值表中第 1、2、3、5、6 行所对应的取值均为公式的成真指派。即公式的成真指派为 P、Q、R 取值为 TTT、TTF、TFT、FTT 和 FTF。

1.3 公式的等价和蕴含

1.3.1 永真式、永假式和可满足式

有些公式无论其分量作何指派，公式所对应的真值都为 T 或者 F，这样两种特殊的公式就是下面要定义的重言式和矛盾式。

定义 1.9 对于某个命题公式，如果其在分量的任何指派下，其对应的真值均为 T，则称该命题公式为**重言式**或**永真式**。

例如，$\neg P\vee P$ 就是一个重言式。

定义 1.10 对于某个命题公式，如果其在分量的任何指派下，其对应的真值均为 F，则称该命题公式为**矛盾式**或**永假式**。

例如，$(P\wedge\neg Q)\wedge\neg P$ 就是一个矛盾式。

定义 1.11 如果某个命题不是矛盾式，则该命题称为**可满足式**。

例如，$(P\vee\neg R)\wedge(P\rightarrow Q)$就是一个可满足式。

1.3.2 等价式和常用的等价式

1.2.3 节讨论了真值表，在真值表中，命题公式的取值个数取决于分量个数。例如，由 2 个命题变元组成 4 种可能的真值，由 3 个命题变元组成 8 种真值，一般说来，n 个命

题变元共有 2^n 种不同的真值。而任何公式在每种赋值下只能取真或假这两种情况之一，于是含有 n 个命题变元的公式的真值只有 2^{2^n} 种不同情况，而命题变元所组成的命题公式可以无限多，所以不同的命题公式可能存在真值相同的情况。例如 $\neg P \vee Q$ 和 $P \rightarrow Q$ 在分量不同的指派下，其对应的真值完全相同。这样的公式称为**等价公式**。

定义 1.12 给定两个命题公式 A 和 B，如果对于其任何一组指派而言，A 和 B 的真值都相同，则称 A 和 B 是等价的，记为 $A \Leftrightarrow B$。

证明两个公式等价，最基本也是最简单的办法是采用真值表。

例 1.18 证明 $P \leftrightarrow Q \Leftrightarrow (P \rightarrow Q) \wedge (Q \rightarrow P)$。

由表 1.11 可以看出，$P \leftrightarrow Q$ 所在列的真值与 $(P \rightarrow Q) \wedge (Q \rightarrow P)$ 所在列的真值对于每个不同的真值指派均相同，由定义，可知它们两个命题公式是等价式。

表 1.11 例 1.18 的真值表

P	Q	$P \rightarrow Q$	$Q \rightarrow P$	$P \leftrightarrow Q$	$(P \rightarrow Q) \wedge (Q \rightarrow P)$
T	T	T	T	T	T
T	F	F	T	F	F
F	T	T	F	F	F
F	F	T	T	T	T

虽然真值表可以判断两个公式是否等价，但是当命题变元个数很多的时候，采用真值表来判断等价公式并不十分方便。下面给出常用的基本等价关系。这些基本等价关系将在后面的定理证明和习题中经常使用，请读者熟练掌握。

(1) 双重否定律　$A \Leftrightarrow \neg\neg A$

(2) 等幂律　$A \Leftrightarrow A \vee A$，$A \Leftrightarrow A \wedge A$

(3) 交换律　$A \vee B \Leftrightarrow B \vee A$，$A \wedge B \Leftrightarrow B \wedge A$

(4) 结合律　$(A \vee B) \vee C \Leftrightarrow A \vee (B \vee C)$，$(A \wedge B) \wedge C \Leftrightarrow A \wedge (B \wedge C)$

(5) 分配律　$A \vee (B \wedge C) \Leftrightarrow (A \vee B) \wedge (A \vee C)$，$A \wedge (B \vee C) \Leftrightarrow (A \wedge B) \vee (A \wedge C)$

(6) 德·摩根律　$\neg(A \vee B) \Leftrightarrow \neg A \wedge \neg B$，$\neg(A \wedge B) \Leftrightarrow \neg A \vee \neg B$

(7) 吸收律　$A \vee (A \wedge B) \Leftrightarrow A$，$A \wedge (A \vee B) \Leftrightarrow A$

(8) 零律　$A \vee \mathrm{T} \Leftrightarrow \mathrm{T}$，$A \wedge \mathrm{F} \Leftrightarrow \mathrm{F}$

(9) 同一律　$A \vee \mathrm{F} \Leftrightarrow A$，$A \wedge \mathrm{T} \Leftrightarrow A$

(10) 否定律　$A \vee \neg A \Leftrightarrow \mathrm{T}$，$A \wedge \neg A \Leftrightarrow \mathrm{F}$

(11) 条件转化律　$P \rightarrow Q \Leftrightarrow \neg P \vee Q$

(12) 双条件转化律　$P \leftrightarrow Q \Leftrightarrow (P \rightarrow Q) \wedge (Q \rightarrow P)$

(13) 假言易位　$P \rightarrow Q \Leftrightarrow \neg Q \rightarrow \neg P$

(14) 等价否定等值式　$P \leftrightarrow Q \Leftrightarrow \neg P \leftrightarrow \neg Q$

由于等价式的真值在任何真值指派下均相同，所以，当采用公式来替换命题的某个部分时，被取代后得到的新命题的真值不会改变。这样就可以得到与原式不同的新公式。

例如，采用 $(P \rightarrow Q) \wedge (Q \rightarrow P)$ 来替换 $P \wedge (P \leftrightarrow Q)$ 中的 $(P \leftrightarrow Q)$，就会得到 $P \wedge ((P \rightarrow$

$Q)\wedge(Q\rightarrow P))$，而 $P\wedge((P\rightarrow Q)\wedge(Q\rightarrow P))$ 与 $P\wedge(P\leftrightarrow Q)$ 的真值相同。

为了保证替换之后的公式与原始公式等价，作如下规定。

定义 1.13 如果 X 是合式公式 A 的一部分，且 X 本身也是一个合式公式，则称 X 为合式公式 A 的**子公式**。

有了等价式和子公式的概念，下面给出等价置换定理。

定理 1.1（等价置换定理） 设 X 是合式公式 A 的子公式，若 $X\Leftrightarrow Y$，如果将 A 中的 X 用 Y 来置换，所得到的公式 B 与公式 A 等价，即 $A\Leftrightarrow B$。

证明：由于在相应变元的任意一种指派下，X 与 Y 的真值相同，故以 Y 取代 X 后，公式 B 与 A 在相应的指派下，其真值也必定相同，所以有 $A\Leftrightarrow B$。

有了等值演算的公式和等值演算定理，就能通过已知的等值式推演出其他一些等值式。

例 1.19 验证下列等值式。

(1) $(P\rightarrow Q)\rightarrow R\Leftrightarrow(\neg Q\wedge P)\vee R$

(2) $(P\vee Q)\rightarrow R\Leftrightarrow(P\rightarrow R)\wedge(Q\rightarrow R)$

解：

(1) $(P\rightarrow Q)\rightarrow R$

$\Leftrightarrow(\neg P\vee Q)\rightarrow R$ （条件转化律）

$\Leftrightarrow\neg(\neg P\vee Q)\vee R$ （条件转化律）

$\Leftrightarrow(P\wedge\neg Q)\vee R$ （德·摩根律）

$\Leftrightarrow(\neg Q\wedge P)\vee R$ （交换律）

所以，$(P\rightarrow Q)\rightarrow R\Leftrightarrow(\neg Q\wedge P)\vee R$。

(2) $(P\vee Q)\rightarrow R$

$\Leftrightarrow\neg(P\vee Q)\vee R$ （条件转化律）

$\Leftrightarrow(\neg P\wedge\neg Q)\vee R$ （德·摩根律）

$\Leftrightarrow(\neg P\vee R)\wedge(\neg Q\vee R)$ （分配律）

$\Leftrightarrow(P\rightarrow R)\wedge(Q\rightarrow R)$ （条件转化律）

所以，$(P\vee Q)\rightarrow R\Leftrightarrow(P\rightarrow R)\wedge(Q\rightarrow R)$。

由于等价的公式具有相同的真值指派，很可能出现简单公式与复杂公式等价的情况，所以通过等值演算能将命题公式化简，也能较容易地观察出它的成真赋值和成假赋值。特别是，若通过等值演算，某公式 A 和 T 等值，则它一定是重言式；若 A 和 F 等值，则它一定是矛盾式。因此，通过等值演算可以判断公式的类型。

例 1.20 判断下列公式的类型：

(1) $(P\rightarrow Q)\wedge\neg Q\rightarrow\neg P$

(2) $\neg(P\rightarrow(P\vee Q))\wedge R$

解：

(1) $(P\rightarrow Q)\wedge\neg Q\rightarrow\neg P$

$\Leftrightarrow(\neg P\vee Q)\wedge\neg Q\rightarrow\neg P$ （条件转化律）

$\Leftrightarrow\neg((\neg P\vee Q)\wedge\neg Q)\vee\neg P$ （条件转化律）

$\Leftrightarrow \neg(\neg P \vee Q) \vee \neg\neg Q \vee \neg P$ （德·摩根律）

$\Leftrightarrow (P \wedge \neg Q) \vee Q \vee \neg P$ （德·摩根律、双重否定律）

$\Leftrightarrow (P \vee Q) \wedge (\neg Q \vee Q) \vee \neg P$ （分配律）

$\Leftrightarrow (P \vee Q) \wedge \mathrm{T} \vee \neg P$ （否定律）

$\Leftrightarrow (P \vee Q) \vee \neg P$ （同一律）

$\Leftrightarrow (P \vee \neg P) \vee Q$ （交换律、结合律）

$\Leftrightarrow \mathrm{T} \vee Q$ （排中律）

$\Leftrightarrow \mathrm{T}$ （零律）

这说明(1)中公式为重言式。

在以下的推演中，省去每步中括号内的根据，请读者自己加上去。

(2) $\neg(P \to (P \vee Q)) \wedge R$

$\Leftrightarrow \neg(\neg P \vee (P \vee Q)) \wedge R$

$\Leftrightarrow \neg(\neg P \vee P \vee Q) \wedge R$

$\Leftrightarrow \neg(\mathrm{T} \vee Q) \wedge R$

$\Leftrightarrow \mathrm{F} \wedge \neg Q \wedge R$

$\Leftrightarrow \mathrm{F}$

这说明(2)中公式为矛盾式。

1.4 全功能联结词集合

前面定义了5种命题逻辑演算中常用的联结词，还可以定义更多的联结词。有了这么多的联结词，我们很容易产生这样一个问题，这些联结词都是必要的么？是不是包含某些联结词的公式可以用另外一些联结词的公式等价替换？

下面考虑最小全功能联结词集合。对于任何一个命题，都能由仅含这些联结词的集合构成的命题公式等价代换。

定义 1.14 设 S 是一个联结词集合，如果任何 $n(n\geqslant 1)$ 元真值函数都可以由仅含 S 中的联结词构成的公式表示，则称 S 是**全功能联结词集合**。

可以发现，根据蕴含公式，联结词中可以有如下这些替换方式：

(1) 因为 $A \leftrightarrow B \Leftrightarrow (A \to B) \wedge (B \to A)$，所以可以将包含 $\leftrightarrow$ 的公式等价替换为包含 $\wedge$ 和 $\to$ 的公式。

(2) 因为 $A \to B \Leftrightarrow \neg A \vee B$，所以可以将包含 $\to$ 的公式替换为 $\neg$ 和 $\vee$ 的公式。

(3) 因为 $A \wedge B \Leftrightarrow \neg(\neg A \vee \neg B)$，$A \vee B \Leftrightarrow \neg(\neg A \wedge \neg B)$，说明 $\vee$ 和 $\wedge$ 可以相互替换。

所以，由 $\neg$、$\wedge$、$\vee$、$\to$、$\leftrightarrow$ 这5个联结词组成的命题公式必定可以由 $\{\neg, \vee, \wedge\}$ 组成的命题公式所替代，则 $\{\neg, \vee, \wedge\}$ 是一个全功能联结词集合。由于 $\vee$ 和 $\wedge$ 可以相互替换，所以任何一个合式公式都可以由 $\{\neg, \wedge\}$，$\{\neg, \vee\}$ 组成的命题公式所替代，则 $\{\neg, \vee\}$ 或者 $\{\neg, \wedge\}$ 都是全功能联结词集合。当然，$\{\neg, \wedge, \vee, \to, \leftrightarrow\}$ 本身也是一个全功能联结词集合。

在这些全功能联结词集合中,有的集合包含的联结词个数较多,有的则较少,下面给出最小全功能联结词集合的定义。

定义 1.15 设 S 是一个全功能联结词集合,如果从 S 中去掉任何一个联结词以后就不再是全功能联结词集合,则称 S 是**最小全功能联结词集合**。

前面已经看到$\{\neg,\vee,\wedge\}$是一个全功能联结词集合。由于$\vee$和$\wedge$可以相互替换,所以任何一个合式公式都可以由$\{\neg,\wedge\}$,$\{\neg,\vee\}$组成的命题公式所替代。则$\{\neg,\vee\}$或者$\{\neg,\wedge\}$也都是全功能联结词集合。注意,这两个联结词集合$\{\neg,\wedge\}$和$\{\neg,\vee\}$不能再归为$\{\neg\}$,$\{\wedge\}$,$\{\vee\}$或者$\{\wedge,\vee\}$。所以$\{\neg,\wedge\}$和$\{\neg,\vee\}$是两个最小全功能联结词集合。

例 1.21 用仅含有联结词$\{\neg,\vee,\wedge\}$的公式表示$(P\to Q)\leftrightarrow R$。

解:$(P\to Q)\leftrightarrow R$

$\Leftrightarrow(\neg P\vee Q)\leftrightarrow R$

$\Leftrightarrow((\neg P\vee Q)\to R)\wedge(R\to(\neg P\vee Q))$

$\Leftrightarrow(\neg(\neg P\vee Q)\vee R)\wedge(\neg R\vee(\neg P\vee Q))$

1.5 对偶与范式

1.5.1 对偶定义

在前面可以看到许多命题定律都是成对出现的,其不同只是$\wedge$和$\vee$互换。这样的公式称作具有**对偶规律**。

定义 1.16 在给定的命题公式中,将联结词$\wedge$换成$\vee$,将$\vee$换成$\wedge$,若有特殊变元 F 和 T 也相互取代,所得到的公式 A^* 称为 A 的**对偶式**。

显然 A 也是 A^* 的对偶式。

例 1.22 写出下列表达式的对偶式。

(1) $(P\wedge Q)\vee R$

(2) $(P\wedge Q)\vee \mathrm{T}$

(3) $(P\vee\neg R)\vee(Q\wedge\neg(R\vee\neg Q))$

解:上面这些表达式的对偶式如下:

(1) $(P\vee Q)\wedge R$

(2) $(P\vee Q)\wedge \mathrm{F}$

(3) $(P\wedge\neg R)\wedge(Q\vee\neg(R\wedge\neg Q))$

1.5.2 对偶定理

定理 1.2 设 A 和 A^* 是对偶式,$P_1,P_2,\cdots,P_n$ 是出现在 A 和 A^* 中的原子变元,则

$$\neg A(P_1,P_2,\cdots,P_n)\Leftrightarrow A^*(\neg P_1,\neg P_2,\cdots,\neg P_n)$$

$$A(\neg P_1,\neg P_2,\cdots,\neg P_n)\Leftrightarrow\neg A^*(P_1,P_2,\cdots,P_n)$$

证明：由德·摩根律

$$P\wedge Q\Leftrightarrow\neg(\neg P\vee\neg Q),P\vee Q\Leftrightarrow\neg(\neg P\wedge\neg Q)$$

所以，$\neg A(P_1,P_2,\cdots,P_n)\Leftrightarrow A^*(\neg P_1,\neg P_2,\cdots,\neg P_n)$

同理，$\neg A^*(P_1,P_2,\cdots,P_n)\Leftrightarrow A(\neg P_1,\neg P_2,\cdots,\neg P_n)$

定理 1.3 设 $P_1,P_2,\cdots,P_n$ 是出现在公式 A 和 B 中的所有原子变元，如果 $A\Leftrightarrow B$，则 $A^*\Leftrightarrow B^*$。

证明：因为 $A\Leftrightarrow B$，即

$$A(P_1,P_2,\cdots,P_n)\leftrightarrow B(P_1,P_2,\cdots,P_n)$$

是一个重言式，故

$$A(\neg P_1,\neg P_2,\cdots,\neg P_n)\leftrightarrow B(\neg P_1,\neg P_2,\cdots,\neg P_n)$$

也是一个重言式，即

$$A(\neg P_1,\neg P_2,\cdots,\neg P_n)\Leftrightarrow B(\neg P_1,\neg P_2,\cdots,\neg P_n)$$

由定理 1.2 得

$$\neg A^*(P_1,P_2,\cdots,P_n)\Leftrightarrow\neg B^*(P_1,P_2,\cdots,P_n)$$

因此 $A^*\Leftrightarrow B^*$

例 1.23 设 $A^*(S,W,R)$ 是 $\neg S\wedge(\neg W\vee R)$，证明

$$A^*(\neg S,\neg W,\neg R)\Leftrightarrow\neg A(S,W,R)$$

证明：由于 $A^*(S,W,R)$ 是 $\neg S\wedge(\neg W\vee R)$，则 $A^*(\neg S,\neg W,\neg R)$ 是 $S\wedge(W\vee\neg R)$，但 $A(S,W,R)$ 是 $\neg S\vee(\neg W\wedge R)$，所以 $\neg A(S,W,R)$ 是 $\neg(\neg S\vee(\neg W\wedge R))\Leftrightarrow S\wedge(W\vee\neg R)$。

所以 $A^*(\neg S,\neg W,\neg R)\Leftrightarrow\neg A(S,W,R)$。

虽然对给定公式总可以用真值表来判断公式的类型，但是当公式比较复杂的时候，采用真值表就比较麻烦。能否对千变万化的公式提供一个统一的表达形式，使公式达到规范化是我们关心的一个问题。由前面的合式公式生成法则可知，同一命题公式可以有各种相互等价的表达形式，为了把这些公式规范化，下面给出范式的概念。

1.5.3 析取范式和合取范式

定义 1.17 一个命题公式称为**合取范式**，当且仅当它具有形式

$$A_1\wedge A_2\wedge\cdots\wedge A_n\quad(n\geqslant 1)$$

其中 $A_1,A_2,\cdots,A_n$ 都是由命题变元或其否定所组成的析取式。

从以上定义可以看出，仅由析取式所组成的合取命题公式是合取范式。例如 $(\neg P\vee Q\vee\neg R)\wedge(P\vee\neg Q\vee R)\wedge Q$ 就是一个合取范式。

类似地，我们可以给出析取范式的定义。

定义 1.18 一个命题公式称为**析取范式**，当且仅当它具有形式

$$A_1\vee A_2\vee\cdots\vee A_n\quad(n\geqslant 1)$$

其中 $A_1,A_2,\cdots,A_n$ 都是由命题变元或其否定所组成的合取式。

同样，从以上定义可以看出，仅由合取式所组成的析取命题公式是析取范式。例如

$(\neg P\wedge Q\wedge \neg R)\vee(P\wedge \neg Q\wedge R)\vee Q$ 就是一个析取范式。

定理 1.4(范式存在定理) 任意命题公式都存在与其等值的析取范式和合取范式。

对于这个定理，在这里不作证明。

下面来看，对于任意一个命题公式，如何求它所对应的析取范式或者合取范式。求一个命题公式对应的合取范式或者析取范式，可以采用下面 3 个步骤：

(1) 将公式中的联结词化归成 $\wedge$、$\vee$ 及 $\neg$。

(2) 利用德·摩根律将否定符号 $\neg$ 直接移到每个命题变元之前。

(3) 利用分配律和结合律将公式归约为析取范式或者合取范式。

例 1.24 求 $(P\rightarrow Q)\leftrightarrow R$ 的合取范式。

解：$(P\rightarrow Q)\leftrightarrow R$

$\Leftrightarrow(\neg P\vee Q)\leftrightarrow R$

$\Leftrightarrow((\neg P\vee Q)\rightarrow R)\wedge(R\rightarrow(\neg P\vee Q))$

$\Leftrightarrow(\neg(\neg P\vee Q)\vee R)\wedge(\neg R\vee(\neg P\vee Q))$

$\Leftrightarrow((P\wedge \neg Q)\vee R)\wedge(\neg P\vee Q\vee \neg R)$

$\Leftrightarrow(P\vee R)\wedge(\neg Q\vee R)\wedge(\neg P\vee Q\vee \neg R)$

例 1.25 求 $(P\rightarrow Q)\leftrightarrow R$ 的析取范式。

解：$(P\rightarrow Q)\leftrightarrow R$

$\Leftrightarrow(\neg(\neg P\vee Q)\vee R)\wedge(\neg R\vee(\neg P\vee Q))$

$\Leftrightarrow((P\wedge \neg Q)\vee R)\wedge(\neg P\vee Q\vee \neg R)$　　(前四步与例 1.24 一样)

$\Leftrightarrow(P\wedge \neg Q\wedge \neg P)\vee(P\wedge \neg Q\wedge Q)\vee(P\wedge \neg Q\wedge \neg R)\vee(R\wedge \neg P)$

$\quad\vee(R\wedge \neg Q)\vee(R\wedge \neg R)$　　($\wedge$ 对 $\vee$ 分配律)

$\Leftrightarrow(P\wedge \neg Q\wedge \neg R)\vee(\neg P\wedge R)\vee(Q\wedge R)$

通常而言，一个命题公式的合取范式和析取范式不是唯一的。例如，与析取范式 $(\neg P\wedge R)\vee(Q\wedge R)$ 等价的公式有 $(\neg P\vee Q)\wedge R$ 和 $(\neg P\vee Q)\wedge(R\vee R)$。与析取范式 $(P\vee Q)\wedge(P\vee R)$ 等价的公式有 $P\vee(Q\wedge R)$ 和 $(P\wedge P)\vee(Q\wedge R)$。

1.5.4 主析取范式和主合取范式

为了使任意一个命题公式能够转化成一个唯一的等价命题的标准形式，下面给出主范式的有关概念。首先来看小项和大项的概念。为了后面描述的方便与简洁，将命题变元或命题变元的否定统称为文字。

定义 1.19 n 个文字的合取式，其中每个变元与它的否定不能同时存在，但两者必须出现且仅出现一次，称作**布尔合取**或**小项**。

从定义可知，小项是特殊的简单合取式。含 n 个文字的小项中，由于每个命题变元或以原形或以否定形式出现且仅出现一次，因而 n 个命题变元共可产生 2^n 个不同的小项。若在小项中，将命题变元的原形对应 1，否定形式对应 0，则每个小项对应一个二进制数，当然也对应一个十进制数。二进制数正是该小项唯一的成真赋值，十进制数可作为该小项的抽象表示法的脚标。一般情况下，n 个命题变元共产生 2^n 个小项，分别记作 $m_0, m_1, \cdots, m_i, \cdots, m_{2^n-1}$（$0 \leqslant i \leqslant 2^n-1$）的脚标 i 的二进制表示为 m_i 的成真赋值，于是，n 个命题变元的 2^n 个真值赋值与 2^n 个小项之间有一一对应关系。

定义 1.20 n 个文字的析取式，其中每个变元与它的否定不能同时存在，但两者必须出现且仅出现一次，称作**布尔析取**或**大项**。

同小项的情况类似，每个大项对应一个二进制数和一个十进制数，二进制数为该大项的成假赋值，十进制数作为该大项抽象表示的脚标。n 个命题变元共生成 2^n 个互不等值的大项，每个大项有且仅有一个成假赋值。

P、Q 两个命题变元生成 4 个布尔合取（即小项）和 4 个布尔析取（即大项），如表 1.12 所示。

表 1.12 P、Q 生成的小项和大项

小项			大项		
公式	成真赋值	名称	公式	成假赋值	名称
$\neg P \wedge \neg Q$	0 0	m_0	$P \vee Q$	0 0	M_0
$\neg P \wedge Q$	0 1	m_1	$P \vee \neg Q$	0 1	M_1
$P \wedge \neg Q$	1 0	m_2	$\neg P \vee Q$	1 0	M_2
$P \wedge Q$	1 1	m_3	$\neg P \vee \neg Q$	1 1	M_3

P、Q、R 三个命题变元生成 8 个布尔合取（即小项）和 8 个布尔析取（即大项），如表 1.13 所示。

表 1.13 P、Q、R 生成的小项和大项

小项			大项		
公式	成真赋值	名称	公式	成假赋值	名称
$\neg P \wedge \neg Q \wedge \neg R$	0 0 0	m_0	$P \vee Q \vee R$	0 0 0	M_0
$\neg P \wedge \neg Q \wedge R$	0 0 1	m_1	$P \vee Q \vee \neg R$	0 0 1	M_1
$\neg P \wedge Q \wedge \neg R$	0 1 0	m_2	$P \vee \neg Q \vee R$	0 1 0	M_2
$\neg P \wedge Q \wedge R$	0 1 1	m_3	$P \vee \neg Q \vee \neg R$	0 1 1	M_3
$P \wedge \neg Q \wedge \neg R$	1 0 0	m_4	$\neg P \vee Q \vee R$	1 0 0	M_4
$P \wedge \neg Q \wedge R$	1 0 1	m_5	$\neg P \vee Q \vee \neg R$	1 0 1	M_5
$P \wedge Q \wedge \neg R$	1 1 0	m_6	$\neg P \vee \neg Q \vee R$	1 1 0	M_6
$P \wedge Q \wedge R$	1 1 1	m_7	$\neg P \vee \neg Q \vee \neg R$	1 1 1	M_7

通过查看小项的成真赋值和对应的真值表，可以发现小项有如下几个性质：

(1) 每一个小项当其真值指派与编码相同时，其值为 T，在其余的 2^n-1 种指派情况下均为 F。

(2) 任意两个不同小项的合取式永假，即

$$m_i \wedge m_j \Leftrightarrow \mathrm{F} \quad (i \neq j)$$

(3) 全体小项的析取永为真，记为

$$\sum_{i=0}^{2^n-1} m_i = m_0 \vee m_1 \vee \cdots \vee m_{2^n-1} \Leftrightarrow \mathrm{T}$$

与小项相似，通过查看大项的成假赋值和对应的真值表，可以发现大项有如下几个性质：

(1) 每一个大项当其真值指派与编码相同时，其值为 F，在其余的 2^n-1 种指派情况下均为 T。

(2) 任意两个不同大项的析取式永真，即

$$M_i \vee M_j \Leftrightarrow \mathrm{T} \quad (i \neq j)$$

(3) 全体大项的合取永为假，记为

$$\prod_{i=0}^{2^n-1} M_i = M_0 \wedge M_1 \wedge \cdots \wedge M_{2^n-1} \Leftrightarrow \mathrm{F}$$

定义 1.21 对于给定的命题，如果有一个等价公式，它仅由小项的析取所组成，则该等式称作原式的**主析取范式**。

定理 1.5 在真值表中，一个公式的真值为 T 的指派所对应的小项的析取即为此公式的**主析取范式**。

求一个公式的主析取范式可以有两种方法。一种是由公式的真值表得出，另一种是由基本等价公式推出。

其推演步骤可以归纳如下：

(1) 化归为析取范式。

(2) 除去析取范式中所有永假的析取项。

(3) 将析取式中重复出现的合取项和相同的变元合并。

(4) 对合取项补入没有出现的命题变元，即添加类似于$(P \vee \neg P)$的公式，然后用分配律展开公式。

例 1.26 给定 $P \to Q$，$P \vee Q$ 和 $\neg(P \wedge Q)$，求这些公式的主析取范式。

表 1.14 例 1.26 的真值表

P	Q	$P \to Q$	$P \vee Q$	$\neg(P \wedge Q)$
T	T	T	T	F
T	F	F	T	T
F	T	T	T	T
F	F	T	F	T

解：由表 1.14 给出的真值表，可得

$P \to Q \Leftrightarrow (\neg P \wedge \neg Q) \vee (\neg P \wedge Q) \vee (P \wedge Q)$

$P \vee Q \Leftrightarrow (\neg P \wedge Q) \vee (P \wedge \neg Q) \vee (P \wedge Q)$

$\neg(P \wedge Q) \Leftrightarrow (\neg P \wedge \neg Q) \vee (\neg P \wedge Q) \vee (P \wedge \neg Q)$

例 1.27 求$(P \vee Q) \wedge (P \to R)$的主析取范式。

解：$(P \vee Q) \wedge (P \to R)$

$\Leftrightarrow (P \vee Q) \wedge (P \to R)$

$\Leftrightarrow (P \vee Q) \wedge (\neg P \vee R)$

$\Leftrightarrow (P \wedge \neg P) \vee (P \wedge R) \vee (Q \wedge \neg P) \vee (Q \wedge R)$

$\Leftrightarrow (P \wedge R) \vee (\neg P \wedge Q) \vee (Q \wedge R)$

$\Leftrightarrow (P \wedge (Q \vee \neg Q) \wedge R) \vee (\neg P \wedge Q \wedge (R \vee \neg R)) \vee ((P \vee \neg P) \wedge Q \wedge R)$

$\Leftrightarrow (P \wedge Q \wedge R) \vee (P \wedge \neg Q \wedge R) \vee (\neg P \wedge Q \wedge R) \vee (\neg P \wedge Q \wedge \neg R) \vee (P \wedge Q \wedge R) \vee$
$(\neg P \wedge Q \wedge R)$

$\Leftrightarrow (P \wedge Q \wedge R) \vee (P \wedge \neg Q \wedge R) \vee (\neg P \wedge Q \wedge R) \vee (\neg P \wedge Q \wedge \neg R)$

$\Leftrightarrow m_{111} \vee m_{101} \vee m_{011} \vee m_{010} \Leftrightarrow m_7 \vee m_5 \vee m_3 \vee m_2$

对于一个命题公式，如果将命题变元的个数及出现次序固定之后，则此公式的主析取范式就是唯一的。所以，对于两个任意给定的公式，可以根据它们的主析取范式是否相同来判定这两个公式是否等价。

定义 1.22 对于给定的命题，如果有一个等价公式，它仅由大项的合取所组成，则该等式称作原式的**主合取范式**。

定理 1.6 在真值表中，一个公式的真值为 F 的指派所对应的大项的合取即为此公式的**主合取范式**。

与公式的主析取范式类似，也可以得到如下的结论。

求一个公式的主合取范式可以有两种方法。一种是由公式的真值表得出，另一种是由基本等价公式推出。

其推演步骤可以归纳如下：

(1) 化归为合取范式。

(2) 除去合取范式中所有永真的合取项。

(3) 合并相同的析取项和相同的变元。

(4) 对析取项补入没有出现的命题变元，即添加类似于$(P \wedge \neg P)$的公式，然后用分配律展开公式。

例 1.28 求$(P \vee Q) \wedge (P \rightarrow R)$的主合取范式。

解： $(P \vee Q) \wedge (P \rightarrow R)$

$\Leftrightarrow (P \vee Q) \wedge (\neg P \vee R)$

$\Leftrightarrow (P \vee Q \vee (R \wedge \neg R)) \wedge (\neg P \vee (Q \wedge \neg Q) \vee R)$

$\Leftrightarrow (P \vee Q \vee R) \wedge (P \vee Q \vee \neg R) \wedge (\neg P \vee Q \vee R) \wedge (\neg P \vee \neg Q \vee R)$

$\Leftrightarrow M_{000} \wedge M_{001} \wedge M_{100} \wedge M_{110} \Leftrightarrow M_0 \wedge M_1 \wedge M_4 \wedge M_6$

为了使主析取范式和主合取范式的表达更简洁，今后采用$\sum$来表示小项的析取，例如，$\sum i,j,k$表示$m_i \vee m_j \vee m_k$；用$\prod$表示大项的合取，例如，$\prod i,j,k$表示$M_i \wedge M_j \wedge M_k$。根据这样的表示方法，可以将例 1.27 表示成$\sum_{2,3,5,7}$。同样，可以把例 1.28 的结果表示成$\prod_{0,1,4,6}$。

定理 1.7 如果命题公式 A 的真值表有成真赋值，则所有成真赋值对应小项的析取式就是公式 A 的主析取范式；如果公式 A 的真值表中没有成真赋值，则它的主析取范式为 F。

定理 1.8 如果命题公式 A 的真值表有成假赋值，则所有成假赋值对应大项的合取式就是公式 A 的主合取范式；如果公式 A 的真值表中没有成假赋值，则它的主合取范式为 T。

前面已经介绍了，对于同一个公式而言，它的主合取范式为真值表中所有成假赋值的合取，而它的主析取范式为真值表中所有成真赋值的析取。所以不难发现，对于同一个公式而言，它的主析取范式和主合取范式之间存在一个类似于“互补”的相互关系。这个“互补”即是，一个主合取范式的简洁表达形式的下标值与它对应的主析取范式的简洁表达形式的下标值合在一起可以得到一个从 0 到 2^n-1 的全排列，当知道某个公式的主合取范式（或者主析取范式）的时候，可以很轻易地推出对应的主析取范式（或者主合取范式）。

形式化地表示，有如下定理，限于篇幅，本书不作证明（读者可以考虑为什么，并自行验证这个结论）。

定理 1.9 已知由 n 个不同的公式 A 的主析取范式为 $\sum(i_1,i_2,\cdots,i_k)$，其主合取范式为 $\prod(j_1,j_2,\cdots,j_k)$，则有

$$\{i_1,i_2,\cdots,i_k\}\cup\{j_1,j_2,\cdots,j_k\}=\{0,1,2,\cdots,2^n-1\}$$
$$\{i_1,i_2,\cdots,i_k\}\cap\{j_1,j_2,\cdots,j_k\}=\varnothing$$

例如，对于例 1.27 和例 1.28，已知它的主析取范式对应的简洁表达形式为 $\sum\limits_{2,3,5,7}$，则它对应的主合取范式一定为 $\prod\limits_{0,1,4,6}$。根据这种方法，可以通过其主析取范式得到它对应的主合取范式，反之亦然。

1.6 推理理论

1.6.1 蕴含式

前面介绍了重言式，本节介绍一种特殊的重言式，它就是蕴含式。首先给出它的定义。

定义 1.23 当且仅当 $P\to Q$ 是重言式时，称 P **蕴含** Q，并记作 $P\Rightarrow Q$。

请注意，$P\to Q$ 与 $Q\to P$ 不等价，因此，相对于 $P\to Q$ 来说，称 $Q\to P$ 为它的**逆换式**，称 $\neg P\to\neg Q$ 为它的**反换式**，称 $\neg Q\to\neg P$ 为它的**逆反式**。这 3 个式子之间的关系可以用表 1.15 给出的真值表来表示。

表 1.15 $P\to Q$ 及其逆换式、反换式和逆反式的真值表

P	Q	$\neg P$	$\neg Q$	$P\to Q$	$Q\to P$	$\neg P\to\neg Q$	$\neg Q\to\neg P$
T	T	F	F	T	T	T	T
T	F	F	T	F	T	T	F
F	T	T	F	T	F	F	T
F	F	T	T	T	T	T	T

从表1.15可以看出：

$(P\to Q)\Leftrightarrow(\neg Q\to\neg P)$

$(Q\to P)\Leftrightarrow(\neg P\to\neg Q)$

因此要证明 $P\Rightarrow Q$，只需要证明 $\neg Q\Rightarrow\neg P$，反之亦然。要证明 $P\Rightarrow Q$，只需要证明 $P\to Q$ 是一个重言式。这样就为后面证明相关定理和实例提供了一种很好的方法。

例 1.29 给出以下语句所对应的逆换式、反换式和逆反式。

只要程序正确，就能得到正确的结果。

解：因为“只要……就……”表达的是条件的含义，原始语句表达的是 $P\to Q$ 的含义，因此这个语句的逆换式是

如果得到正确的结果，那么程序是正确的。

这个语句的反换式是

如果程序不正确，那么无法得到正确的结果。

相应的逆反式是

如果结果不正确，那么程序不正确。

例 1.30 证明 $\neg Q\wedge(P\to Q)\Rightarrow\neg P$。

证法一：假定 $\neg Q\wedge(P\to Q)$ 为T，则 $\neg Q$ 为T，且 $P\to Q$ 为T，由 Q 为F，$P\to Q$ 为T，则必有 P 为F，所以 $\neg P$ 为T。

证法二：假定 $\neg P$ 为F，则 P 为T。

(1) 若 Q 为F，则 $P\to Q$ 为F，$\neg Q\wedge(P\to Q)$ 为F。

(2) 若 Q 为T，则 $\neg Q$ 为F，$\neg Q\wedge(P\to Q)$ 为F。

所以 $\neg Q\wedge(P\to Q)\Rightarrow\neg P$ 成立。

1.6.2 有效结论

推理是由已知命题得到新的命题的思维过程。任何一个推理都由前提和结论两部分组成。前提是推理所根据的已知的命题，结论则是前提通过推理而得到的新命题。

下面来看看有效推理的定义。

定义 1.24 设 A 和 B 是两个命题，当且仅当 $A\to B$ 是一个重言式，即 $A\Rightarrow B$，称 B 是 A 的有效结论。一般地，设 $H_1,H_2,\cdots,H_n$ 和 C 是命题公式，当且仅当

$$H_1\wedge H_2\wedge\cdots\wedge H_n\Rightarrow C$$

称 C 是一组前提 $H_1,H_2,\cdots,H_n$ 的**有效结论**。

1.6.3 证明方法

判断有效结论的过程就是命题的论证过程。命题的论证过程方法很多，这里主要介绍3种常用的判断方法：真值表法、直接证法和间接证法。

1. 真值表法

采用真值表法判断的时候，在真值表上查找 $H_1,H_2,\cdots,H_n$ 全部为真的指派，如果

在每个 $H_1, H_2, \cdots, H_n$ 全部为真的指派所在的行中，其 C 的真值也为 T，则该推论是有效结论。或者看 C 的真值为 F 的行，如果对于 $H_1, H_2, \cdots, H_n$ 的真值至少有一个为 F，则该推论也是有效结论。

例 1.31 判断以下结论是否可由前提推出。

(1) $H_1: P \to Q, H_2: P, C: Q$

(2) $H_1: P \to Q, H_2: Q, C: P$

真值表如表 1.16 所示。

表 1.16 例 1.31 的真值表

P	Q	$P \to Q$	$(P \to Q) \wedge P$	$(P \to Q) \wedge Q$
T	T	T	T	T
T	F	F	F	F
F	T	T	F	T
F	F	T	F	F

对于(1)，在真值表的第一行，两个前提的真值都取 T，而这一行的结论 Q 的取值也为真，因此，可以说，C 是前提 H_1 和 H_2 的结论。

对于(2)，真值表第一行和第三行的两个前提的真值都取 T，但对于第三行，结论 P 的真值为 F，因此 $H_1 \wedge H_2 \to C$ 不是重言式，则按照定义，(2)中的两个命题不能推得结论 C。请读者注意，本例中的推理是初学者经常弄错的一种典型实例。

如果用一些具体的命题来代入命题变元 P 和 Q，可以得到下述断言：

(1) 如果今天是星期一，他就要去上班。

今天是星期一，

所以他去上班了。

(2) 如果狗有翅膀，则狗会飞上天。

狗有翅膀，

所以狗飞上天了。

(3) 如果小郑是大学生，则他一定是学生。

小郑是学生，

所以他是大学生。

显然，(1)是正确的；(2)看起来似乎很荒唐，但是，由于我们研究的是抽象的逻辑关系，所以在(2)中虽然前提和结论都是假的，但推理过程本身却是正确的。(3)的结论是错误的，原因在于推理过程(3)中的前提不能推出结论。这就是数学中经常提到的“当 B 是 A 的必要条件时，B 不一定时 A 的充分条件”。

2. 直接证法

直接证法就是通过一组前提，采用一些公认的推理过程，根据已知的等价公式或者蕴含公式，推演得到有效结论的证明过程。

***P* 规则**：前提在推导过程中的任何时候都可以引入使用。

***T* 规则**：在推导中，如果有一个或者多个公式重言蕴含公式 S，则公式 S 可以引入推导之中。

为便于读者查阅，下面给出常用的推理规则。

I1. $P \Rightarrow P \vee Q$	附加律
I2. $P, Q \Rightarrow P \wedge Q$	合取式
I3. $P \wedge Q \Rightarrow P$	化简律
I4. $\neg P \wedge (P \vee Q) \Rightarrow Q$	析取三段论
I5. $P \wedge (P \rightarrow Q) \Rightarrow Q$	假言推理
I6. $\neg Q \wedge (P \rightarrow Q) \Rightarrow \neg P$	拒取式
I7. $(P \rightarrow Q) \wedge (Q \rightarrow R) \Rightarrow P \rightarrow R$	假言三段论
I8. $(P \rightarrow Q) \wedge (R \rightarrow S) \wedge (P \vee R) \Rightarrow (Q \vee S)$	构造性二难
I9. $(P \rightarrow Q) \wedge (R \rightarrow S) \wedge (\neg Q \vee \neg S) \Rightarrow (\neg P \vee \neg R)$	破坏性二难

例 1.32 证明：$A, C \rightarrow D, \neg B \rightarrow C, A \rightarrow \neg B \Rightarrow D$。

证明：

(1) A	P
(2) $A \rightarrow \neg B$	P
(3) $\neg B$	T(1)(2)假言推理
(4) $\neg B \rightarrow C$	P
(5) C	T(3)(4)假言推理
(6) $C \rightarrow D$	P
(7) D	T(5)(6)假言推理

例 1.33 证明：$P \vee Q, Q \rightarrow R, P \rightarrow S, \neg S \Rightarrow R$。

证明：

(1) $P \rightarrow S$	P
(2) $\neg S$	P
(3) $\neg P$	T(1)(2)拒取式
(4) $P \vee Q$	P
(5) Q	T(3)(4)析取三段论
(6) $Q \rightarrow R$	P
(7) R	T(5)(6)假言推理

3. 间接证法

间接证法也就是采用反证法，把结论的否定当作附加前提与给定的前提一起推证，如果能推导出矛盾，则说明结果是有效的。

定义 1.25 假设公式 $H_1, H_2, \cdots, H_n$ 中的命题变元为 $P_1, P_2, \cdots, P_n$，对于 $P_1, P_2, \cdots, P_n$ 的一些指派，如果能使 $H_1 \wedge H_2 \wedge \cdots \wedge H_n$ 的真值为 T，则称公式 $H_1, H_2, \cdots, H_n$ 是**相容的**。如果对于 $P_1, P_2, \cdots, P_n$ 的每一组真值指派使得 $H_1 \wedge H_2 \wedge \cdots \wedge H_n$ 的真值为 F，则称公式 $H_1, H_2, \cdots, H_n$ 是**不相容的**。

如果采用不相容的概念来证明命题公式，可以采用如下的方法：

设有一组前提 $H_1, H_2, \cdots, H_m$，要推出结论 C，即证明 $H_1 \wedge H_2 \wedge \cdots \wedge H_m \Rightarrow C$，记为 $A \Rightarrow C$，即 $\neg C \to \neg A$ 为永真，或 $\neg C \wedge A$ 为永真，故 $C \wedge \neg A$ 为永假。因此要证明 $H_1 \wedge H_2 \wedge \cdots \wedge H_m \Rightarrow C$，只要证明 $H_1 \wedge H_2 \wedge \cdots \wedge H_m$ 与 $\neg C$ 是不相容的。

例 1.34 证明 $A \to B, \neg(B \vee C) \Rightarrow \neg A$。

证明：

(1) A	P(附加前提)
(2) $A \to B$	P
(3) $\neg(B \vee C)$	P
(4) $\neg B \wedge \neg C$	T(3)德摩根律
(5) B	T(1)(2)假言推理
(6) $\neg B$	T(4)化简律
(7) $B \wedge \neg B$(矛盾)	T(5)(6)合取式

例 1.35 证明 $P \vee Q, P \to R, Q \to R \Rightarrow R$。

证明：

(1) $\neg R$	P(附加前提)
(2) $P \to R$	P
(3) $\neg P$	T(1)(2)拒取式
(4) $P \vee Q$	P
(5) Q	T(3)(4)析取三段论
(6) $Q \to R$	P
(7) R	T(5)(6)假言推理
(8) $\neg R \wedge R$(矛盾)	T(1)(7)合取式

间接证法的另一种情况是：若要证 $H_1 \wedge H_2 \wedge \cdots \wedge H_m \Rightarrow (R \to C)$。设 $H_1 \wedge H_2 \wedge \cdots \wedge H_m$ 为 A，即证 $A \Rightarrow (R \to C)$ 或 $A \Rightarrow (\neg R \vee C)$。故 $A \to (\neg R \vee C)$ 为永真式。因为 $A \to (\neg R \vee C) \Leftrightarrow \neg A \vee (\neg R \vee C) \Leftrightarrow (\neg A \vee \neg R) \vee C \Leftrightarrow \neg(A \wedge R) \vee C \Leftrightarrow (A \wedge R) \to C$，所以将 R 作为附加条件，如有 $(A \wedge R) \Rightarrow C$，即证得 $A \Rightarrow (R \to C)$。由 $(A \wedge R) \Rightarrow C$ 证得 $A \Rightarrow (R \to C)$ 称为 **CP 规则**。

例 1.36 证明 $(P \wedge Q) \to R, \neg S \vee P, Q \Rightarrow S \to R$。

证明：

(1) S	P(附加前提)
(2) $\neg S \vee P$	P
(3) P	T(1)(2)析取三段论
(4) $(P \wedge Q) \to R$	P
(5) Q	P
(6) $P \wedge Q$	T(3)(5)合取式
(7) R	T(4)(6)假言推理
(8) $S \to R$	CP 规则

例 1.37 设有下列情况，结论是否有效？

如果甲得冠军，则乙或丙得亚军；如果乙得亚军，则甲不能得冠军；如果丁得亚军，丙不能得亚军。事实是甲已得到冠军,可知丁不能得亚军。

分析：要证明该题,首先将原子命题符号化为

P：甲得冠军,Q：乙得亚军,R：丙得亚军,S：丁得亚军

则原题可符号化为

$P\to(Q\vee R)$, $Q\to\neg P$, $S\to\neg R\Rightarrow P\to\neg S$

证明如下：

(1) P	P(附加前提)
(2) $P\to(Q\vee R)$	P
(3) $Q\vee R$	T(1)(2)假言推理
(4) $Q\to\neg P$	P
(5) $P\to\neg Q$	T(4)逆反式
(6) $\neg Q$	T(1)(5)假言推理
(7) R	T(3)(6)析取三段论
(8) $S\to\neg R$	P
(9) $R\to\neg S$	T(8)逆反式
(10) $\neg S$	T(7)(9)假言推理
(11) $P\to\neg S$	CP 规则

说明上面的结论是有效的。

例 1.38 设前提集合为 $H=\{P\vee Q, P\to R, Q\to S\}$。$G=S\vee R$,证明 $H\Rightarrow G$。

证明：对于该题分别采用 3 种方法加以证明。

证法一：采用直接证明法。

(1) $P\vee Q$	P
(2) $\neg P\to Q$	T(1)条件转化
(3) $Q\to S$	P
(4) $\neg P\to S$	T(2)(3)假言三段论
(5) $\neg S\to P$	T(4)假言易位
(6) $P\to R$	P
(7) $\neg S\to R$	T(5)(6)假言三段论
(8) $S\vee R$	T(7)条件转化

证法二：采用 CP 规则的证明法。

因 $G=S\vee R=\neg S\to R$,为此,可将 $\neg S$ 作为附加前提加入到前提集合中,如能证明 $H,\neg S\Rightarrow R$,则由 CP 规则知：$H\Rightarrow\neg S\to R$ 即 $H\Rightarrow S\vee R$。

(1) $\neg S$	P(附加前提)
(2) $Q\to S$	P
(3) $\neg Q$	T(1)(2)拒取式
(4) $P\vee Q$	P
(5) P	T(3)(4)析取三段论
(6) $P\to R$	P
(7) R	T(5)(6)假言推理

(8) $\neg S \to R$ T(1)(7)CP 规则

(9) $S \vee R$ T(8)条件转化

证法三：采用矛盾法。

(1) $\neg(S \vee R)$ P(附加前提)

(2) $\neg S \wedge \neg R$ T(1)德·摩根律

(3) $\neg S$ T(2)化简律

(4) $\neg R$ T(2)化简律

(5) $P \to R$ P

(6) $\neg P$ T(4)(5)拒取式

(7) $Q \to S$ P

(8) $\neg Q$ T(3)(7)拒取式

(9) $\neg P \wedge \neg Q$ T(6)(8)合取式

(10) $\neg(P \vee Q)$ T(9) 德·摩根律

(11) $P \vee Q$ P

(12) $(P \vee Q) \wedge \neg(P \vee Q)$（矛盾） T(10)(11)合取式

本章小结

本章主要讨论命题逻辑中的基本概念和基本方法。

1.1 节讨论命题的概念，介绍了命题的真值及其表示方法，给出了基本的命题联结词，并介绍了如何通过命题联结词来将一个自然语言符号化为命题公式。

1.2 节介绍命题变元的概念，还讨论了命题公式的概念，并介绍了如何将较为复杂的自然语言翻译成合式公式。这一节还介绍了真值表的概念。

1.3 节给出重言式、否定式和可满足式的概念，并介绍了等价式和蕴含式的概念，还分别给出了一些常用的等价式和蕴含式。

1.4 节介绍全功能联结词集合的概念，并推导了最小全功能联结词。

1.5 节介绍对偶的概念和相关定理，同时给出了范式和主范式的概念，并详细说明了范式和主范式的求解法则。

1.6 节介绍命题逻辑中有效结论的概念，并给出了命题逻辑的推理理论和证明方法，主要说明了直接证法和间接证法，其中间接证法包括反证法和 CP 规则法。

习　题

一、选择题

1. 下列语句中，(　　)是命题。

A. 请排队入场！　　B. 牛是哺乳动物。

C. 我正在说谎。　　D. $x+4>0$。

2. 命题公式$\neg B \to \neg A$等价于(　　)。

A. $\neg A \vee \neg B$　　B. $\neg(A \vee B)$

C. $\neg A \vee \neg B$　　D. $A \to B$

3. 下列语句中,(　　)是永真式。

A. $Q \to (P \wedge Q)$　　B. $P \to (P \wedge Q)$

C. $(P \wedge Q) \to P$　　D. $(P \vee Q) \to Q$

4. 以下说法中与$P \to Q$不等价的是(　　)。

A. P是Q的充分条件　　B. Q是P的必要条件

C. Q仅当P　　D. 只有Q才P

二、填空题

1. 已知命题公式$\neg(P \to (Q \to R)) \wedge (P \wedge Q)$的真值为T,则$R$的真值为________。
2. 命题公式$(P \to Q) \vee (Q \to P)$在________种赋值情况下真值为T。
3. 设P表示“天下大雨”,Q表示“他在室内运动”,将命题“如果天不下雨,他一定不会在室内运动”符号化为________。
4. 含有n个命题变元的命题公式所对应的真值共有________种情况。
5. n个命题变元可以构成________个互不相等的命题公式。
6. n个命题变元共产生________个小项,任意两个不同小项的合取式的真值为________。

三、解答题

1. 判断下列语句哪些是命题,哪些不是命题。对于命题,确定其真值。

(1) 明天是晴天么?

(2) $9+5<10$。

(3) 2是素数,当且仅当雪是黑色的。

(4) 请把门打开!

(5) 不存在最小的自然数。

(6) $3+x=7$。

(7) 明天是晴天。

(8) X是无理数。

(9) 我们能够找到外星生物。

(10) $101+1=110$。

2. 设P表示今天星期天,Q表示街上人很多,R表示我去街上买衣服。以符号形式写出下列命题。

(1) 如果今天星期天,那么街上人很多。

(2) 今天不是星期天。

(3) 我去街上买衣服,当且仅当今天是星期天而且街上的人不多。

3. 将下列命题符号化。

(1) 小王不但聪明而且用功。

(2) 如果 a 是偶数,则 $a+2$ 是偶数。

(3) 如果你一边走路,一边看书,那么你就会近视。

(4) 小王是山东人或者湖南人。

(5) 因为天气很冷,所以我没出门。

(6) 小张和小李是同学。

(7) 除非明天下大雨,否则他不会在家休息。

(8) 我今天晚上在图书馆看书或者在体育馆打球。

4. 判断下列公式哪些是合式公式。

(1) $(Q \to R \vee S)$

(2) $((P \vee \to Q \vee R)$

(3) $(\neg R \vee P)) \to (Q \wedge R))$

(4) $P \leftrightarrow (Q \neg R)$

(5) $((Q \wedge P) \leftrightarrow S) \wedge (R \vee \neg Q) \vee (Q \to \neg S)$

5. 设命题 P: 天正在下雨,Q: 我将上街,R: 我有空。用自然语言写出下列命题。

(1) $Q \leftrightarrow (R \wedge \neg P)$

(2) $P \wedge Q$

(3) $(Q \to R) \wedge (R \to Q)$

(4) $\neg (Q \vee R)$

6. 设 P、Q 的真值为 T,R、S 的真值为 F。试求下列命题的真值。

(1) $P \vee (Q \wedge R)$

(2) $(P \to R) \wedge (\neg Q \vee S)$

(3) $(\neg P \wedge \neg Q \wedge R) \leftrightarrow (P \wedge Q \wedge \neg R)$

(4) $(\neg R \wedge S) \to (P \wedge \neg Q)$

7. 求下列复合命题的真值表。

(1) $(P \vee Q) \to (P \to Q)$

(2) $(P \vee Q) \leftrightarrow (Q \vee P)$

(3) $P \to (Q \vee R)$

(4) $(P \vee \neg R) \vee (P \to Q)$

8. 判断下列各式是否为重言式。

(1) $(P \to Q) \to (Q \to \neg P)$

(2) $P \to (P \vee Q \vee R)$

(3) $((P \vee S) \wedge R) \vee \neg ((P \vee S) \wedge R)$

(4) $(P \to Q) \wedge (Q \to R) \to (P \to R)$

9. 证明下列公式等价。

(1) $P \to (Q \to R) \Leftrightarrow (P \wedge Q) \to R$

(2) $P \to (Q \vee R) \Leftrightarrow (P \wedge \neg Q) \to R$

(3) $(P \to Q) \to (Q \vee R) \Leftrightarrow P \vee Q \vee R$

(4) $(P \to Q) \wedge (P \to R) \Leftrightarrow P \to (Q \wedge R)$

10. 把下列格式化为析取范式。

(1) $\neg(P \wedge Q) \vee (P \vee Q)$

(2) $(\neg P \wedge Q) \to R$

(3) $P \to ((Q \wedge R) \to S)$

11. 把下列各式化为合取范式。

(1) $\neg(P \to Q)$

(2) $(P \to Q) \to R$

(3) $P \vee (\neg P \wedge Q \wedge R)$

12. 将下列公式整理成与其对应的大项或者小项，并说明该项所对应的编码及其大小项的名称，对于大项或者小项，写出其对应的公式。

(1) $\neg Q \wedge P$

(2) $Q \wedge \neg P \wedge R$

(3) $P \vee R \vee \neg Q$

(4) $Q \vee \neg P$

(5) $P \wedge \neg R \wedge Q$

(6) $\neg Q \vee \neg R \vee P$

(7) M_3(三个命题变元，下同)

(8) M_6

(9) m_2

(10) m_5

13. 求下列公式的主析取范式和主合取范式。

(1) $(P \vee Q) \wedge R$

(2) $(P \vee Q) \wedge (P \to R)$

(3) $(Q \vee \neg P) \to R$

(4) $(P \to Q) \leftrightarrow R$

(5) $P \wedge (Q \to R)$

(6) $(\neg R \vee (Q \to P)) \to (P \to (Q \vee R))$

14. 用推理规则证明下列各式。

(1) 前提：$\neg(P \wedge \neg Q), \neg Q \vee R, \neg R$

结论：$\neg P$

(2) 前提：$P \to Q, (\neg Q \vee R) \wedge \neg R, \neg(\neg P \wedge S)$

结论：$\neg S$

(3) 前提：$Q, \neg P \to R, P \to S, \neg S$

结论：$Q \wedge R$

15. 用 CP 规则证明以下各公式。

(1) $P \to (Q \vee R), S \to \neg Q \Rightarrow (P \wedge S) \to R$

(2) $\neg P \vee \neg Q, \neg P \rightarrow R, R \rightarrow \neg S \Rightarrow S \rightarrow \neg Q$

(3) $A \vee B \rightarrow C \wedge D, D \vee E \rightarrow \mathrm{F} \Rightarrow A \rightarrow \mathrm{F}$

16. 在命题逻辑中构造下面推理的证明。

(1) 如果 a 是实数,则它不是有理数就是无理数,若 a 不能表示成分数,则它不是有理数。a 是实数且它不能表示成分数,所以 a 是无理数。

(2) 如果小张和小王去看电影,则小李也去看电影,小赵不去看电影或者小张去看电影,小王去看电影,所以,当小赵去看电影的时候,小李也去。

第2章 chapter 2

谓词逻辑

本章要点

- 谓词的概念和表示
- 命题函数与量词
- 谓词公式与翻译
- 变元的约束
- 谓词的等价运算和蕴含式
- 谓词演算的推理理论

本章学习目标

- 掌握谓词逻辑的基本概念
- 掌握命题函数与量词的基本概念
- 掌握谓词逻辑的翻译方法
- 掌握谓词逻辑的推演和变化方法
- 了解谓词演算的推理理论和规则

2.1 谓词的概念与表示

2.1.1 谓词

在命题逻辑中,命题是最基本的单位,对简单命题不再进行分解,并且不考虑命题之间内在的联系和数量关系,因而命题逻辑具有局限性。这样,有一些简单的推理形式用命题逻辑的方式都无法论证和判断。例如下面最著名的苏格拉底三段论:

所有的人都会死的;

苏格拉底是人;

所以苏格拉底会死的。

这是一个简单而且直观的真命题,但是在命题逻辑中却无法判断它的正确性。因为在命题逻辑中,只能将推理中出现的3个简单命题依次符号化为P、Q、R,将推理结构的形式符号化为$(P \land Q) \to R$。由于这个公式不是重言式,所以不能由它判断推理的正确性。造成这种情况的原因是命题逻辑中将以上3个命题看作不可分解的做法,掩盖了它们之间某些成分的内在联系。同时，命题也不能揭示同类原子命题的共同特征。另外，命题不能表达变化着的情况。因此，必须进一步研究命题的内部关系。这就是谓词逻辑要研究的内容。

在谓词演算中，可将命题分解为谓词与客体两部分，例如，前面提到的“苏格拉底是人”中的“苏格拉底”是主语，称为主体，“是人”是谓语，称为谓词。主语一般是能独立存在的客体，而谓语能刻画客体的性质或关系。

比如下面这些例句中：

(1) 陈景润是数学家。

(2) 2 是有理数。

(3) 小李和小张是同学。

(4) 3 小于 5。

“是数学家”、“是有理数”、“是同学”、“小于”都是谓词，其中前两个谓词表明了客体的性质，后两个谓词指明了客体之间的关系。

用谓词来表达命题，必须包括客体和谓词字母两个部分。一般用大写字母来表示谓词，用小写字母来表示客体名称。例如，“b 是 A”可以用 $A(b)$来表示，“a 小于 b”可以用 $B(a,b)$来表示。“点 a 在点 b 和 c 之间”可以表示为 $L(a,b,c)$。

$A(b)$称为**一元谓词**，$B(a,b)$称为**二元谓词**，一般地，可以把 $P(a_1,a_2,\cdots,a_n)$称为 ***n* 元谓词**，其中 P 表示 n 元谓词，$a_1,a_2,\cdots,a_n$ 分别表示 n 个客体。

一般说来，多个客体之间的次序是不能随意调换的，例如 $L(a,b,c)$和 $L(a,c,b)$就代表两个不同的命题。

例 2.1 分别将下列命题用谓词的形式符号化。

(1) 张三是大学生。

(2) 李四是大学生。

(3) 张三和李四是同学。

(4) 王五坐在张三和李四的中间。

解：首先将客体符号化，令

A：张三，b：李四，c：王五

S：是大学生，C：是同学，I：××坐在××与××之间

于是，符号化之后得到

(1) $S(a)$

(2) $S(b)$

(3) $C(a, b)$

(4) $I(c, a, b)$

这里就能看到，如果调换 $I(c, a, b)$中 a、b、c 的相互位置，变成 $I(a, b, c)$，就表示 a 坐在 b 与 c 之间，与原意不符，因而多个客体之间的次序不能随意调换。

2.1.2 命题函数

有一些语句表示不同个体的同一属性或者属性之间的同一关系。例如，假设 H 是谓词“是哺乳动物”，a 代表客体名称猫，b 代表老虎，则“猫是哺乳动物”可用命题 $H(a)$来表

示，而“老虎是哺乳动物”可用命题 $H(b)$ 来表示，它们都有共同的形式 $H(x)$。

同样，用 $L(x,y)$ 表示“x 比 y 年轻”，用 a 代表小张，b 代表小王，c 代表小刘，则“小张比小王年轻”和“小王比小刘年轻”分别可以用 $L(a,b)$ 和 $L(b,c)$ 来表示。它们都具有 $L(x,y)$ 的形式。

再比如 $A(x,y,z)$ 表示关系“x 加上 y 等于 z”。则 $A(1,4,5)$ 表示命题“$1+4=5$”，它的值为真，而 $A(3,5,7)$ 表示命题“$3+5=7$”，它的真值为假。

从以上 3 个例子可以看到，$H(x)$、$L(x,y)$ 和 $A(x,y,z)$ 本身不是命题，只有当变元 x、y、z 取特定的客体时，才表示一个确定的命题。

定义 2.1 由一个谓词和一些客体变元组成的表达式称为**简单命题函数**。

根据这个定义可以知道，n 元谓词就是有 n 个客体变元的命题函数，当 $n=0$ 时，称为 0 元谓词，它本身就是一个命题，所以说命题是 n 元谓词的一个特殊情况。

与命题逻辑类似，可以将由一个或多个简单命题函数以及逻辑联结词组合而成的表达式称为**复合命题函数**。其中逻辑联结词的意义与命题演算中的意义完全相同。

例 2.2 用 $L(x,y)$ 表示“x 比 y 年轻”，用 a 代表小张，b 代表小王，c 代表小李。

则 $L(a,b)$ 表示“小张比小王年轻”，$\neg L(b,c)$ 表示“小王不比小李年轻”，而 $L(a,b)\wedge \neg L(c,b)\rightarrow L(a,c)$ 表示“若小张比小王年轻且小李不比小王年轻，则小张比小李年轻”，这个命题的真值为 T。

2.1.3 量词

对于一个命题函数而言，可以代入不同的客体变元，客体变元的取值范围称为个体域，包含一切事物的个体域称为全总个体域。

有了客体变元和谓词的概念之后，对于一些命题我们还是不能非常准确地符号化，原因是我们缺少描述个体之间数量关系的量词。量词分为全称量词和存在量词两种。

表示“一切的”、“所有的”、“任意的”概念的量词称为**全称量词**，记为 $\forall$。

例 2.3

(1) 所有的人都要呼吸。

(2) 任何素数仅能被 1 和它自身整除。

设

(1) $M(x)$：x 是人，$H(x)$：x 要呼吸。

(2) $P(x)$：x 是素数，$Q(x)$：x 能被 1 和 x 自身整除。

则上面两个例子可以表示为

(1) $(\forall x)(M(x)\rightarrow H(x))$

(2) $(\forall x)(P(x)\rightarrow Q(x))$

表示“存在一些”、“至少有一个”、“对于一些”概念的量词称为存在量词，记为 $\exists$。

例 2.4

(1) 存在一个数是质数。

(2) 有些人是军人。

假设

$P(x)$：x 是质数。

$M(x)$：x 是人。

$S(x)$：x 是军人。

则这两个例子可以分别表示为

(1) $(\exists x)(P(x))$。

(2) $(\exists x)(M(x)\wedge S(x))$。

需要指出的是，每个由量词确定的表达式都与个体域有关，也就是说，对同一个命题，采用不同的个体域，其表达形式就会不同。

例 2.5 将以下语句翻译成谓词公式。

(1) 所有人都是要死的。

(2) 有些人不怕死。

解：设 $H(x)$：x 是人，$D(x)$：x 是要死的，$B(x)$：x 不怕死。

(1) 如果论域是"全人类"，则语句应该翻译为

$\forall x D(x)$

如果论域是全总个体域，则语句应该翻译为

$\forall x(H(x)\to D(x))$

(2) 如果论域是"全人类"，则语句应该翻译为

$\exists x B(x)$

如果论域是全总个体域，则语句应该翻译为

$\exists x(H(x)\wedge D(x))$

因此，为了方便，一般在讨论含有量词的命题函数以及命题符号化的时候，除非明确给出个体域，否则，在通常情况下都应使用全总个体域。

2.2 谓词公式与翻译

2.2.1 谓词的合式公式

与命题公式中的合式公式类似，谓词逻辑演算中也有合式公式的概念。

由 n 元谓词 A 和 n 个客体变元 $x_1,x_2,\cdots,x_n$ 构成的命题函数 $A(x_1,x_2,\cdots,x_n)$ 称作谓词演算中的**原子谓词公式**。

由原子谓词公式的概念出发，我们可以给出谓词演算中的合式公式概念。

定义 2.2 谓词演算的合式公式可以由下述各条组成：

(1) 每个原子谓词公式都是合式公式。

(2) 若 A 是合式公式，则 $\neg A$ 也是合式公式。

(3) 如果 A 和 B 都是谓词公式，则 $(A\wedge B)$、$(A\vee B)$、$(A\to B)$ 和 $(A\leftrightarrow B)$ 也是合式公式。

(4) 如果 A 是合式公式，x 是 A 中的任何变元，则 $\forall xA$ 和 $\exists xA$ 都是合式公式。

(5) 只有经过有限次地使用上述 4 条规则而得到的公式是合式公式。

2.2.2 谓词的翻译

下面给出一些将自然语言转换成谓词公式的例子。

例 2.6 每个有理数都是实数。

令 $Q(x)$：x 是有理数，$R(x)$：x 是实数。

则原命题可以符号化为

$\forall x(Q(x)\rightarrow R(x))$

例 2.7 对顶角相等。

令 $F(x,y)$：x 与 y 是对顶角，$H(x,y)$：x 与 y 相等。

则命题可以符号化为

$\forall x\forall y(F(x,y)\rightarrow H(x,y))$

例 2.8 不是每个中国人都去过北京。

令 $C(x)$：x 是中国人，$B(x)$：x 去过北京。

则命题可以符号化为

$\neg\forall x(C(x)\rightarrow B(x))$

而这句话也可以翻译成"有一些中国人没有去过北京。"那么命题可以符号化为

$\exists x(C(x)\wedge\neg B(x))$

由此可见，采用不同的量词，可以将同一句话翻译成不同的谓词公式。后面会看到这两种表示方法是等价的。

2.2.3 自由变元和约束变元

对于一个谓词公式，假设其形式为 $\exists xP(x)$ 或者 $\forall xP(x)$，将量词后面紧跟的 x 称为指导变元或者作用变元，$P(x)$ 叫做相应量词的作用域或者辖域。一个作用变元出现在相应的量词的作用域中，就称这种情况为 x 在谓词公式中的约束出现，相应地，x 称为约束变元。非约束变元称为自由变元。

例如，$\forall x(Q(x)\rightarrow R(x))$ 中的 x 和 $\forall x\forall y(F(x,y)\rightarrow H(x,y))$ 中的 x 和 y 都是约束变元。而 $\forall x\forall y(P(x,y)\rightarrow Q(y,z))\wedge\exists xP(x,y)$ 的 $P(x,y)\rightarrow Q(y,z)$ 部分中，x 和 y 是约束变元，而 $P(x,y)$ 部分中，x 是约束变元，y 是自由变元。

由于从公式的结构上看，公式中的变元之间的区别是明显的，所以，即使两个性质完全不同的变量选择了同一个符号，也不会产生混淆。不过，当一个公式相当复杂时，用同一个变量既代表一个约束变量，又代表一个自由变量，总是容易带来一些混淆。为了避免变元的约束形式和自由形式同时出现而引起的混乱，可以对约束变元进行换名。

为了不影响换名之后的公式的意义，必须遵循以下的换名规则：

(1) 对于约束变元可以换名，其更改的变元名称范围是量词中的指导变元以及该量词作用域中所出现的该变元，而该公式的其余部分不变。

(2) 换名时一定要更改为作用域中没有出现的变元名称。

例如，对于 $\forall x(P(x)\wedge Q(x,y))\rightarrow R(x,y)$ 中的 x 换名，可以换名成

$\forall z(P(z)\wedge Q(z,y))\rightarrow R(x,y)$

但是不能换名成

$\forall y(P(y)\wedge Q(y,y))\rightarrow R(x,y)$ （违反换名规则(2)）

或者

$\forall z(P(z)\wedge Q(x,y))\to R(x,y)$ （违反换名规则(1)）

这两种错误的本质都是使公式中量词的约束范围发生了变化。

公式中的自由变元也允许更改，这种更改叫做代入。自由变元的代入需要遵循与约束变元换名类似的规则，这个规则叫做自由变元的代入规则：

(1) 对于谓词公式中的自由变元，可以作代入，代入时需对公式中出现自由变元的每一处进行。

(2) 用以代入的变元与原公式中所有变元的名字不能相同。

例如，对 $\forall y(P(x,y)\wedge\exists zQ(x,z))\vee\forall xR(x,y)$ 中的变元 x 进行代入时，可代入为

$\forall y(P(s,y)\wedge\exists zQ(s,z))\vee\forall xR(x,y)$

但不能代入为

$\forall y(P(s,y)\wedge\exists zQ(x,z))\vee\forall xR(x,y)$ （违反代入规则(1)）

也不能代入为

$\forall y(P(y,y)\wedge\exists zQ(y,z))\vee\forall xR(x,y)$ （违反代入规则(2)）

2.3 谓词演算的等价式和蕴含式

在2.2节曾提到，一个命题可以符号化成不同的形式，而这些形式是等价的，下面讨论等价式的概念。

定义 2.3 给定任何两个谓词公式 A 和 B，设它们具有共同的个体域 E，若对 A 和 B 的任意一组变元进行赋值，所得到的命题的真值相同，则称谓词公式 A 和 B 在 E 上是等价的，并记作 $A\Leftrightarrow B$。

定义 2.4 给定任意谓词公式 A，其个体域为 E，对于 A 的所有赋值，A 都为真，则称 A 在 E 上是**有效的**(或**永真的**)。

定义 2.5 一个谓词公式 A 如果在所有的赋值下都为假，则称 A 为**不可满足的**。

定义 2.6 一个谓词公式 A 如果至少在一种赋值下为真，则称 A 为**可满足的**。

有了谓词公式的等价和永真等概念，就可以讨论谓词演算的一些等价式和蕴含式，下面给出一些基本而重要的等价式。

1. 命题公式的推广

命题演算中的等价公式表和蕴含公式表都可以推广到谓词演算中使用，例如：

$\forall xH(x)\Leftrightarrow\neg\neg\forall xH(x)$

$\forall x(Q(x)\to R(x))\Leftrightarrow\forall x(\neg Q(x)\vee R(x))$

$\forall xP(x)\vee\exists yQ(x,y)\Leftrightarrow\neg(\neg\forall xP(x)\wedge\neg\exists yQ(x,y))$

2. 量词与联结词¬之间的关系

如果将量词前面的¬移到量词的后面，存在量词换成全称量词，全称量词换成存在量词；反之，如果将量词后面的¬移到量词的前面，也要作相应的变换。

例如，设 $P(x)$ 表示 x 今天来上课，则 $\neg P(x)$ 表示 x 今天没有来上课。

则“不是所有人今天来上课”和“存在一些人今天没有来上课”在意义上是相同的，即

$\neg \forall x P(x) \Leftrightarrow \exists x \neg P(x)$

同理，“所有的人今天都没来上课”和“不是存在一些人今天上课”在意义上是相同的，即

$\neg \exists x P(x) \Leftrightarrow \forall x \neg P(x)$

3. 量词作用域的扩张与收缩

量词的作用域中常有合取与析取项，如果其中的一项为一个命题，则可将该命题移到量词作用域之外。例如：

$\forall x(A(x) \vee B) \Leftrightarrow \forall x A(x) \vee B$

$\forall x(A(x) \wedge B) \Leftrightarrow \forall x A(x) \wedge B$

$\exists x(A(x) \vee B) \Leftrightarrow \exists x A(x) \vee B$

$\exists x(A(x) \wedge B) \Leftrightarrow \exists x A(x) \wedge B$

其中 B 是不含约束变元的公式。

同样，还可以得到如下这些式子。

$\forall x A(x) \to B \Leftrightarrow \exists x(A(x) \to B)$

$\exists x A(x) \to B \Leftrightarrow \forall x(A(x) \to B)$

$B \to \forall x A(x) \Leftrightarrow \forall x(B \to A(x))$

$B \to \exists x A(x) \Leftrightarrow \exists x(B \to A(x))$

例 2.9 证明 $\forall x A(x) \to B \Leftrightarrow \exists x(A(x) \to B)$。

证明：$\forall x A(x) \to B$

$\Leftrightarrow \neg \forall x(A(x) \vee B)$

$\Leftrightarrow \exists x(\neg A(x)) \vee B$

$\Leftrightarrow \exists x(\neg A(x) \vee B)$

$\Leftrightarrow \exists x(A(x) \to B)$

4. 量词与命题联结词之间的一些等价式

量词与命题联结词之间存在不同的结合情况，下面说明一些等价公式。

例如，“在场的所有人既能打羽毛球又能打排球”和“在场的所有人能打羽毛球且所有人能打排球”这两句话的意义是一致的，所以

$\forall x(A(x) \wedge B(x)) \Leftrightarrow \forall x A(x) \wedge \forall x B(x)$

同理可以得到

$\exists x(A(x) \vee B(x)) \Leftrightarrow \exists x A(x) \vee \exists x B(x)$

5. 量词与命题联结词之间的一些蕴含式

量词与命题联结词之间存在一些不同的结合情况。有些是蕴含式。

例如，“这些学生都聪明或这些学生都努力”可以推出“这些学生都聪明或努力”，但是“这些学生都聪明或努力”却不能推出“这些学生都聪明或这些学生都努力”。所以有

$\forall xA(x) \vee \forall xB(x) \Rightarrow \forall x(A(x) \vee B(x))$

由上式可得

$\forall x(\neg A(x)) \vee \forall x(\neg B(x)) \Rightarrow \forall x(\neg A(x) \vee \neg B(x))$

即

$\neg(\exists xA(x) \wedge \exists xB(x)) \Rightarrow \neg \exists x(A(x) \wedge B(x))$

因此有

$\exists x(A(x) \wedge B(x)) \Rightarrow \exists xA(x) \wedge \exists xB(x)$

类似地有

$\forall x(A(x) \to B(x)) \Rightarrow \forall xA(x) \to \forall xB(x)$

$\forall x(A(x) \leftrightarrow B(x)) \Rightarrow \forall xA(x) \leftrightarrow \forall xB(x)$

下面列出常用的等价式和蕴含式：

E1. $\exists x(A(x) \vee B(x)) \Leftrightarrow \exists xA(x) \vee \exists xB(x)$

E2. $\forall x(A(x) \wedge B(x)) \Leftrightarrow \forall xA(x) \wedge \forall xB(x)$

E3. $\neg \exists xA(x) \Leftrightarrow \forall x \neg A(x)$

E4. $\neg \forall xA(x) \Leftrightarrow \exists x \neg A(x)$

E5. $\forall x(A \vee B(x)) \Leftrightarrow A \vee \forall xB(x)$

E6. $\exists x(A \vee B(x)) \Leftrightarrow A \vee \exists xB(x)$

E7. $\exists x(A(x) \to B(x)) \Rightarrow \forall xA(x) \to \exists xB(x)$

E8. $\forall xA(x) \to B \Leftrightarrow \exists x(A(x) \to B)$

E9. $\exists xA(x) \to B \Leftrightarrow \forall x(A(x) \to B)$

E10. $A \to \forall xB(x) \Leftrightarrow \forall x(A \to B(x))$

E11. $A \to \exists xB(x) \Leftrightarrow \exists x(A \to B(x))$

I1. $\forall xA(x) \vee (\forall x)B(x) \Rightarrow \forall x(A(x) \vee B(x))$

I2. $\exists x(A(x) \wedge B(x)) \Rightarrow \exists xA(x) \wedge \exists xB(x)$

I3. $\exists xA(x) \to \forall xB(x) \Rightarrow \forall x(A(x) \to B(x))$

6. 多个量词的使用

必须注意，对于多个量词同时使用的场合，全称量词和存在量词的次序是不能随意调换的。这里给出如下二元谓词的蕴含关系。

$\forall x \forall yA(x,y) \Rightarrow \exists y \forall xA(x,y)$

$\forall y \forall xA(x,y) \Rightarrow \exists x \forall yA(x,y)$

$\exists y \forall xA(x,y) \Rightarrow \forall x \exists yA(x,y)$

$\exists x \forall yA(x,y) \Rightarrow \forall y \exists xA(x,y)$

$\forall x \exists yA(x,y) \Rightarrow \exists y \exists xA(x,y)$

$\forall y \exists xA(x,y) \Rightarrow \exists x \exists yA(x,y)$

对于以上公式，本书不再给予证明，读者可以自己通过分析进行推证。另外，通过以上公式不难推导出多元谓词的蕴含关系。

2.4 前束范式

在命题演算中，常常要将公式化成规范形式。对于谓词演算，也有类似情况，一个谓词演算公式也可以转化为与它等价的范式。

定义 2.7 一个公式，如果量词均在全式的开头，它们的作用域延伸到整个公式的末尾，则该公式称为**前束范式**。

前束范式可记为下述形式：

$\square v_1 \square v_2 \cdots \square v_n A$

其中$\square$可能是量词$\forall$或者量词$\exists$，$v_i(i=1,2,\cdots,n)$是客体变元，A是没有量词的谓词公式。

例如，$\forall x \forall y \exists z(Q(x,y) \to R(z))$，$\forall y \forall x(\neg P(x,y) \to Q(z))$等都是前束范式。

定理 2.1 任意一个谓词公式均和一个前束范式等价。

证明：首先利用量词转化公式，把否定深入到命题变元和谓词填式的前面，其次利用$\forall x(A \vee B(x)) \Leftrightarrow A \vee (\forall x B(x))$和$\exists x(A \vee B(x)) \Leftrightarrow A \vee (\exists x B(x))$把量词移动到全式的最前面，这样便得到前束范式。

例 2.10 把公式$\forall x P(x) \to \exists x Q(x)$转化为前束范式。

解：$\forall x P(x) \to \exists x Q(x) \Leftrightarrow \exists x \neg P(x) \vee \exists x Q(x)$

$\Leftrightarrow \exists x(\neg P(x) \vee Q(x))$

例 2.11 把公式$\forall x \forall y(\forall z(P(x,z) \wedge P(y,z)) \to \exists u P(x,y,u))$转化为前束范式。

解：原式$\Leftrightarrow \forall x \forall y(\neg \forall z(P(x,z) \wedge P(y,z)) \vee \exists u P(x,y,u))$

$\Leftrightarrow \forall x \forall y(\exists z(\neg P(x,z) \vee \neg P(y,z)) \vee \exists u P(x,y,u))$

$\Leftrightarrow \forall x \forall y \exists z \exists u(\neg P(x,z) \vee \neg P(y,z) \vee P(x,y,u))$

2.5 谓词演算的推理理论

利用命题公式间的各种等价关系和蕴含关系，通过一些推理规则，从已知的命题公式推出另一些新的命题公式，就是命题演算中的推理。类似地，利用谓词公式间的各种等值关系和蕴含关系，通过一些推理规则，从一些谓词公式推出另一些谓词公式，这就是谓词演算中的推理。在谓词演算中，要进行正确的推理，也必须构造一个结构严谨的形式证明，因此要求给出一些相应的推理规则。命题演算中所使用的推理规则都可以应用于谓词演算的推理中。除此以外，由于谓词逻辑中引进了个体、谓词和量词等，因此必须增加一些在规则中能消去和添加量词的规则，以便使谓词公式在推理时能以类似于命题演算的方式进行。下面简要介绍这些规则。

1. 全称指定规则(US)

$\forall x A(x) \Rightarrow A(c)$，$\forall x A(x) \Rightarrow A(y)$

这里的 A 是谓词，而 y 是论域中任意的一个客体，是论域中的某个特定客体。这个规则表示如果 $\forall x A(x)$ 成立，即论域中所有元素都具有性质 A，即论域中的任意一个特定元素也具有性质 A。

2. 全称推广规则(UG)

$A(y) \Rightarrow \forall x A(x)$

这个规则的意思是，如果论域中任意一个客体(这里用自由变量 y 指代)具有性质 A，即表示论域中所有个体都具有性质 A。在应用本规则时，必须能证明前提 $P(x)$ 对论域中每一可能的 x 是真的。

3. 存在指定规则(ES)

$\exists x A(x) \Rightarrow A(c)$

这里 c 是论域中的某些客体。这个规则的意思是，如果论域中存在有性质的元素，则论域中必可找到某一特定元素 c 具有性质 A。必须注意，A 应用存在指定规则的时候，其指定客体 c 不是任意的。但是如果 $\exists x A(x)$ 中有其他自由变元出现，且 x 是随其他自由变元的值发生变化的，那么就不存在唯一的 c 使得 $A(c)$ 对自由变元的任意值都成立。这时就不能应用存在指定规则。

4. 存在推广定理(EG)

$A(c) \Rightarrow \exists x A(x)$

这个规则的意思是，如果个体域中有某一元素 c 具有性质 A，则个体域中存在着具有性质 A 的元素。

上述规则描述中，我们一般默认用 a,b,c 等表示常量或特定客体；用 x,y,z 等表示自由变量，尽量避免使用 m,n,l,p 等符号以免混淆特定客体与任意客体变元。

例 2.12 证明 $\forall x(H(x) \to M(x)) \land H(c) \Rightarrow M(c)$。

这个公式就是本章开头提到的著名的苏格拉底三段论。其中，

$H(x)$：x 是一个人。

$M(x)$：x 是要死的。

c：苏格拉底。

证明：

(1) $\forall x(H(x) \to M(x))$	P
(2) $H(c) \to M(c)$	US(1)
(3) $H(c)$	P
(4) $M(c)$	T(2)(3)假言推理

例 2.13 证明 $\exists x(P(x) \land Q(x)) \Rightarrow \exists x P(x) \land \exists x Q(x)$。

证明：

(1) $\exists x(P(x) \land Q(x))$	P
(2) $P(c) \land Q(c)$	ES(1)

(3) $P(c)$ T(2)化简

(4) $Q(c)$ T(2)化简

(5) $\exists xP(x)$ EG(3)

(6) $\exists xQ(x)$ EG(4)

(7) $\exists xP(x)\wedge\exists xQ(x)$ T(5)(6)合取

例 2.14 所有偶数都是整数,某些偶数是素数,因此某些整数是素数。

解:设 $Q(x)$:x 是偶数,$R(x)$:x 是整数,$I(x)$:x 是素数。

前提:$\forall x((Q(x)\rightarrow R(x)))$,$\exists x((Q(x)\wedge I(x)))$

结论:$\exists x\ (R(x)\wedge I(x))$

证明:

(1) $\forall x((Q(x)\rightarrow R(x)))$ P

(2) $\exists x((Q(x)\wedge I(x)))$ P

(3) $Q(c)\wedge I(c)$ T(2)ES

(4) $Q(c)$ T(3)化简

(5) $Q(c)\rightarrow R(c)$ T(1)US

(6) $R(c)$ T(4)(5)假言推理

(7) $I(c)$ T(3)I 化简

(8) $R(c)\wedge I(c)$ T(6)(7)合取

(9) $\exists x(R(x)\wedge I(x))$ T(8)EG

例 2.15 符号化下述命题并推出其结论。

如果一个人怕困难就不会获得成功,每一个人或者是获得成功或者是失败,有的人没有失败。所以存在着不怕困难的人。

解:设 $F(x)$:x 怕困难,$G(x)$:x 获得成功,$H(x)$:x 失败。

前提:$\forall x(F(x)\rightarrow\neg G(x))$,$\forall x(G(x)\vee H(x))$,$\exists x\neg H(x)$

结论:$\exists x\neg F(x)$

证明:

(1) $\exists x\neg H(x)$ P

(2) $\forall x(G(x)\vee H(x))$ P

(3) $\neg H(c)$ ES(1)

(4) $G(c)\vee H(c)$ US(2)

(5) $G(c)$ T(3)(4)析取三段论

(6) $\forall x(F(x)\rightarrow\neg G(x))$ P

(7) $F(c)\rightarrow\neg G(c)$ US(6)

(8) $\neg F(c)$ I(5)(7)拒取式

(9) $\exists x\neg F(x)$ EG(8)

例 2.16 符号化下述命题并推出其结论。

有些女孩喜欢各种香水,但女孩都不喜欢有毒物体,所以香水都不是有毒物体。

解:设 $M(x)$:x 是女孩,$D(x)$:x 是香水,$Q(x)$:x 是有毒物体,$L(x,\ y)$:x 喜欢 y。

前提：$\exists x\,(M(x)\land\forall y(D(y)\to L(x,y)))$，$\forall x\forall y(M(x)\land Q(y)\to\neg L(x,y))$

结论：$\forall x(D(x)\to\neg Q(x))$

证明：

(1) $\exists x(M(x)\land\forall y(D(y)\to L(x,y)))$	P
(2) $M(c)\land\forall y(D(y)\to L(c,y))$	T(1)ES
(3) $\forall y(D(y)\to L(c,y))$	T(2)化简
(4) $D(z)\to L(c,z)$	T(3)US
(5) $\forall x\forall y\,(M(x)\land Q(y)\to\neg L(x,y))$	P
(6) $\forall y\,(M(c)\land Q(y)\to\neg L(c,y))$	T(5)US
(7) $M(c)\land Q(z)\to\neg L(c,z)$	T(6)US
(8) $M(c)\to(Q(z)\to\neg L(c,z))$	T(7)等价公式
(9) $M(c)$	T(2)I 化简
(10) $Q(z)\to\neg L(c,z)$	T(8)(9)假言推理
(11) $L(c,z)\to\neg Q(z)$	T(10)假言易位
(12) $D(z)\to\neg Q(z)$	T(8)(9)假言三段论
(13) $\forall x(D(x)\to\neg Q(x))$	T(12)UG

下例仅说明使用的规则是等价式还是蕴含式，请读者自己给出规则的名称。

例 2.17 证明 $\forall x(F(x)\to\forall y((F(y)\lor G(y))\to R(y)))$，$\exists xF(x)\Rightarrow\exists x(F(x)\land R(x))$。

证明：

(1) $\exists xF(x)$	P
(2) $F(c)$	ES(1)
(3) $\forall x(F(x)\to\forall y((F(y)\lor G(y))\to R(y)))$	P
(4) $F(c)\to\forall y((F(y)\lor G(y))\to R(y))$	US(3)
(5) $\forall y((F(y)\lor G(y))\to R(y))$	T(2)(3)I
(6) $(F(c)\lor G(c))\to R(c)$	US(5)
(7) $F(c)\lor G(c)$	T(2)I
(8) $R(c)$	T(6)(7)I
(9) $F(c)\land R(c)$	T(2)(8)I
(10) $\exists x(F(x)\land R(x))$	EG(9)

由此有

$\forall x(F(x)\to\forall y((F(y)\lor G(y))\to R(y)))$

$\exists xF(x)\Rightarrow\exists x(F(x)\land R(x))$

本章小结

本章主要讨论谓词逻辑的基本概念和基本方法。

2.1 节根据命题逻辑表达方式上的不足，提出了谓词的概念，接着介绍了命题函数和量词的概念，有了这些基本的概念，就可以更加深刻地描述命题。

2.2 节介绍了谓词合式公式的概念，并讨论了如何将自然语言表达成谓词公式的翻译技巧。这一节还讨论了自由变元和约束变元的概念和相应的换名规则和代入规则。

2.3 节讨论了谓词演算的等价式和蕴含式，并给出了常用的等价式和蕴含式。

2.4 节给出了谓词演算中范式的概念，并简要介绍了前束范式。

2.5 节介绍了谓词演算的推理理论，主要介绍了常用的谓词演算推理规则和基本的推理技巧。

习　　题

一、选择题

1. 当个体域 $D=\{a, b\}$时，$\exists xP(x)$和如下的式子中(　　)等值。

   A. $P(a)\wedge P(b)$　　B. $P(a)\vee P(b)$

   C. $P(a)\rightarrow P(b)$　　D. $\neg P(a)\vee P(b)$

2. 设 $A=\{1,2,3,4,5\}$，下述陈述句中(　　)的真值为真。

   A. $\exists x\in A\ (x+3=10)$　　B. $\exists x\in A\ (x+3<5)$

   C. $\forall x\in A\ (x+3>6)$　　D. $\forall x\in A\ (x+3\leqslant 7)$

3. 下列各式中与 $\forall xA(x)\rightarrow B$ 等价的是(　　)。

   A. $\forall x(B\rightarrow A(x))$　　B. $\exists x(A(x)\rightarrow B)$

   C. $\exists x(B\rightarrow A(x))$　　D. $\forall x(A(x)\rightarrow B)$

4. 设论域为整数集，下列谓词公式中真值为假的是(　　)。

   A. $\forall x\exists y(x\cdot y=0)$　　B. $\forall x\exists y(x\cdot y=1)$

   C. $\exists y\forall x(x\cdot y=x)$　　D. $\forall x\forall y\exists z(x-y=z)$

5. 通过约束变元的换名规则，可以将 $\exists x(P(x)\rightarrow R(x,y))\wedge Q(x,y)$改写成(　　)。

   A. $\exists x(P(x)\rightarrow R(u,y))\wedge Q(x,y)$　　B. $\exists z(P(z)\rightarrow R(z,y))\wedge Q(x,y)$

   C. $\exists x(P(y)\rightarrow R(y,y))\wedge Q(x,y)$　　D. $\exists z(P(z)\rightarrow R(z,y))\wedge Q(z,y)$

二、解答题

1. 用谓词表达式翻译下列命题。

   (1) 他是教练或者运动员。

   (2) 小张是班长而小李不是。

   (3) 小莉是非常聪明和美丽的。

   (4) 每一个有理数都是实数。

   (5) 有些实数是有理数。

   (6) 并非每一个实数都是有理数。

   (7) 有的人用左手写字。

   (8) 并不是所有的人都用左手写字。

2. 令 $P(x)$为"x 是质数",$E(x)$为"x 是偶数",$O(x)$为"x 是奇数",$D(x,y)$为"x 除尽 y",把下列各式翻译成汉语。

(1) $E(2)\wedge P(2)$

(2) $\forall x(D(x,2)\rightarrow E(x))$

(3) $\exists x(E(x)\wedge D(x,6))$

(4) $\forall x(E(x)\rightarrow(\forall y)(D(x,y)\rightarrow E(x)))$

(5) $\forall x(P(x)\rightarrow\exists y(E(y)\wedge D(x,y)))$

3. 指出下列各式的约束变元和自由变元,并决定量词的辖域。

(1) $\exists x(P(x)\vee R(x)\wedge S(x))\rightarrow\forall x(P(x)\wedge R(x))$

(2) $\exists x(P(x)\wedge\forall yQ(x,y))\rightarrow\forall xR(x)$

(3) $\exists x\forall y(P(x)\vee Q(y))\rightarrow\forall xR(x)$

(4) $\forall x(P(x)\wedge Q(x,y))\rightarrow(\forall yP(y)\wedge Q(x,y,z))$

4. 对下列谓词公式中的约束变元进行换名。

(1) $\forall x\exists y(P(x,z)\rightarrow Q(y))\leftrightarrow S(x,z)$

(2) $\forall x(P(x)\rightarrow(R(x)\vee Q(x)))\wedge\exists xR(x)\rightarrow\exists zS(x,z)$

5. 证明:

(1) $\exists x(A(x)\rightarrow B(x))\Leftrightarrow\forall xA(x)\rightarrow\exists xB(x)$

(2) $\forall xA(x)\vee\forall xB(x)\Rightarrow(\forall x(A(x)\vee B(x)))$,其中论域 $D=\{a,b,c\}$

6. 把下列各式化为前束范式。

(1) $\forall x(P(x)\rightarrow\exists yQ(x,y))$

(2) $\exists x(\neg(\exists y P(x,y))\rightarrow(\exists zQ(z)\rightarrow R(x)))$

7. 构造下列推理的证明。

(1) $\forall x(\neg P(x)\rightarrow Q(x)),\forall x\neg Q(x)\Rightarrow\exists xP(x)$

(2) $\neg(\exists xP(x)\rightarrow Q(c))\Rightarrow\exists xP(x)\rightarrow\neg Q(c)$

(3) $\forall x(P(x)\vee Q(x)),\forall x(\neg Q(x)\vee\neg R(x)),\forall xR(x)\Rightarrow\exists xP(x)$

8. 在一阶逻辑中构造下列推理的证明。

(1) 大熊猫都产在中国,欢欢是大熊猫,所以,欢欢产在中国。

(2) 有理数都是实数,有的有理数是整数,因此,有的实数是整数。

(3) 所有的哺乳动物都是脊椎动物,并非所有的哺乳动物都是胎生动物,所以有些脊椎动物不是胎生的。

(4) 每个大学生,不是文科生,就是理工科学生,有的大学生是保送生,小张不是理工科学生,但是他是保送生,因而如果小张是大学生,他就是文科生。

第3章 chapter 3

集合与关系

本章要点

- 集合的概念与表示、集合的运算
- 关系及表示、关系性质、关系的运算
- 等价关系和偏序关系

本章学习目标

- 掌握集合的基本概念，掌握集合的基本运算
- 掌握幂集，掌握序偶、笛卡儿积和关系等基本概念
- 掌握关系的表示方法、运算方式和关系的特殊性质
- 理解关系的闭包，掌握其构造方法
- 理解等价关系的定义，能判定和证明
- 掌握偏序关系并讨论偏序集的某些性质

集合论是现代数学的基础，它几乎与现代数学的每个分支均有联系，并且已渗透到各个科学领域。集合论是计算机数学中很重要的一部分，它采用符号逻辑来表达集合概念，从而用符号化的形式语言来表述集合的相关问题。本章介绍集合论中最基本的概念，有集合的基本概念，如子集、幂集等，集合的基本运算和恒等式，集合上定义的关系和它的性质运算等。其中重点是关系，它是关系数据库理论的理论基础。在第 4 章中将从集合和关系的角度讨论函数。

3.1 集合的概念和表示

3.1.1 集合与元素

集合是数学中最基本的概念之一，它与几何中的“点”、“线”等概念一样，不可精确定义。简单地说，集合可以描述为把一些事物汇集到一起组成的一个整体。如“高二(1)班的学生”是一个集合，硬币的“正面、反面”也构成一个集合，还有“学校车棚内的车辆”、“笛卡儿坐标系内平面上所有的点”、“地球上的所有生物”、“满足方程 $x^2+y^2\leqslant 5^2$ 的全部的点”、“26 个英文字母构成的集合”等都是集合。

构成集合的具有共同性质的事物称为集合的元素或成员。通常用大写字母表示一个集合，用小写字母或数字表示一个元素。

一些常见的集合整理如下：

自然数集合 $\mathbf{N}=\{0,1,2,\cdots\}$

整数集合 $\mathbf{Z}=\{\cdots,-2,-1,0,1,2,\cdots\}$

有理数集合 $\mathbf{Q}=\{x|x=p/q,p,q\in\mathbf{Z}\}$

实数集合 $\mathbf{R}=\{x|x$ 是实数$\}$

复数集合 $\mathbf{C}=\{x|x=a+b\mathrm{i},a,b\in\mathbf{R},\mathrm{i}^2=-1\}$

关于集合，需要注意以下几点：

(1) 集合中元素之间的次序是无关紧要的，如$\{a, i, o, e, u\}=\{i, a, e, o, u\}$。

(2) 集合的元素是互不相同的，若某一元素重复出现，应该认为是同一元素，如{香蕉，梨，菠萝，芒果}={香蕉，芒果，菠萝，芒果，梨}。

(3) 集合的元素可以是具体事物或抽象概念，还可以是另一集合。如一本书、一支笔、集合$\{1,2,3\}$可以组成集合 $B=\{$一本书，一支笔，$\{1,2,3\}\}$。

(4) 集合中元素之间可以有某种关联，也可以彼此毫无关系，如 $A=\{a,1,$苹果，张三，o，®$\}$。

集合是由若干个元素构成的，集合的元素可以是任意的，甚至也可以是一个集合。因此不能简单地说集合和元素是孰大孰小的关系。用属于关系来描述元素与集合的关系。

对于某个集合而言，可以判断一个事物是否是某个集合的元素。如果一个元素 a 是某个集合 A 中的元素，则称 a 属于 A，记作 $a\in A$。如果一个元素 a 不是集合 A 的元素，称为 a 不属于 A，记为 $a\notin A$。

例如，$A=\{a,b,\{c,d\},\{\{e\}\}\}$，这里有 $a\in A,b\in A,\{c,d\}\in A,\{\{e\}\}\in A$，但是 $c\in\{c,d\},d\in\{c,d\},c\notin A,d\notin A,\{e\}\notin A$。

3.1.2 集合的表示

集合的概念是唯一的，但集合的表示方法可以是多种多样的。常用的集合表示法主要有列举法(或枚举法)和描述法(或谓词表示法)。

1. 列举法

列举法即列出集合的所有元素，元素之间用逗号分开，再用花括号将所有元素括起。通常，在集合中的元素个数比较少或者具有某种规律时，列举法比较合适。下述集合就是用列举法表示的：

$A=\{1,3,5,7,9\}$

$B=\{\mathrm{a},\mathrm{b},\mathrm{c},\mathrm{d},\cdots,\mathrm{z}\}$

$C=\{$A,2,3,4,5,6,7,8,9,10,J,Q,K,大王，小王$\}$

这里表明集合 A 是由数字 1,3,5,7,9 组成的，集合 B 是 26 个小写英文字母构成的集合，而 C 表示了不考虑花色时扑克牌的集合。

例 3.1 用列举法表示下列集合。

(1) 小于 20 的素数集合

(2) 构成单词 mississippi 的字母的集合

(3) 命题的真值构成的集合

解：

(1) {2,3,5,7,11,13,17,19}

(2) {m,s,i,p}

(3) {T,F}

2. 描述法

描述法即通过描述集合中元素具有的共同性质或用谓词公式来确定集合。个体域中能使谓词公式为真的那些元素确定了一个集合，因为这些元素都具有某种特殊性质。

以下集合是用描述法表示的：

$B=\{x|x\in\mathbf{R}\wedge x^2-1=0\}$，表示方程 $x^2-1=0$ 的实数解集。

$A=\{x|x$ 是英文字母表中的元音字母$\}$，与{a,e,i,o,u}所表示的集合相同。

$\mathbf{N}=\{x|x$ 是自然数$\}$，表示自然数的集合。

$D=\{(x,y)|x^2+y^2\leqslant 1,x,y\in\mathbf{R}\}$，表示直径为 1 的圆及圆周内所有点的集合。

例 3.2 用描述法表示下列集合。

(1) $\{-3,-2,-1,0,1,2,3\}$

(2) 能被 7 整除的整数集合

解：

(1) $\{x|x\in\mathbf{I},|x|\leqslant 3\}$，其中 **I** 是整数集合

(2) $\{x|\ \exists y(y\in\mathbf{I}\wedge x=7y)\}$

描述某个集合时方法任选，只要它能方便、简洁、准确地界定出属于某个集合的所有元素或成员即可。如$\{1,-1\}$和$\{x|x^2=1\}$是同一集合的不同表示。

3.1.3 集合与集合的关系

集合的元素一旦给定，这一集合便完全确立。这一事实被形式化地叙述为外延公理。

外延公理 两集合 A 和 B 相等，当且仅当它们有相同的元素。若 A 与 B 相等，记为 $A=B$；否则，记为 $A\neq B$。

设 A、B 为任意集合，如果 A 中每个元素都是 B 中的元素，则称 A 是 B 的子集，或称 A 包含于 B 中，或者说 B 包含 A，记作 $A\subseteq B$。

根据定义可以看出：

$A\subseteq B\Leftrightarrow\forall x(x\in A\rightarrow x\in B)$

如果 A 不被 B 包含，则记作 $A\not\subseteq B$。

如 $\mathbf{N}\subseteq\mathbf{Z}\subseteq\mathbf{Q}\subseteq\mathbf{C}$，$\mathbf{N}\subseteq\mathbf{N}$，但 $\mathbf{Z}\not\subseteq\mathbf{N}$。

由外延公理，要证明两个集合 A 和 B 相等(即 $A=B$)，可以通过证明 $A\subseteq B$ 并且 $B\subseteq$

A 来得到。根据集合的包含关系的概念，可以看到：

设 A、B 为集合，如果 $A\subseteq B$ 且 $B\subseteq A$，则 $A=B$。

即

$$A=B\Leftrightarrow A\subseteq B\wedge B\subseteq A$$

也可以表示为：

$$A=B\Leftrightarrow \forall x(x\in A\leftrightarrow x\in B)$$

根据子集的定义，可以得到如下结论：

(1) 对任一集合 A，有 $A\subseteq A$。

(2) 若 $A\subseteq B$ 且 $B\subseteq C$，则 $A\subseteq C$。

除此以外，有两个特殊的集合——空集和全集。

空集是指不含任何元素的集合，记为 $\varnothing$。例如，以 $\{x\mid x\in\mathbf{R}\wedge x^2+1=0\}$ 表述方程 $x^2+1=0$ 的实数解集，由于方程无解，故解是空集，也就是 $\{x\mid x\in\mathbf{R}\wedge x^2+1=0\}=\varnothing$。空集的等价表示形式有很多，如 $\{x\mid x$ 是二进制中除了 0、1 以外的数字表示的数$\}$ 也是空集。

还有一个集合囊括了所有的元素，称为全集或完全集，它相当于谓词逻辑中的全总个体域，在本书中用大写字母 $\mathbf{E}$ 来表示。

在集合 A 的一切子集中，$\varnothing$ 和 A 本身叫平凡子集。

这里可以将全集重新表述为：在一定范围内，如果所有集合都是某个集合的子集，则称该集合为全集，记作 $\mathbf{E}$。如果用谓词形式化表示就是(其中 $P(x)$ 为任何谓词公式)：

$$\mathbf{E}=\{x\mid P(x)\vee\neg P(x)\}$$

显然，全集 $\mathbf{E}$ 即谓词逻辑中的全总个体域。于是，每个元素 x 都属于全集 $\mathbf{E}$，即命题 $\forall x(x\in\mathbf{E})$ 为永真。

由定义易知，对任意集合 A，都有 $A\subseteq\mathbf{E}$。在实际应用中，常常把某个适当大的集合看成全集 $\mathbf{E}$。例如，在讨论学生的时候，可以根据需要将某个班的学生或者某个年级的学生作为全集进行讨论。

前面定义的空集也可以形式地表示为(其中 $P(x)$ 为任何谓词公式)：

$$\varnothing=\{x\mid P(x)\wedge\neg P(x)\}$$

要注意的是 $\varnothing$ 与 $\{\varnothing\}$ 是不同的：$\{\varnothing\}$ 表示以 $\varnothing$ 为元素的集合，而 $\varnothing$ 中没有元素。

例 3.3 设 $A=\{a,b,c\}$，$B=\{a,b\}$，$C=\{b,c\}$，$D=\{c\}$，请说明 A、B、C、D 之间的关系。

根据包含关系的定义有：$B\subseteq A$，$C\subseteq A$，$D\subseteq A$，$D\subseteq B$，$D\subseteq C$。

例 3.4 判断下列命题的真假。

(1) $\varnothing\subseteq\varnothing$

(2) $\varnothing\in\varnothing$

(3) $\varnothing\subseteq\{\varnothing\}$

(4) $\varnothing\in\{\varnothing\}$

解：以上命题中(2)为假，其余都是真命题。

通过这个例子，读者可以对空集的意义和特点有所理解。

定义 3.1　设 A 和 B 是两个集合，若 $A\subseteq B$ 且 $A\neq B$，则称 A 是 B 的真子集，记为 $A\subset B$，也称 B 真包含 A。即

$A\subset B\Leftrightarrow A\subseteq B\wedge A\neq B$

用谓词公式表示，就是

$\forall x(x\in A\rightarrow x\in B)\wedge\exists x(x\in B\wedge x\notin A)$

例如，$\mathbf{N}\subset\mathbf{Z}\subset\mathbf{Q}\subset\mathbf{R}\subset\mathbf{C}$，但 $\mathbf{N}\not\subset\mathbf{N}$。

例 3.5　证明：空集是任意集合的子集。

证明：任给一集合 A，由子集定义可知有 $\varnothing\subseteq A\Leftrightarrow\forall x(x\in\varnothing\rightarrow x\in A)$。等价式右边的条件式因前件为假而为真命题，所以 $\varnothing\subseteq A$ 也为真。

例 3.6　写出集合 $A=\{0,1,2\}$的所有子集。

解：子集可以按元素个数分类，在本例中：

0 元子集有 1 个：$\varnothing$

1 元子集有 3 个：$\{0\},\{1\},\{2\}$

2 元子集有 3 个：$\{0,1\},\{0,2\},\{1,2\}$

3 元子集有 1 个：$\{0,1,2\}$

则 $A=\{0,1,2\}$的所有子集为

$\varnothing,\{0\},\{1\},\{2\},\{0,1\},\{0,2\},\{1,2\},\{0,1,2\}$

设 A 为集合，把 A 的全体子集构成的集合叫做 A 的幂集，记作 $\rho(A)$或者 2^A。

$\rho(A)=\{B|B\subseteq A\}$

因为空集是任意集合的子集，所以空集也一定是任意幂集的元素，即$\varnothing\in\rho(A)$。

对于 n 元集 A，它的 0 元子集有 C_n^0 个，1 元子集有 C_n^1 个，……m 元子集有 C_n^m 个，……n 元子集有 C_n^n 个。子集总数为 $C_n^0+C_n^1+\cdots+C_n^n=2^n$ 个。所以幂集中的元素个数为$|\rho(A)|=2^n$。

例如，设 $A=\{a,b,c\}$，则 A 的幂集为

$\rho(A)=\{\varnothing,\{a\},\{b\},\{c\},\{a,b\},\{a,c\},\{b,c\},\{a,b,c\}\}$

例 3.7　写出下列集合的幂集。

(1) $A=\{a\}$

(2) $B=\varnothing$

(3) $C=\{\varnothing,0,\{0\}\}$

解：

(1) $\rho(A)=\{\varnothing,\{a\}\}$

(2) $\rho(B)=\{\varnothing\}$

(3) $\rho(C)=\{\varnothing,\{\varnothing\},\{0\},\{\{0\}\},\{\varnothing,0\},\{\varnothing,\{0\}\},\{0,\{0\}\},\{\varnothing,0,\{0\}\}\}$

例 3.8　设 $A=\{a,\{a\}\}$，请问下述命题是否成立？

(1) $\{a\}\in P(A)$

(2) $\{a\}\subseteq P(A)$

(3) $\{\{a\}\}\in P(A)$

(4) $\{\{a\}\}\subseteq P(A)$

解：当 $A=\{a,\{a\}\}$时，$P(A)=\{\varnothing,\{a\},\{\{a\}\},\{a,\{a\}\}\}$。所以：

$\{a\}\in P(A)$而且$\{\{a\}\}\in P(A)$，即(1)、(3)成立。

$\{a\}\not\subset P(A)$而且$\{\{a\}\}\not\subset P(A)$，即(2)、(4)不成立。

例 3.9 若 $A=\{a,\{b\}\}$，请问下述命题是否成立？

(1) $\{a\}\in P(A)$

(2) $\{a\}\subseteq P(A)$

(3) $\{\{a\}\}\in P(A)$

(4) $\{\{a\}\}\subseteq P(A)$

解：当 $A=\{a,\{b\}\}$时，$P(A)=\{\varnothing,\{a\},\{\{b\}\},\{a,\{b\}\}\}$。所以：

$\{a\}\in P(A)$而且$\{\{a\}\}\notin P(A)$，即(1)成立，(3)不成立。

$\{a\}\not\subset P(A)$而且$\{\{a\}\}\not\subset P(A)$，即(2)、(4)不成立。

3.2 集合的运算

集合运算是指从一个或多个已知的集合构造出新集合的过程。假设所有集合都是全集 **E** 的子集，下面依次介绍常见的集合运算。

3.2.1 交运算

设有两个集合 A 和 B，它们的交集是由那些既属于 A 又属于 B 的元素所构成的集合，记为 $A\cap B$。图 3.1 所示文氏图中的阴影部分就是集合 A 和 B 的交集，要注意文氏图只能作说明，不能用于严格证明。可以用谓词公式描述法表述如下：

$A\cap B=\{x\mid x\in A\wedge x\in B\}$

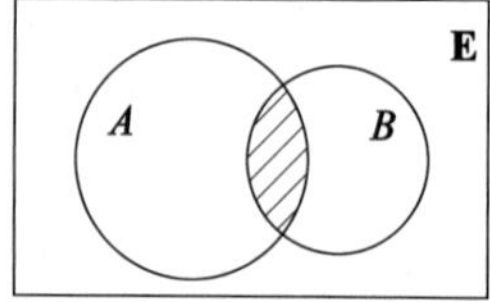

图 3.1 $A\cap B$

若 A 和 B 的交集是空集，即 $A\cap B=\varnothing$，则称 A 和 B 是不相交的。同样的，求两个集合交集的运算可以扩展到 n 个集合的交。设有集合 $A_1,A_2,\cdots,A_n$，它们的交集可以定义为

$A_1\cap A_2\cap\cdots\cap A_n=\{x\mid x\in A_1\wedge x\in A_2\wedge\cdots\wedge x\in A_n\}$

例 3.10 设 $A=\{2,3,5,7\}$，$B=\{1,3,5,7,9\}$，$C=\{2,4,6,8\}$，求 $A\cap B$、$B\cap C$ 和 $A\cap C$。

解：$A\cap B=\{3,5,7\}$，$B\cap C=\varnothing$，$A\cap C=\{2\}$。

例 3.11 设 $A=\{a,b,c,d,e\}$，$B=\{a,e,i,o,u\}$，$C=\{b,e,a,r\}$，求 $A\cap B$、$B\cap C$、$A\cap C$ 和 $A\cap B\cap C$。

解：$A\cap B=\{a,e\}$，$B\cap C=\{e,a\}$，$A\cap C=\{a,b,e\}$，$A\cap B\cap C=\{a,e\}$。

例 3.12 证明 $A\cap \mathbf{E}=A$。

证明：对任意的 x，$x\in A\cap\mathbf{E}\Leftrightarrow x\in A\wedge x\in\mathbf{E}\Leftrightarrow x\in A$(因为 $x\in\mathbf{E}$ 是永真命题)，所以

$A\cap\mathbf{E}=A$。

例 3.13 证明 $A\cap\varnothing=\varnothing$。

证明：对任意的 x，$x\in A\cap\varnothing\Leftrightarrow x\in A\wedge x\in\varnothing\Leftrightarrow x\in\varnothing$（因为 $x\in\varnothing$ 是永假命题），所以 $A\cap\varnothing=\varnothing$。

3.2.2 并运算

两个集合 A 和 B 的并集是由那些属于 A 或属于 B 的元素所构成的集合，记为 $A\cup B$。图 3.2 文氏图中的阴影部分就是集合 A 和 B 的并集，可以用谓词公式描述法表述如下：

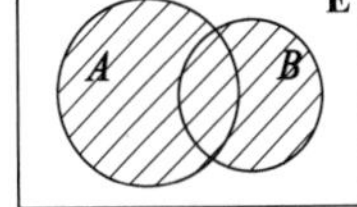

图 3.2 $A\cup B$

$A\cup B=\{x\mid x\in A\vee x\in B\}$

同样地，并运算也可以扩展为 n 个集合的并运算。设有集合 A_1，A_2，…，A_n，它们的并集可以定义为

$A_1\cup A_2\cup\cdots\cup A_n=\{x\mid x\in A_1\vee x\in A_2\vee\cdots\vee x\in A_n\}$

例 3.14 设 $A=\{2,3,5,7\}$，$B=\{1,3,5,7,9\}$，$C=\{2,4,6,8\}$，求 $A\cup B$、$A\cup C$ 和 $B\cup C$。

解：$A\cup B=\{1,2,3,5,7,9\}$

$A\cup C=\{2,3,4,5,6,7,8\}$

$B\cup C=\{1,2,3,4,5,6,7,8,9\}$

例 3.15 设 $A=\{a,b,c,d,e\}$，$B=\{a,e,i,o,u\}$，$C=\{b,e,a,r\}$，求 $A\cup B$、$B\cup C$ 和 $A\cup B\cup C$。

解：$A\cup B=\{a,b,c,d,e,i,o,u\}$

$B\cup C=\{a,b,e,i,o,u,r\}$

$A\cup B\cup C=\{a,b,c,d,e,i,o,u,r\}$

例 3.16 证明 $A\cup\mathbf{E}=\mathbf{E}$。

证明：对任意的 x，$x\in A\cup\mathbf{E}\Leftrightarrow x\in A\vee x\in\mathbf{E}\Leftrightarrow x\in\mathbf{E}$（因为 $x\in\mathbf{E}$ 是恒真命题），所以 $A\cup\mathbf{E}=\mathbf{E}$。

例 3.17 证明 $A\cup\varnothing=A$。

证明：对任意的 x，$x\in A\cup\varnothing\Leftrightarrow x\in A\vee x\in\varnothing\Leftrightarrow x\in A$（因为 $x\in\varnothing$ 是永假命题），所以 $A\cup\varnothing=A$。

3.2.3 相对补与绝对补

集合 A 相对于集合 B 的补集是由那些属于 A 且不属于 B 的元素所构成的集合，记为 $A-B$，如图 3.3 所示。图中阴影部分就是集合 $A-B$ 的相对补集。可以用谓词公式描述法表述如下：

$A-B=\{x\mid x\in A\wedge x\notin B\}$

特别地，当 A 为全集 $\mathbf{E}$ 时，$A-B=\mathbf{E}-B$ 是所有不属于 B 的元素所构成的集合，称为 B 的绝对补集，记作 $\sim B$（见图 3.4）。

$\sim B = \mathbf{E} - B = \{x \mid x \in \mathbf{E} \land x \notin B\}$

例 3.18 计算下列集合：

(1) 设 $A=\{2,5,6\}$，$B=\{1,2,4,7,9\}$，求 $A-B$。

(2) 设 $A=\{a,b,c\}$，$B=\{a\}$，$C=\{b,d\}$，求 $A-B$、$B-A$、$A-C$ 和 $C-A$。

(3) $E=\{a,b,c,d\}$，$A=\{a,c\}$，求 $\sim A$。

解：

(1) $A-B=\{5,6\}$

(2) $A-B=\{b,c\}$，$B-A=\varnothing$，$A-C=\{a,c\}$，$C-A=\{d\}$

(3) $\sim A=\{b,d\}$

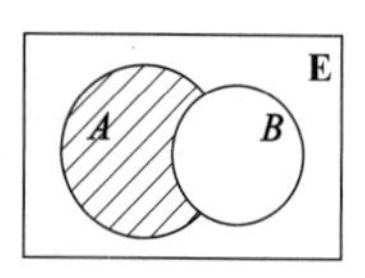

图 3.3　A－B

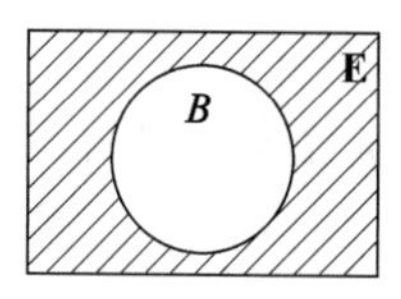

图 3.4　～B

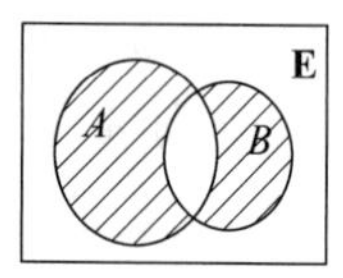

图 3.5　A⊕B

3.2.4　对称差

集合 A 和 B 的对称差是由那些属于 A 且不属于 B 的元素或者属于 B 且不属于 A 所构成的集合，记为 $A \oplus B$，如图 3.5 所示。可以用谓词公式描述法表述如下：

$A \oplus B = \{x \mid (x \in A \land x \notin B) \lor (x \notin A \land x \in B)\} = \{x \mid \neg (x \in A \leftrightarrow x \in B)\}$

从上式和图 3.5 可以看出，A 和 B 的对称差也可以理解为 $A-B$ 和 $B-A$ 的并集，即 $A \oplus B = (A-B) \cup (B-A)$。有时也把集合的对称差运算称为异或运算。

例 3.19 $A=\{a,b,e\}$，$B=\{a,c,d\}$，求 $B-A$、$A-B$、$A \oplus B$、$A \oplus A$ 和 $B \oplus B$。

解：$B-A=\{c,d\}$，$A-B=\{b,e\}$，$A \oplus B=\{c,d,b,e\}$，$A \oplus A=\varnothing$，$B \oplus B=\varnothing$。

在讨论了集合的运算之后，下面讨论集合运算的次序。其中补运算应该优先考虑，其他的 ∪、∩、－和 ⊕ 运算由括号决定先后次序，圆括号对“()”具有最高优先级，可以用圆括号对来明确运算的次序。

3.2.5　集合运算中的恒等式

3.2.4 节介绍了集合的多种运算，从这些运算中可以总结出更多的性质，归纳并整理为如下运算律，为便于记忆给出了运算性质的名称。

幂等律　$A \cup A = A$，$A \cap A = A$

结合律　$(A \cup B) \cup C = A \cup (B \cup C)$，$(A \cap B) \cap C = A \cap (B \cap C)$

交换律　$A \cup B = B \cup A$，$A \cap B = B \cap A$

分配律　$A \cup (B \cap C) = (A \cup B) \cap (A \cup C)$，$A \cap (B \cup C) = (A \cap B) \cup (A \cap C)$

同一律　$A \cup \varnothing = A$，$A \cap \mathbf{E} = A$

零律　$A \cup \mathbf{E} = \mathbf{E}$，$A \cap \varnothing = \varnothing$

排中律　$A \cup \sim A = \mathbf{E}$

矛盾律 $A \cap \sim A = \varnothing$

吸收律 $A \cup (A \cap B) = A, A \cap (A \cup B) = A$

德·摩根律 $A - (B \cup C) = (A - B) \cap (A - C), A - (B \cap C) = (A - B) \cup (A - C)$

$\sim (B \cup C) = \sim B \cap \sim C, \sim (B \cap C) = \sim B \cup \sim C$

$\sim \varnothing = \mathbf{E}, \sim \mathbf{E} = \varnothing$

双重否定律 $\sim(\sim A) = A$

补交转换律 $A - B = A \cap \sim B$

其中一些运算中的两个公式很相像,可以通过替换$\cap$和$\cup$,$\varnothing$和 **E** 得到。这些性质也类似于前两章所介绍的对偶模式,在集合中这样的对偶是成立的。因此,对于这些对偶的公式只需记忆其中之一即可。

以上运算规则都可以通过集合的定义以谓词逻辑的方法通过等价推演得到。下面选取其中的两个予以证明,其他的请读者课后自行证明。

例 3.20 证明分配律 $A \cup (B \cap C) = (A \cup B) \cap (A \cup C)$。

证明:对任意的 x,有

$x \in A \cup (B \cap C)$

$\Leftrightarrow x \in A \vee x \in (B \cap C)$

$\Leftrightarrow x \in A \vee (x \in B \wedge x \in C)$

$\Leftrightarrow (x \in A \vee x \in B) \wedge (x \in A \vee x \in C)$

$\Leftrightarrow x \in (A \cup B) \wedge x \in (A \cup C)$

$\Leftrightarrow x \in (A \cup B) \cap (A \cup C)$

根据集合相等的定义可知

$A \cup (B \cap C) = (A \cup B) \cap (A \cup C)$

采用谓词逻辑等价推理的方法证明集合中的等价公式,其基本演算规则与谓词逻辑中的演算方式相同。请读者仔细体会推理的过程,并在推理的过程中加深对定理的理解。

例 3.21 证明德·摩根律 $A - (B \cup C) = (A - B) \cap (A - C)$。

证明:对任意的 x,有

$x \in A - (B \cup C)$

$\Leftrightarrow x \in A \wedge x \notin (B \cup C)$

$\Leftrightarrow x \in A \wedge \neg (x \in (B \cup C))$

$\Leftrightarrow x \in A \wedge \neg (x \in B \vee x \in C)$

$\Leftrightarrow x \in A \wedge (\neg x \in B \wedge \neg x \in C)$

$\Leftrightarrow x \in A \wedge x \notin B \wedge x \notin C$

$\Leftrightarrow (x \in A \wedge x \notin B) \wedge (x \in A \wedge x \notin C)$

$\Leftrightarrow (x \in A - B) \wedge (x \in A - C)$

$\Leftrightarrow x \in (A - B) \cap (A - C)$

所以 $A - (B \cup C) = (A - B) \cap (A - C)$。

学了集合的运算和恒等式后,现在证明集合相等就有了两种方法了。一种是 3.1.3 节介绍的方法:通过证明两个集合互为子集来证明;另一种是应用本节学习的集合运算的基本性质和恒等式来证明。除了上面的定律以外，集合的以下规则也是成立的。

$A\cap B\subseteq A, A\cap B\subseteq B$

$A\subseteq A\cup B, B\subseteq A\cup B$

$A-B\subseteq A, A-B=A\cap\sim B$

$A\cup B=B\Leftrightarrow A\subseteq B\Leftrightarrow A\cap B=A\Leftrightarrow A-B=\varnothing$

$A\oplus B=B\oplus A, (A\oplus B)\oplus C=A\oplus(B\oplus C)$

$A\oplus\varnothing=A, A\oplus A=\varnothing$

$A\oplus B=A\oplus C\Rightarrow B=C$

例 3.22 用其他的恒等式证明吸收律 $A\cup(A\cap B)=A$。

证明：$A\cup(A\cap B)$

$=(A\cap\mathbf{E})\cup(A\cap B)$

$=A\cap(\mathbf{E}\cup B)$

$=A\cap\mathbf{E}=A$

例 3.23 证明 $A-(A-B)=A\cap B$。

证明：$A-(A-B)$

$=A-(A\cap\sim B)$

$=A\cap\sim(A\cap\sim B)$

$=A\cap(\sim A\cup B)$

$=(A\cap\sim A)\cup(A\cap B)$

$=A\cap B$

3.2.6 包含排斥原理

给定两个有限集合 A 和 B，其元素个数分别记为 $|A|$ 和 $|B|$。那么两个集合的并集所包含的元素个数是多少呢？这可以通过下面的包含排斥原理来说明。

定理 3.1（两个集合的包含排斥原理） $|A\cup B|=|A|+|B|-|A\cap B|$

证明：下面分别考虑两种可能的情况。

情况 1：A 和 B 没有公共元素，即 $A\cap B=\varnothing$，$|A\cap B|=0$，此时显然有

$|A\cup B|=|A|+|B|$

情况 2：$A\cap B\neq\varnothing$，此时 $A\cup B$ 中的元素由 3 部分组成，即只属于 A 的元素，只属于 B 的元素，以及 $A\cap B$ 中的元素。因此有

$|A\cup B|=|A\cap\sim B|+|\sim A\cap B|+|A\cap B|$

此外单独考虑 A 和 B，有

$|A|=|A\cap\sim B|+|A\cap B|$

$|B|=|\sim A\cap B|+|A\cap B|$

两式相加可得

$|A|+|B|=|A\cap\sim B|+|\sim A\cap B|+2|A\cap B|$

由此可得

$|A\cup B|=|A|+|B|-|A\cap B|$

证明完毕。

例 3.24 假设在 10 名学生中有 5 人选了计算机课，8 人选了英语课，还有 1 人这两门课都没选。问同时选了计算机课和英语课的学生有几人。

解：设全集为 **E**，其中选了计算机课的学生集合为 A，选了英语课的学生集合为 B，根据题意可知 $|A|=5$，$|B|=8$，$|\sim A\cap\sim B|=1$。那么有

$|A\cup B|=|\mathbf{E}|-|\sim A\cap\sim B|=10-1=9$

再利用包含排斥原理可得

$|A\cap B|=|A|+|B|-|A\cup B|=5+8-9=4$

所以同时选了计算机课和英语课的学生有 4 人。

定理 3.1 很容易扩展到 3 个集合的情况。

定理 3.2(3 个集合的包含排斥原理)

$|A\cup B\cup C|=|A|+|B|+|C|-|A\cap B|-|A\cap C|-|B\cap C|+|A\cap B\cap C|$

证明：反复应用两个集合的包含排斥原理，推导过程如下。

$$
\begin{aligned}
&|A\cup B\cup C|\\
=&|A|+|B\cup C|-|A\cap(B\cup C)|\\
=&|A|+|B|+|C|-|B\cap C|-|(A\cap B)\cup(A\cap C)|\\
=&|A|+|B|+|C|-|B\cap C|-(|A\cap B|+|A\cap C|-|(A\cap B)\cap(A\cap C)|)\\
=&|A|+|B|+|C|-|B\cap C|-|A\cap B|-|A\cap C|+|A\cap B\cap C|
\end{aligned}
$$

例 3.25 求 1～1000 之间能被 3、5、7 中任何一个整除的整数个数。

解：令 A、B、C 分别表示 1～1000 之间能分别被 3、5、7 整除的整数集合，$\lfloor x\rfloor$表示不大于 x 的最大整数，那么有

$|A|=\lfloor 1000/3\rfloor=333$

$|B|=\lfloor 1000/5\rfloor=200$

$|C|=\lfloor 1000/7\rfloor=142$

$|A\cap B|=\lfloor 1000/15\rfloor=66$

$|A\cap C|=\lfloor 1000/21\rfloor=47$

$|B\cap C|=\lfloor 1000/35\rfloor=28$

$|A\cap B\cap C|=\lfloor 1000/105\rfloor=9$

根据包含排斥原理可得

$$
\begin{aligned}
&|A\cup B\cup C|\\
=&|A|+|B|+|C|-|B\cap C|-|A\cap B|-|A\cap C|+|A\cap B\cap C|\\
=&333+200+142-66-47-28+9\\
=&543
\end{aligned}
$$

所以满足条件的整数个数为 543。

包含排斥原理可以进一步扩展到 n 个集合的情况。

定理 3.3(n 个集合的包含排斥原理)

$$
\begin{aligned}
&|A_1\cup A_2\cup\cdots\cup A_n|\\
=&\sum_{i=1}^{n}|A_i|-\sum_{1\leqslant i<j\leqslant n}|A_i\cap A_j|+\sum_{1\leqslant i<j<k\leqslant n}|A_i\cap A_j\cap A_k|-\cdots+(-1)^{n-1}|
\end{aligned}
$$

$A_1 \cap A_2 \cap \cdots \cap A_n|$

定理 3.3 可在定理 3.1 和定理 3.2 的基础上通过数学归纳法证明，具体过程此处略。

3.3 序偶与笛卡儿积

3.3.1 序偶

在现实世界中，有许多事物是有序的，如点的坐标、父子关系、成绩单中学号和成绩的对应关系等。而本书此前介绍的集合概念中，集合中的元素是无序的，那么如何表现有序的事物呢？答案是用序偶来表现事物间的有序性。

定义 3.2 设有两个集合 A 和 B，a、b 是分别属于 A 和 B 的元素，用尖括号对表示 a、b 间的次序，叫做序偶，记作 $\langle a,b\rangle$。其中来自集合 A 的元素 a 称为第一元素，来自集合 B 的元素 b 称为第二元素。

用这种方式，可以表述元素间的不同次序。如平面中点的坐标、大于、省会城市与所属省等都可以表示两个元素的不同。如<杭州，浙江>与<浙江，杭州>表达了不同的意思，前者正确反映了杭州是浙江省的省会城市，而后者却没能反映出这层信息。

由此可以分析得到序偶的如下性质：

(1) 当 $x\neq y$ 时，$\langle x,y\rangle \neq \langle y,x\rangle$。

(2) $\langle x,y\rangle=\langle u,v\rangle$ 的充分必要条件是 $x=u$ 且 $y=v$。

例 3.26 已知 $\langle x+4,5\rangle=\langle 3,2x+y\rangle$，求 x 与 y 的值。

解：由序偶相等的定义可知：

$$\begin{cases} x+4=3 \\ 5=2x+y \end{cases}$$

解方程得

$$x=-1,\quad y=7$$

前面，用序偶表现两个元素的有序性，其实序偶也可以扩展表现 3 个或更多个元素间的有序性。如果有集合 A_1、A_2、A_3，分别从这些集合中取一个元素 a_1、a_2、a_3，可以形成一个序偶 $\langle\langle a_1,a_2\rangle,a_3\rangle$，其中的第一元素也是一个序偶 $\langle a_1,a_2\rangle$。这时，把这个序偶简记为 $\langle a_1,a_2,a_3\rangle$，称为三元组。对应的元素就称为第一元素、第二元素和第三元素。

现在可以发现以前定义的序偶只涉及两个元素，更准确地应该称为二元序偶，而现在的序偶就相应地称为三元序偶。

根据序偶的定义 $\langle\langle a_1,a_2\rangle,a_3\rangle\neq\langle a_1,\langle a_2,a_3\rangle\rangle$，因为 $\langle a_1,a_2\rangle\neq a_1$，$a_3\neq\langle a_2,a_3\rangle$。所以 $\langle a_1,a_2,a_3\rangle=\langle\langle a_1,a_2\rangle,a_3\rangle$，但 $\langle a_1,a_2,a_3\rangle\neq\langle a_1,\langle a_2,a_3\rangle\rangle$。

同样地，可以定义 n 元序偶。如果有集合 $A_1,A_2,\cdots,A_n$，分别从这些集合中取一个元素 $a_1,a_2,\cdots,a_n$，可以形成一个序偶 $\langle\langle a_1,a_2,\cdots,a_{n-1}\rangle,a_n\rangle$，简记为 $\langle a_1,a_2,\cdots,a_{n-1},a_n\rangle$。同样 $\langle\langle a_1,a_2,\cdots,a_{n-1}\rangle,a_n\rangle\neq\langle a_1,\langle a_2,\cdots,a_{n-1},a_n\rangle\rangle$。类似地判断两个 n 元序偶 $\langle x_1,x_2,\cdots,x_{n-1},x_n\rangle$ 和 $\langle y_1,y_2,\cdots,y_{n-1},y_n\rangle$ 是否相等，就是判断它们

的第一元素、第二元素、…、第 n 元素是否对应相等，即

$<x_1, x_2, \cdots, x_{n-1}, x_n> = <y_1, y_2, \cdots, y_{n-1}, y_n> \Leftrightarrow (x_1 = y_1) \wedge (x_2 = y_2) \wedge \cdots \wedge (x_{n-1} = y_{n-1}) \wedge (x_n = y_n)$

至此本节介绍了二元序偶、三元序偶直至 n 元序偶，但从本质上说这些序偶的特性是相似的，只需研究最简单的二元序偶，就可以类似推得其他多元序偶的特性。因此，本书后续章节主要探讨的是二元序偶，简称为序偶。

3.3.2 笛卡儿积

在 3.3.1 节中用序偶表现了元素间的有序性，接下来讨论序偶的深入特性，以及若由序偶作为元素来构成一个集合，会有哪些特殊性质。多个序偶如果具有共同点当然也可以构成一个集合。比如{<杭州，浙江>，<南京，江苏>，<武汉，湖北>}就是一个集合，其中的元素都是二元序偶，并且都以省会城市为第一元素，该城市所在省为第二元素。

定义 3.3 设 A、B 为任意两个集合，用 A 中元素为第一元素，B 中元素为第二元素构成序偶，所有这样序偶的组成的集合叫做 A 和 B 的笛卡儿积，记作 $A \times B$。即

$$A \times B = \{<x, y> \mid x \in A \wedge y \in B\}$$

如果 A 中有 m 个元素，B 中有 n 个元素，则 $A \times B$ 中有 mn 个元素。

例 3.27 若 $A = \{a, b\}$，$B = \{1, 2\}$，求 $A \times A$、$B \times B$、$A \times B$、$B \times A$ 及$(A \times B) \cap (B \times A)$。

解：$A \times A = \{<a,a>, <a,b>, <b,a>, <b,b>\}$

$B \times B = \{<1,1>, <1,2>, <2,1>, <2,2>\}$

$A \times B = \{<a,1>, <a,2>, <b,1>, <b,2>\}$

$B \times A = \{<1,a>, <1,b>, <2,a>, <2,b>\}$

$(A \times B) \cap (B \times A) = \varnothing$

由上例可知，一般来说 $A \times B \neq B \times A$，所以说集合的笛卡儿积不满足交换律。因为笛卡儿积在本质上是一个集合，所以，可以对它进行集合的运算。同样，还可以用集合 A 和 B 的笛卡儿积再与集合 C 构造笛卡儿积，即$(A \times B) \times C$。同样地，还可以构造 $A \times (B \times C)$。但是$(A \times B) \times C \neq A \times (B \times C)$。这是因为 $A \times (B \times C)$的元素是$<a, <b,c>>$，而$(A \times B) \times C$ 的元素是$<<a,b>, c>$，前面曾经提到$<a, <b,c>> \neq <<a,b>, c>$，所以$(A \times B) \times C \neq A \times (B \times C)$，即集合的笛卡儿积不满足结合律。

例 3.28 设 $A = \{1, 2\}$，求 $P(A) \times A$。

解：$P(A) \times A = \{\varnothing, \{1\}, \{2\}, \{1,2\}\} \times \{1,2\}$

$= \{<\varnothing,1>, <\varnothing,2>, <\{1\},1>, <\{1\},2>, <\{2\},1>, <\{2\},2>, <\{1,2\},1>, <\{1,2\},2>\}$

笛卡儿积运算的性质可以总结如下：

(1) $A \times \varnothing = \varnothing$，$\varnothing \times A = \varnothing$。

(2) 不满足交换律和结合律。

(3) 并和交运算满足分配律：

(a) $A \times (B \cap C) = (A \times B) \cap (A \times C)$

(b) $A\times(B\cup C)=(A\times B)\cup(A\times C)$

(c) $(A\cap B)\times C=(A\times C)\cap(B\times C)$

(d) $(A\cup B)\times C=(A\times C)\cup(B\times C)$

例 3.29 本例给出笛卡儿积运算的性质分配律(d)的证明，其他的请大家课后自行练习。

$$\begin{aligned}(A\cup B)\times C &=\{<x,y>\mid x\in(A\cup B)\wedge y\in C\}\\ &=\{<x,y>\mid(x\in A\vee x\in B)\wedge y\in C\}\\ &=\{<x,y>\mid(x\in A\wedge y\in C)\vee(x\in B\wedge y\in C)\}\\ &=\{<x,y>\mid(<x,y>\in A\times C)\vee(<x,y>\in B\times C)\}\\ &=\{<x,y>\mid<x,y>\in(A\times C\cup B\times C)\}\\ &=(A\times C)\cup(B\times C)\end{aligned}$$

例 3.30 设 A、B、C、D 为任意集合，判断以下命题是否为真，并说明理由。

(1) $A\times B=A\times C\Leftrightarrow B=C$

(2) 存在集合 A，使得 $A\subseteq A\times A$

解：

(1) 不一定为真。当 $A=\varnothing, B=\{1\}, C=\{2\}$时，有 $A\times B=\varnothing=A\times C$，但 $B\neq C$。

(2) 为真。当 $A=\varnothing$时有 $A\subseteq A\times A$ 成立。

还可以把笛卡儿积进行扩展。若有 n 个集合$(n\geqslant 2)A_1, A_2, \cdots, A_n$，分别取 A_1 中元素为第一元素，A_2 中元素为第二元素，……，A_n 中元素为第 n 元素构成 n 元序偶，所有这样的序偶组成的集合叫做 n 重笛卡儿积。相应地，$A\times B$ 所得到的笛卡儿积就应该准确地称为二重笛卡儿积。

对于 n 重笛卡儿积，可以形式化地描述为

$$\begin{aligned}&A_1\times A_2\times\cdots\times A_n\\ &=((A_1\times A_2)\times A_3)\times\cdots\times A_n\\ &=\{<x_1,x_2,\cdots,x_{n-1},x_n>\mid x_1\in A_1\wedge x_2\in A_2\wedge\cdots\wedge x_n\in A_n\}\end{aligned}$$

集合 A 自身的笛卡儿积 $A\times A$ 记作 A^2，与此类似：

$A\times A\times A=(A\times A)\times A=A^3$

$A\times A\times\cdots\times A=A^n$

例 3.31 $A=\{a,b\}, B=\{0,1,2\}, C=\{\alpha,\beta\}$，求$(A\times B)\times C$ 和 $A\times(B\times C)$。

解：$(A\times B)\times C=\{<a,0,\alpha>,<a,0,\beta>,<a,1,\alpha>,<a,1,\beta>,<a,2,\alpha>,<a,2,\beta>,<b,0,\alpha>,<b,0,\beta>,<b,1,\alpha>,<b,1,\beta>,<b,2,\alpha>,<b,2,\beta>\}$

$A\times(B\times C)=\{<a,<0,\alpha>>,<a,<0,\beta>>,<a,<1,\alpha>>,<a,<1,\beta>>,<a,<2,\alpha>>,<a,<2,\beta>>,<b,<0,\alpha>>,<b,<0,\beta>>,<b,<1,\alpha>>,<b,<1,\beta>>,<b,<2,\alpha>>,<b,<2,\beta>>\}$

从例 3.31 可以看出：

$$(A\times B)\times C\neq A\times(B\times C)$$

即笛卡儿积不满足结合律。

3.4 关系及其表示

3.4.1 关系的引入

关系是现实世界中广泛存在的概念。我们经常说朋友关系、父子关系，数学中的对称关系、相似关系，还有学生、课程和任课教师的关系等。在集合论里，关系是一个基础概念，有比较严谨的定义，与序偶的概念紧密结合。

3.4.2 关系的定义

定义 3.4 设集合 A 和 B，A 和 B 的笛卡儿积 $A\times B$ 的子集称为从 A 到 B 的一个二元关系。显然，二元关系是集合，它的元素是序偶，第一元素来自集合 A，第二元素来自集合 B。

例如，$A=\{0,1\}$，$B=\{1,2\}$，$A\times B=\{<0,1>,<0,2>,<1,1>,<1,2>\}$。

则因为 $R_1=\{<1,2>\}$，$R_2=A\times B$，$R_3=\varnothing$，$R_4=\{<0,1>,<1,2>\}$都是笛卡儿积 $A\times B$ 的子集，所以它们都是从 A 到 B 的二元关系。

设有一个二元关系 R，R 中任一序偶$<x,y>$可记作$<x,y>\in R$ 或 xRy。不在 R 中的序偶$<x,y>$记作$<x,y>\notin R$ 或 xRy。

用二元关系可以表示父子关系、票与位的对号关系和大于关系等。比如父子关系中的元素是这样的序偶，它的第一元素都来自父亲这个集合，第二元素都来自子女这个集合。

特别地，当 $A=B$ 时，$A\times A$ 的子集所构成的关系叫做 A 上的二元关系。

在序偶中，有二元序偶、三元序偶和 n 元序偶，则由二元序偶构成的集合就是二元关系，三元序偶构成的集合就是三元关系，n 元序偶构成的集合就是 n 元关系。当然，也可以理解一个 n 元关系就是 n 重笛卡儿积的一个子集。

本书以后也重点讨论二元关系的性质，如没有特别说明，下文中提到的关系就是指二元关系。

3.4.3 二元关系

首先讨论一些特殊的关系：空关系、全域关系和恒等关系。空关系$\varnothing$是 $A\times B$ 的最小子集——空集$\varnothing$。在关系里为了与其他关系名称一致，称之为空关系。而全域关系就是 $A\times B$ 的最大子集——$A\times B$ 本身，即全域关系 $E_{A\times B}=\{<x,y>\mid x\in A\wedge y\in B\}=A\times B$。而恒等关系是指 A 上的关系（$A\times A$ 的子集），并且它的第一元素和第二元素相同。取遍 A 中的所有元素，即 A 上的恒等关系 $I_A=\{<x,x>\mid x\in A\}$。

如 $A=\{a,b\}$，$B=\{1,2\}$，则

$E_{A\times B}=\{<a,1>,<a,2>,<b,1>,<b,2>\}$

$E_{B\times A}=\{<1,a>,<2,a>,<1,b>,<2,b>\}$

$E_{A\times A}=\{<a,a>,<a,b>,<b,a>,<b,b>\}$

$E_{B\times B}=\{<1,1>,<1,2>,<2,1>,<2,2>\}$

$I_{A\times A}=\{<a,a>,<b,b>\}$

$I_{B\times B}=\{<1,1>,<2,2>\}$

定义 3.5 设 R 是 A 到 B 上的二元关系，一切属于关系 R 的序偶 $<x,y>\in R$ 中，所有第一元素 x 组成的集合叫做 R 的前域，记作 dom$R$，即

$$\text{dom}R=\{x\mid \exists y \text{ 满足} <x,y>\in R\}$$

定义 3.6 设 R 是 A 到 B 上的二元关系，一切属于关系 R 的序偶 $<x,y>\in R$ 中，所有第二元素 y 组成的集合叫做 R 的值域，记作 ran$R$，即

$$\text{ran}R=\{y\mid \exists x \text{ 满足} <x,y>\in R\}$$

从前域和值域的定义可以看出，从 A 到 B 的二元关系 R 的前域是 A 的子集，而值域是 B 的子集。前域和值域统称域，记作 FLDR，FLDR=dom$R\cup$ran$R$。

例 3.32 $A=\{1,2,3,4\}$，$R=\{<1,1>,<1,2>,<2,3>,<2,4>,<4,2>\}$，求 R 的前域和值域及域。

解：dom$R=\{1,2,4\}$

ran$R=\{1,2,3,4\}$

FLDR=dom$R\cup$ran$R=\{1,2,3,4\}$

3.4.4 关系的表示法

通常来说，关系的表示方法有 3 种。关系的本质是一个集合，除了可以用集合的表达方式以外，那些从有穷集合到有穷集合的二元关系还可以用关系特有的关系图和关系矩阵法来表示。

1. 关系图

首先来看看关系图表示法。图形化的表示总是比较直观、易于理解。对于 A 到 B 的关系和 A 上的关系的图形表示略有不同，下面将一一说明。

1) A 到 B 的关系

将元素用小圆圈"○"表示，并写上元素名，集合 A 和集合 B 的所有元素分别排成两列小圆圈来表示。若 $x\in A$，$y\in B$，且 $<x,y>\in R$，则画一根以 x 为起点指向 y 的有向弧。这样每个序偶对应一条弧。描述了所有弧就可以得到关系图。

例 3.33 设 $A=\{a,b,c\}$，$B=\{1,2,3,4\}$，$R=\{<a,4>,<b,1>,<b,3>\}$，请画出 R 的关系图。

解：R 的关系图如图 3.6 所示。

2) A 上的关系

如果用关系图描述 A 上的关系，也可以使用上述的方法。但考虑到 A 上的关系中两列元素是相同的，只需画一列就可以。这样，对 A 上的关系画关系图，可以描述为：把集合 A 上的每个元素用小圆圈"○"表示，并写上元素名，这里不要求元素排成列。若 $x\in A$，$y\in A$，且 $<x,y>\in R$，则画一根以 x 为起点指向 y 的有向弧。如果 $x\in A$，且 $<x,$

$x>\in R$，则画一根以 x 出发指向自身的有向弧(这时也称之为环)。如果画出了关系中对应序偶的每一条有向弧，就得到了完整的关系图。以下举例说明。

例 3.34 设集合 $A=\{2,3,6,8,12,32\}$。试写出 A 上的整除关系 D。

解：A 上的整除关系 $D=\{<2,2>,<3,3>,<6,6>,<8,8>,<12,12>,<32,32>,<2,6>,<2,8>,<2,12>,<2,32>,<3,6>,<3,12>,<6,12>,<8,32>\}$。

D 的关系图如图 3.7 所示。

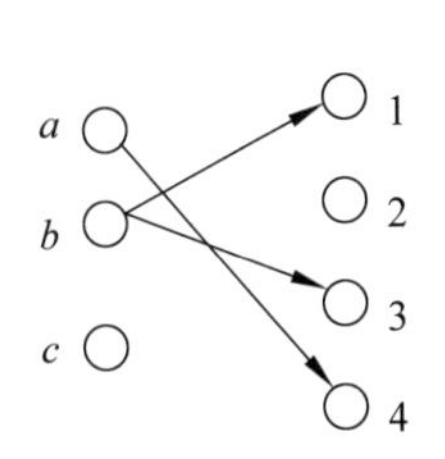

图 3.6 例 3.33 的关系图

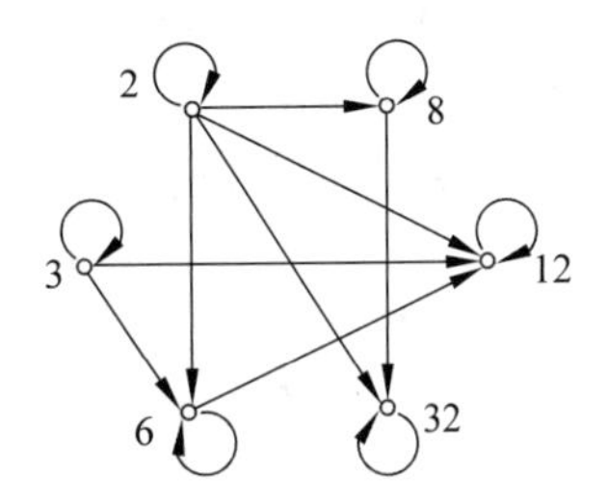

图 3.7 例 3.34 关系图

2. 关系矩阵

与采用集合方式表示关系相比，关系图比较直观，但是不适于计算，而矩阵在计算上很有优势，便于计算机进行数据处理。设有有限集合 A 和 B，若 A 中有 m 个元素，B 中有 n 个元素，假设事先为每一集合中的元素约定一个次序。这种次序一经约定，在讨论问题时就固定不变。不妨设 A 中的元素的次序为 $a_1,a_2,\cdots,a_m$，B 中的元素的次序为 $b_1,b_2,\cdots,b_n$，就可以为 A 到 B 上的关系构造一个 m 行 n 列的矩阵，矩阵中位于第 i 行第 j 列元素 r_{ij} 只有两种可能：0 或 1，若 $<a_i,b_j>\in R$，则 $r_{ij}=1$，否则 $r_{ij}=0$。即

$$r_{ij}=\begin{cases}1 & a_iRb_j\\0 & \text{否则}\end{cases}$$

则称这个矩阵为关系 R 的关系矩阵，记作 $\boldsymbol{M}_R=(r_{ij})_{m\times n}$。

这样，当给定关系 R，可求出关系矩阵 $\boldsymbol{M}_R$；反之，若给出关系矩阵 $\boldsymbol{M}_R$，也能求出关系 R。

例 3.35 分别对例 3.33 和 3.34 中的两个关系 R 和 D 写出它们的关系矩阵。

解：

$$\boldsymbol{M}_R=\begin{bmatrix}0&0&0&1\\1&0&1&0\\0&0&0&0\end{bmatrix}\quad \boldsymbol{M}_D=\begin{bmatrix}1&0&1&1&1&1\\0&1&1&0&1&0\\0&0&1&0&1&0\\0&0&0&1&0&1\\0&0&0&0&1&0\\0&0&0&0&0&1\end{bmatrix}$$

这里按照集合的设置，把 A 中元素排成 a,b,c，把 B 中元素排成 1,2,3,4。在矩阵中第一行对应第一元素 a，第二行对应第二元素 b，同样，第一列对应第一元素 1，第二列对

应第二元素 2 等。$\boldsymbol{M}_R$ 中的第一行第一列元素 $r_{11}=0$ 表示 $<a,1>\notin R$，而 $r_{14}=1$ 表示 $<a,4>\in R$，这些与关系图的表示是一致的，也说明了关系图和关系矩阵都可以用来表示关系。

关系矩阵用中括号对把所有元素包起来，不能用竖线代替。因为前者表示一个矩阵，是一串数；而竖线把 m 行 n 列元素包起来，表示的是矩阵的行列式，是一个数值，不同于矩阵。

例 3.36 $A=\{1,2,3,4\}$，$R=\{<1,1>,<1,2>,<2,3>,<2,4>,<4,2>\}$。求 R 的关系矩阵和关系图。

解：关系图如图 3.8 所示。

$$\boldsymbol{M}_R=\begin{bmatrix}1 & 1 & 0 & 0\\0 & 0 & 1 & 1\\0 & 0 & 0 & 0\\0 & 1 & 0 & 0\end{bmatrix}$$

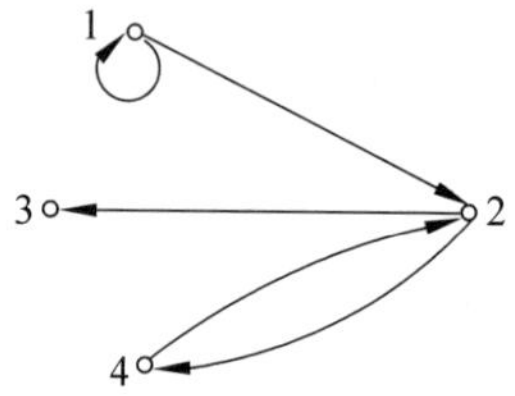

图 3.8 例 3.36 的关系图

有必要指出的是，为了使关系矩阵唯一地与一个确定的二元关系对应，要求对集合元素做出次序的约定。但是这种次序对一个关系不是本质的。因为它改变的仅仅是矩阵中行或列与元素的对应关系。

3.5 关系的性质

关系的性质是指集合中二元关系的性质，这些性质扮演着重要角色。本节定义这些性质，并给出它们在关系矩阵和关系图中可以观察到的特点。

3.5.1 自反性与反自反性

定义 3.7 令 $R\subseteq A\times A$，若对 A 中每个 x，都有 xRx，则称 R 是**自反的**，即

$$A\text{ 上关系 }R\text{ 是自反的}\Leftrightarrow \forall x(x\in A\rightarrow xRx)$$

该定义表明，在自反的关系 R 中，除其他有序对外，必须包括有全部由每个 $x\in A$ 所组成的元素相同的有序对。许多关系具有自反性，如小于等于关系、整除关系和包含关系都是自反的。对一个确定的集合 A 来说，还可以发现，A 上的恒等关系 I_A 是 A 上最小的自反关系，而全域关系 E_A 是 A 上最大的自反关系。当然，也有很多关系不是自反的，如真包含关系$\subset$和小于关系。根据定义，可以判断任意关系是否是自反的。

例 3.37 设 $A=\{1,2,3\}$，$R_1=\{<1,1>,<2,2>\}$，$R_2=\{<1,1>,<2,2>,<3,3>,<1,2>,<1,3>\}$，$R_3=\{<1,3>\}$，说明 R_1、R_2、R_3 是否为 A 上自反的关系。

解：只有 R_2 是 A 上自反的关系，因为 $\mathrm{I}_A\subseteq R_2$；而 R_1 和 R_3 不是 A 上自反关系，因为 $<3,3>\notin R_1$，$<3,3>\notin R_3$。

定义 3.8 令 $R\subseteq A\times A$，若对于 A 中每个 x，有 $x\bar{R}x$，则称 R 是**反自反的**，即

$$A\text{ 上关系 }R\text{ 是反自反的}\Leftrightarrow \forall x(x\in A\rightarrow x\bar{R}x)$$

该定义表明，一个反自反的关系 R 中不应包括有任何相同元素的有序对。小于关系

和真包含关系$\subset$都是反自反的,而小于等于关系不是反自反的。同样,A 上最小的反自反关系为空关系$\varnothing$,最大的反自反关系为 E_A-I_A,想想为什么?

根据定义,可以判断任意关系是否是反自反的。

例 3.38 $A=\{1,2,3\}$,$R_1=\{<1,1>,<1,2>\}$,$R_2=\{<1,2>,<2,1>,<2,2>\}$,$R_3=\{<2,1>,<2,3>\}$,说明 R_1、R_2、R_3 是否为 A 上反自反的关系。

解:由反自反性的充要条件 $R\cap I_A=\varnothing$,可以判定只有 R_3 为 A 上反自反的关系。

下面尝试从关系图和关系矩阵的特点来判断一个关系是否具有自反性和反自反性。根据自反性的特征,容易知道,令 $R\subseteq A\times A$,若对 A 中每个 x,都有 xRx,则称 R 是自反的。而在关系矩阵中每个 xRx 所对应的恰好是关系矩阵主对角线上的元素为 1,在对应的关系图上的表示则是一个环。也就是说,如果关系满足自反性,则对 A 中每个 x,都有 xRx,则在关系矩阵上的表示是主对角线上的每个元素都是 1,在关系图上则表示为每个元素上都有一个自己到自己的环。

反之,根据反自反性的特征,容易知道,令 $R\subseteq A\times A$,若对 A 中每个 x,都有 $x\bar{R}x$,则称 R 是反自反的。而在关系矩阵中每个 $x\bar{R}x$ 所对应的恰好是关系矩阵主对角线上的元素为 0,在对应的关系图上的表示则是不存在自己到自己的环。也就是说,如果关系满足反自反性,则对 A 中每个 x,都有 $x\bar{R}x$,则在关系矩阵上的表示是主对角线上的每个元素都是 0,在关系图上则表示为每个元素上都没有自己到自己的环。

例 3.22 中 R_1、R_2、R_3 的关系矩阵如下所示,关系图如图 3.9 所示。

$$\boldsymbol{M}_{R_1}=\begin{bmatrix}1&0&0\\0&1&0\\0&0&0\end{bmatrix}\quad \boldsymbol{M}_{R_2}=\begin{bmatrix}1&1&1\\0&1&0\\0&0&1\end{bmatrix}\quad \boldsymbol{M}_{R_3}=\begin{bmatrix}0&0&1\\0&0&0\\0&0&0\end{bmatrix}$$

(a) R_1 (b) R_2 (c) R_3

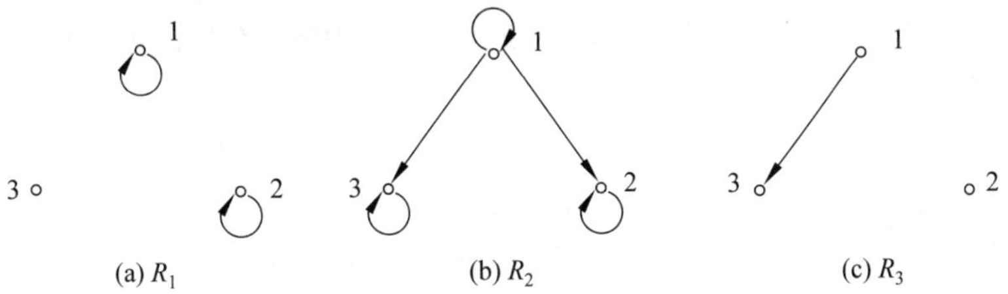

图 3.9 例 3.22 的关系图

从自反和反自反的定义可以判断:R_1 是既不是自反的也不是反自反的,R_2 是自反的但不是反自反的,R_3 不是自反的但是反自反的。如果总结一下,可以发现自反关系的关系矩阵有一个明显特征:主对角线(所有的 a_{ii})上元素全为 1,关系图上则表现出每个元素都有一个圈(见图 3.9(b));而反自反关系的关系矩阵主对角线上元素全为 0,关系图上表现为每个元素都没有圈(见图 3.9(c))。总结一下,自反和反自反关系考察的是矩阵的主对角元或图中元素的圈。

注意:应该指出,任何一个不是自反的关系,未必是反自反的;反之,任何一个不是反自反的关系,未必是自反的。这就是说,存在既不是自反的也不是反自反的二元关系。

例如,$A=\{1,2,3\}$,$R=\{<1,1>,<1,2>,<1,3>\}$既不是自反的也不是反自反的。

3.5.2 对称性与反对称性

定义 3.9 令 $R\subseteq A\times A$，对于 A 中每个 x 和 y，若 xRy，则 yRx，称 R 是**对称的**，即

$$A\text{ 上关系 }R\text{ 是对称的}\Leftrightarrow\forall x\forall y(x\in A\wedge y\in A\wedge xRy\rightarrow yRx)$$

该定义表明，在表示对称的关系 R 的有序对集合中，若存在有序对 $<x,y>$，则必定存在有序对 $<y,x>$。在全集 $\mathbf{E}$ 的所有子集的集合中，相等关系就是对称的关系，包含关系 $\subseteq$ 和真包含关系 $\subset$ 都不是对称的；在整数集合 $\mathbf{Z}$ 中，相等关系 $=$ 是对称的，而关系 $\leqslant$ 和 $<$ 都不是对称的。A 上的全域关系 E_A、恒等关系 I_A 和空关系 $\varnothing$ 都是对称的关系。

定义 3.10 令 $R\subseteq A\times A$，对于 A 中每个 x 和 y，若 xRy，且 yRx，则 $x=y$，称 R 是反对称的，即

$$\begin{aligned}A\text{ 上关系 }R\text{ 是反对称的}&\Leftrightarrow\forall x\forall y(x,y\in A\wedge xRy\wedge yRx\rightarrow x=y)\\&\Leftrightarrow\forall x\forall y(x,y\in A\wedge xRy\wedge x\neq y\rightarrow y\bar{R}x)\end{aligned}$$

该定义表明，在表示反对称关系 R 的有序对集合中，若存在有序对 $<x,y>$ 和 $<y,x>$，则必定是 $x=y$。或者说，在 R 中若有有序对 $<x,y>$，则除非 $x=y$，否则必定不会出现 $<y,x>$。

同样地，可以找到很多关系满足反对称性。比如在全集 $\mathbf{E}$ 的所有子集的集合中，相等关系 $=$、包含关系 $\subseteq$ 和真包含关系 $\subset$ 都是反对称的，人群中的父子关系也是反对称的，但 A 上的全域关系不是反对称的。在整数集合 $\mathbf{Z}$ 中，$=$、$\leqslant$ 和 $<$ 也都是反对称的。

可以看出，对称关系的关系矩阵是沿主对角线对称的，在关系图中表现为图中两个不同的点之间若有有向弧，那么有向弧必是成对出现的。而反对称关系的关系矩阵则表现为矩阵中所有沿主对角线对称的两个点不会同时为 1，在关系图中表现为任意两个不同的点之间最多有一条有向弧。在对称和反对称关系中考察的是主对角元素以外的矩阵元素之间的关系。

例 3.39 $A=\{1,2,3\}$，$R_1=\{<1,1>,<1,2>,<2,1>\}$，$R_2=\{<1,1>\}$，$R_3=\{<1,2>,<2,2>\}$，说明 R_1、R_2、R_3 是否为 A 上对称关系。

解：根据关系对称性的定义，R_1 和 R_2 都是 A 上的对称关系，R_3 不是 A 上的对称关系。

例 3.40 $A=\{1,2,3\}$，$R_1=\{<1,1>,<2,2>\}$，$R_2=\{<1,2>,<1,3>\}$，$R_3=\{<1,2>,<2,1>,<1,1>\}$。说明 R_1、R_2、R_3 是否为 A 上反对称的关系。

解：R_1 和 R_2 为 A 上的反对称关系，R_3 不是 A 上的反对称关系。

我们还是从关系图和关系矩阵来看看对称关系和反对称关系的特性。例 3.39 的 R_1、R_2、R_3 的关系矩阵如下：

$$\boldsymbol{M}_{R_1}=\begin{bmatrix}1&1&0\\1&0&0\\0&0&0\end{bmatrix}\quad\boldsymbol{M}_{R_2}=\begin{bmatrix}1&0&0\\0&0&0\\0&0&0\end{bmatrix}\quad\boldsymbol{M}_{R_3}=\begin{bmatrix}0&1&0\\0&1&0\\0&0&0\end{bmatrix}$$

其关系图如图 3.10 所示。

从定义可以判断：对称关系有 R_1 和 R_2，反对称关系有 R_3。

从关系的性质可以看出，有些关系既是对称的又是反对称的，如恒等关系；而有些关

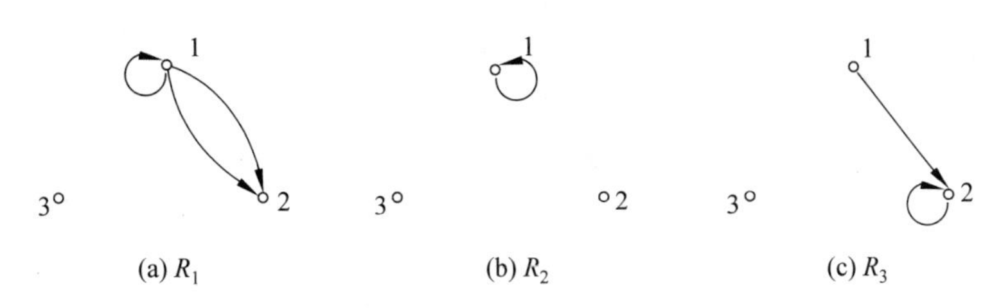

图 3.10 例 3.39 的关系图

系是对称的但不是反对称的，如 **Z** 中的"绝对值相等"关系；还有些关系是反对称的，但不是对称的，如 **Z** 中的≤和<；还有的关系既不是对称的又不是反对称的，如 $A=\{a,c,b\}$，其中关系 $R=\{<a,b>,<a,c>,<c,a>\}$既不对称也不反对称。

3.5.3 传递性

定义 3.11 $R\subseteq A\times A$，对于 A 中每个 x,y,z，若 xRy 且 yRz，则 xRz，称 R 是传递的，即

$$A\text{ 上关系 }R\text{ 是传递的}\Leftrightarrow\forall x\forall y\forall z(x\in A\wedge y\in A\wedge z\in A\wedge xRy\wedge yRz\rightarrow xRz)$$

该定义表明，在表示可传递关系 R 的有序对集合中，若有有序对$<x,y>$和$<y,z>$，则必有有序对$<x,z>$。传递关系也有很多，比如在几何中的相似关系、数的等于关系、小于等于关系、整除关系、包含关系、真包含关系和直线的平行关系等都是传递的关系，但直线的垂直关系不是传递的关系。

例 3.41 设 $A=\{1,2,3\}$，$R_1=\{<1,1>\}$，$R_2=\{<1,3>,<2,3>\}$，$R_3=\{<1,1>,<1,2>,<2,3>\}$。说明 R_1、R_2、R_3 是否为 A 上的传递关系。

解：R_1 和 R_2 是 A 上的传递关系，但 R_3 不是 A 上的传递关系。

注意：根据传递的形式化定义，如果一个关系中找不到满足前提的两个序偶（一个序偶的第二元素与另一个序偶的第一元素相同），条件式永真，那这个关系就是传递的。所以只有一个序偶构成的关系一定是传递的。例如，$R=\{<1,2>,<1,3>\}$和 $R'=\{<1,2>\}$是传递关系。

但是，从关系矩阵很难直接判断某个关系是否是传递的，从关系图中可以判断，但要求找遍所有的点，比较烦琐。方法是：以某个点为起点，沿着有向弧出发，如果能通过有向弧间接到达另一个点，那么起点和终点之间一定有一条有向弧直接相连。如果所有的点都满足要求，这个关系图所对应的关系就是传递的，否则就不是传递的。

例 3.41 中 R_1、R_2、R_3 的关系矩阵如下：

$$\boldsymbol{M}_{R_1}=\begin{bmatrix}1&0&0\\0&0&0\\0&0&0\end{bmatrix}\quad\boldsymbol{M}_{R_2}=\begin{bmatrix}0&0&1\\0&0&1\\0&0&0\end{bmatrix}\quad\boldsymbol{M}_{R_3}=\begin{bmatrix}1&1&0\\0&0&1\\0&0&0\end{bmatrix}$$

其关系图如图 3.11 所示。

从定义可判断出 R_1 和 R_2 是传递的，R_3 不是传递的。

比如 R_3 中 1 到 2 有一条有向弧，2 到 3 有一条有向弧，若满足传递性就要求 1 到 3

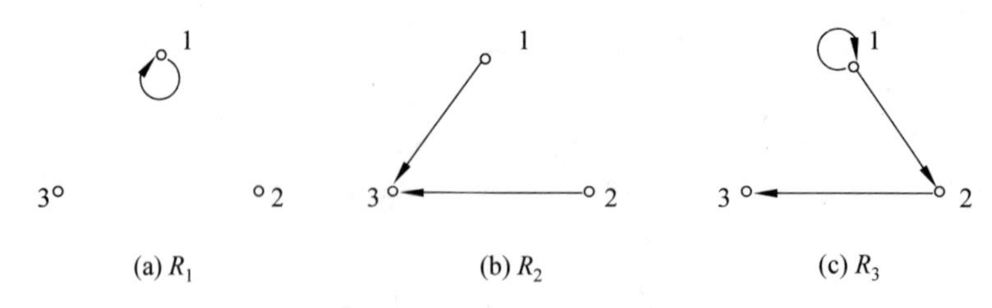

图 3.11 例 3.41 的关系图

有一条有向弧，而 R_3 没有这条弧，所以 R_3 不是传递的。另外，若图中除了环以外没有或者只有一条有向弧，那么关系图一定是传递的(如 R_1)。

本节讨论了关系的性质——自反性、反自反性、对称性、反对称性和传递性，下面总结归纳一下如何从关系图和关系矩阵判断某个关系具有的性质。

(1) 若 A 上关系 R 是自反的，则关系矩阵中主对角线上的元素全为 1，而关系图中每个结点有环。

(2) 若 A 上关系 R 是反自反的，则关系矩阵中主对角线上的元素全为 0，而关系图中每个结点无环。

(3) 若 A 上关系 R 是对称的，则关系矩阵是对称矩阵，而关系图中任意两个不同结点间若有弧必成对出现。

(4) 若 A 上关系 R 是反对称的，则关系矩阵中以主对角线为对称的两个元素不能同时为 1，而关系图中任意两个不同结点间的弧都不会成对出现。

(5) 若 A 上关系 R 是传递的，则关系矩阵中若 $r_{ij}=r_{jk}=1$，则 $r_{ik}=1$，而关系图中若有弧 $<x,y>$ 和 $<y,z>$ 则必有弧 $<x,z>$。

关于传递性，不易从关系矩阵和关系图中判定，以后会介绍通过矩阵运算来判断传递性的方法。

3.6 关系的运算

3.6.1 关系的交、并、补、差运算

因为 A 到 B 的关系 R 是 $A\times B$ 的子集，亦即关系是一个集合，故在同一集合上的关系可以进行集合的所有运算。设 R 和 S 为 A 到 B 的二元关系，其并、交、差、补运算的定义和普通集合的定义一致：

$R\cup S=\{<x,y>|xRy\vee xSy\}$

$R\cap S=\{<x,y>|xRy\wedge xSy\}$

$R-S=\{<x,y>|xRy\wedge \neg xSy\}$

$\sim R=A\times B-R=\{<x,y>|\neg xRy\}$

这里，令 $A\times B$(全域关系)作为 A 到 B 的一切关系的全集来定义关系的补集。

例 3.42 设 $A=\{1,2,3,4\}$，若 $R=\{<x,y>|(x-y)/2$ 是整数，$x,y\in A\}$，$S=\{<x,y>|(x-y)/3$ 是正整数，$x,y\in A\}$，求 $R\cup S$、$R\cap S$、$S-R$、$\sim R$ 和 $R\oplus S$。

解：$R=\{<1,1>,<1,3>,<2,2>,<2,4>,<3,1>,<3,3>,<4,2>,<4,4>\}$

$S=\{<4,1>\}$

$R\cup S=\{<1,1>,<1,3>,<2,2>,<2,4>,<3,1>,<3,3>,<4,2>,<4,4>,<4,1>\}$

$R\cap S=\varnothing$

$S-R=S=\{<4,1>\}$

$\sim R=A\times A-R=\{<1,2>,<1,4>,<2,1>,<2,3>,<3,2>,<3,4>,<4,1>,<4,3>\}$

$R\oplus S=(R\cup S)-(R\cap S)=R\cup S$
$=\{<1,1>,<1,3>,<2,2>,<2,4>,<3,1>,<3,3>,<4,2>,<4,4>,<4,1>\}$

3.6.2 关系的复合运算

在讨论关系的复合运算之前，先来看看人的血缘关系下的称谓。如果有 a、b、c 三人，其中 a 和 b 是兄妹，b 和 c 是母子，那么我们可以得出 a 和 c 是舅甥。如果在所有人构成的集合 A 中建立一个 A 上的关系 R、S、T，其中 R 中的序偶满足兄妹关系，S 中的序偶满足母子关系，T 中的序偶满足舅甥关系，则 T 可以像函数复合一样，由关系 R 与 S 的复合得到。

定义 3.12 设 R 是从 A 到 B 的关系，S 是从 B 到 C 的关系。经过对 R 和 S 实行复合(或合成)运算"$\circ$"，得到了一个新的从 A 到 C 的关系，记为 $R\circ S$，也称 $R\circ S$ 为关系 R 和 S 的**复合关系**(或合成关系)；或称 $R\circ S$ 为 R 和 S 的**复合运算**(或合成运算)。形式地表示为

$$R\circ S=\{<x,z>|x\in A\wedge z\in C\wedge \exists y(y\in B\wedge xRy\wedge ySz)\}$$

若 R 或 S 之一为空关系，则 $R\circ S$ 为空关系。

关系复合的概念可以推广到多于两个关系的情况。设 A、B、C、D 是 4 个集合，R、S、W 分别是 A 到 B、B 到 C 和 C 到 D 的关系。则 $(R\circ S)$ 是从 A 到 C 的关系，进而 $(R\circ S)\circ W$ 称为一个 A 到 D 的一个关系。自然会想到，$R\circ(S\circ W)$ 也是 A 到 D 的关系。那么 $(R\circ S)\circ W$ 与 $R\circ(S\circ W)$ 是否相等呢？答案是肯定的。

定理 3.4 若 $R\subseteq A\times B$，$S\subseteq B\times C$，$W\subseteq C\times D$，则 $(R\circ S)\circ W=R\circ(S\circ W)$。

证明：若 R、S、W 中有一个为空关系，则 $(R\circ S)\circ W$ 和 $R\circ(S\circ W)$ 都是空关系，则等式两边相等。

否则，$\forall<x,w>\in(R\circ S)\circ W$，则 $\exists<x,z>\in R\circ S$，$\exists<z,w>\in W$，即 $\exists<x,y>\in R$，$\exists<y,z>\in S$。所以 $<x,y>\in R$，$<y,w>\in S\circ W$，得到 $<x,w>\in R\circ(S\circ W)$。得到 $(R\circ S)\circ W\subseteq R\circ(S\circ W)$。同理 $R\circ(S\circ W)\subseteq(R\circ S)\circ W$。

所以 $(R\circ S)\circ W=R\circ(S\circ W)$。

定理 3.4 说明复合关系满足结合律。

例 3.43 设集合 $A=\{0,1,2,3,4,5\}$，集合 $B=\{2,4,6\}$，集合 $C=\{1,3,5\}$，关系 $R\subseteq A\times B$，关系 $S\subseteq B\times C$，且 $R=\{<1,2>,<2,4>,<3,4>,<5,6>\}$，$S=\{<2,1>,<2,5>,<6,3>\}$，求 $R\circ S$。

解：$R\circ S=\{<1,1>,<1,5>,<5,3>\}\subseteq A\times C$，用图来表示 $R\circ S$ 如图 3.12 所示。

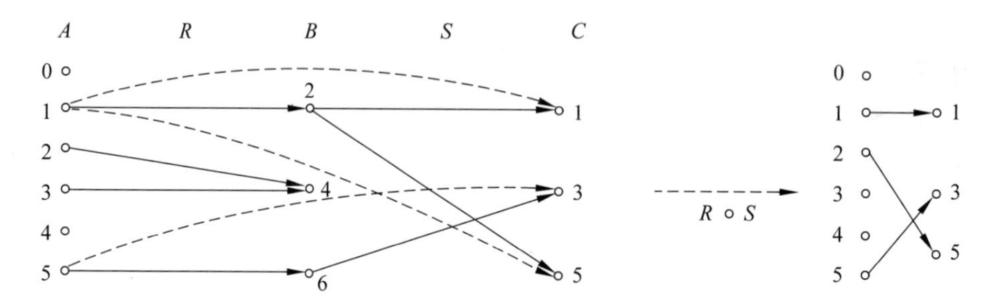

图 3.12 关系的复合运算

例 3.44 集合 $A=\{a,b,c,d,e\}$，关系 $R=\{<a,b>,<c,d>,<b,b>\}$，关系 $S=\{<d,b>,<b,e>,<c,a>\}$，求 $R\circ S$、$S\circ R$、$R\circ R$ 和 $S\circ S$。

解：$R\circ S=\{<a,e>,<c,b>,<b,e>\}$

$S\circ R=\{<d,b>,<c,b>\}$

$R\circ R=\{<a,b>,<b,b>\}$

$S\circ S=\{<d,e>\}$

从这个例子中可以发现，关系的复合运算不满足交换律。

下面讨论复合关系的关系矩阵。

定理 3.5 设集合 $A=\{a_1,a_2,\cdots,a_m\}$，$B=\{b_1,b_2,\cdots,b_n\}$，$C=\{c_1,c_2,\cdots,c_p\}$，R 是 A 到 B 的关系，其关系矩阵 $\boldsymbol{M}_R$ 是 $m\times n$ 阶矩阵。S 是 B 到 C 的关系，其关系矩阵 $\boldsymbol{M}_S$ 是 $n\times p$ 阶矩阵，复合关系 $R\circ S$ 是 A 到 C 的关系，其关系矩阵 $\boldsymbol{M}_{R\circ S}$ 是 $m\times p$ 阶矩阵，则

$$\boldsymbol{M}_{R\circ S}=\boldsymbol{M}_R\times\boldsymbol{M}_S$$

其中×是按布尔运算进行的矩阵乘法。布尔运算只涉及 $\{0,1\}\to\{0,1\}$ 的运算，有 $0+0=0$，$0+1=1+0=1$，$1+1=1$，$0\times0=0$，$0\times1=1\times0=0$，$1\times1=1$。矩阵乘法求矩阵 $\boldsymbol{M}_{R\circ S}$ 的元素 a_{ij} 是指矩阵 $\boldsymbol{M}_R$ 的第 i 行元素和矩阵 $\boldsymbol{M}_S$ 的第 j 列按布尔运算对应相乘得到：

$$a_{ij}=r_{i1}\cdot s_{1j}+r_{i2}\cdot s_{2j}+\cdots+r_{in}\cdot s_{nj}\quad 1\leqslant i\leqslant m\quad 1\leqslant j\leqslant p$$

此处略去该定理的详细证明过程。

例 3.45 设 $A=\{a,b,c,d\}$，$B=\{1,2,3\}$，$C=\{x,y,z\}$，$R\subseteq A\times B$，$S\subseteq B\times C$，且 $R=\{<a,3>,<b,1>,<c,2>,<c,3>,<d,2>\}$，$S=\{<1,x>,<1,y>,<3,z>\}$，求 $R\circ S$，并用矩阵乘法验证。

解：$R\circ S=\{<a,z>,<b,x>,<b,y>,<c,z>\}$，$\boldsymbol{M}_R$ 和 $\boldsymbol{M}_S$ 是 R 和 S 的关系矩阵。

$$\boldsymbol{M}_R=\begin{bmatrix}0&0&1\\1&0&0\\0&1&1\\0&1&0\end{bmatrix}\quad \boldsymbol{M}_S=\begin{bmatrix}1&1&0\\0&0&0\\0&0&1\end{bmatrix}\quad \boldsymbol{M}_{R\circ S}=\begin{bmatrix}0&0&1\\1&1&0\\0&0&1\\0&0&0\end{bmatrix}$$

$$M_R \times M_S = \begin{bmatrix} 0 & 0 & 1 \\ 1 & 0 & 0 \\ 0 & 1 & 1 \\ 0 & 1 & 0 \end{bmatrix} \times \begin{bmatrix} 1 & 1 & 0 \\ 0 & 0 & 0 \\ 0 & 0 & 1 \end{bmatrix} = \begin{bmatrix} 0 & 0 & 1 \\ 1 & 1 & 0 \\ 0 & 0 & 1 \\ 0 & 0 & 0 \end{bmatrix} = M_{R \circ S}$$

这个例子与上述定理是吻合的。

3.6.3 关系的逆运算

定义 3.13 将集合 A 到 B 的关系 R 包含的每一序偶的两元素交换次序后，能得到一个从 B 到 A 的关系，这个关系称为 R 的**逆关系**，简称 R 的**逆**，记作 R^C（或 R^{-1}），则 $R^C=\{<y,x>|xRy\}$。

逆关系在现实生活中也是存在的，比如小于等于关系的逆关系是大于等于关系，父子关系也有逆关系，为儿子与父亲间的关系。

从定义还可以知道，$\varnothing^C=\varnothing$，$(A\times B)^C=B\times A$。

例 3.46 设集合 $A=\{a,b,c,d\}$，A 上的关系 $R=\{<a,a>,<a,d>,<b,d>,<c,a>,<c,b>,<d,c>\}$，求 R^C。

解：$R^C=\{<a,a>,<d,a>,<d,b>,<a,c>,<b,c>,<c,d>\}$

为了进一步考虑逆关系在关系矩阵和关系图中的表现，下面给出例 3.46 中 R 和 R^C 的关系矩阵，其关系图如图 3.13 所示。

$$M_R = \begin{bmatrix} 1 & 0 & 0 & 1 \\ 0 & 0 & 0 & 1 \\ 1 & 1 & 0 & 0 \\ 0 & 0 & 1 & 0 \end{bmatrix} \quad M_{R^C} = \begin{bmatrix} 1 & 0 & 1 & 0 \\ 0 & 0 & 1 & 0 \\ 0 & 0 & 0 & 1 \\ 1 & 1 & 0 & 0 \end{bmatrix}$$

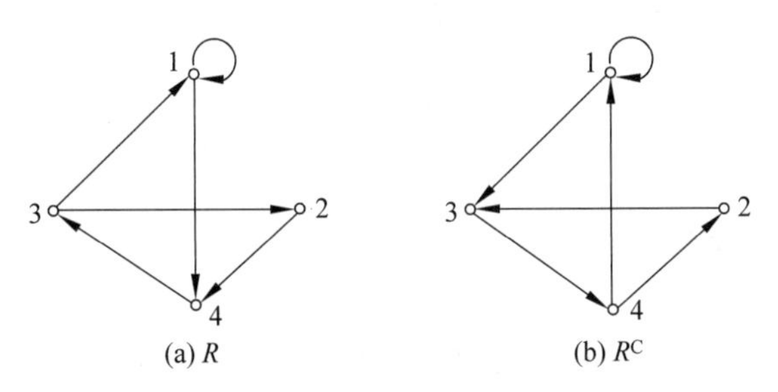

图 3.13 例 3.46 的关系图

逆关系具有以下性质：

(1) 关系 R 和逆关系 R^C 的序偶个数是一样的，即 $|R|=|R^C|$

(2) 逆关系 R^C 的关系矩阵是 R 的关系矩阵的转置，即 $M_R^{-1}=(M_R)^T$

(3) R^C 的关系图是把 R 的关系图中所有的弧逆向得到的。

除此以外，还有一些重要的恒等式需要掌握，下面以定理的形式给出。

定理 3.6 设 R 和 S 均是 A 到 B 的关系，则

(1) $(R^C)^C=R$

(2) $(R\cup S)^{C}=R^{C}\cup S^{C}$

(3) $(R\cap S)^{C}=R^{C}\cap S^{C}$

(4) $(R-S)^{C}=R^{C}-S^{C}$

(5) $(\sim R)^{C}=\sim R^{C}$

这些都可以一一证明。由于证明的过程相近，下面只选取(3)来说明，其余的请读者自行参考证明。

证明：(3) 任意$<a,b>\in(R\cap S)^{C}$，则$<b,a>\in R\cap S$，$<b,a>\in R$且$<b,a>\in S$，则$<a,b>\in R^{C}$且$<a,b>\in S^{C}$，则$<a,b>\in R^{C}\cap S^{C}$。

因为$(R\cap S)^{C}\subseteq R^{C}\cap S^{C}$，以上推导过程均为可逆。

所以$R^{C}\cap S^{C}\subseteq(R\cap S)^{C}$。

定义 3.14 若$R\subseteq A\times A$，则R为对称$\Leftrightarrow R=R^{C}$。

证明略。

定义 3.15 设R是A到B的关系，S是B到C的关系，则$(R\circ S)^{C}=S^{C}\circ R^{C}$。

即：复合关系的逆等于它们逆关系的反复合。而$(R\circ S)^{C}\neq R^{C}\circ S^{C}$，因$R^{C}$是$B$到$A$的关系，$S$是$C$到$B$的关系，$S^{C}\circ R^{C}$可以复合，而$R^{C}\circ S^{C}$不可能复合。

证明：任意$<z,x>\in(R\circ S)^{C}$

$\Rightarrow<x,z>\in(R\circ S)$

$\Rightarrow\exists y\in B,<x,y>\in R,<y,z>\in S$

$\Rightarrow<z,y>\in S^{C},<y,x>\in R^{C}$

$\Rightarrow<z,x>\in S^{C}\circ R^{C}$

因为$(R\circ S)^{C}\subseteq S^{C}\circ R^{C}$

任意$<z,x>\in S^{C}\circ R^{C}$

$\Rightarrow\exists y\in B,<z,y>\in S^{C},<y,x>\in R^{C}$

$\Rightarrow<x,y>\in R,<y,z>\in S$

$\Rightarrow<x,z>\in R\circ S$

$\Rightarrow<z,x>\in(R\circ S)^{C}$

所以$S^{C}\circ R^{C}\subseteq(R\circ S)^{C}$

从而，$(R\circ S)^{C}=S^{C}\circ R^{C}$

例 3.47 某集合$A=\{a,b,c\}$，$B=\{1,2,3,4,5\}$，A上关系$R=\{<a,a>,<a,c>,<b,b>,<c,b>,<c,c>\}$，$A$到$B$的关系$S=\{<a,1>,<a,4>,<b,2>,<c,4>,<c,5>\}$。求$R\circ S,R^{C},S^{C},S^{C}\circ R^{C}$。

解：$R\circ S=\{<a,1>,<a,4>,<a,5>,<b,2>,<c,2>,<c,4>,<c,5>\}$，$R^{C}=\{<a,a>,<b,b>,<b,c>,<c,a>,<c,c>\}$，$S^{C}=\{<1,a>,<2,b>,<4,a>,<4,c>,<5,c>\}$，$S^{C}\circ R^{C}=\{<1,a>,<2,b>,<2,c>,<4,a>,<4,c>,<5,a>,<5,c>\}$。

本例验证了$S^{C}\circ R^{C}=(R\circ S)^{C}$。

例 3.48 P是所有人的集合，令$R=\{<x,y>|x,y\in P\wedge x$是$y$的父亲$\}$，$S=\{<x,y>|x,y\in P\wedge x$是$y$的母亲$\}$。

(1) 说明$R\circ R,R^{C}\circ S^{C},R^{C}\circ S$各关系的含义。

(2) 用R、S及其逆和复合运算表示以下关系：

$\{<x,y>|x,y\in P\wedge y$是x的外祖母$\}$和$\{<x,y>|x,y\in P\wedge x$是y的祖母$\}$

解：

(1) $R\circ R$表示关系$\{<x,y>|x,y\in P\wedge x$是y的祖父$\}$，$R^C\circ S^C$表示关系$\{<x,y>|x,y\in P\wedge y$是x的祖母$\}$，$R^C\circ S$表示为空关系$\varnothing$。

(2) $\{<x,y>|x,y\in P\wedge y$是x的外祖母$\}$的表达式是$S^C\circ S^C$，$\{<x,y>|x,y\in P\wedge x$是y的祖母$\}$的表达式是$S\circ R$。

3.7 关系的闭包运算

前面讨论了自反、反自反、对称、反对称和传递等关系的特殊性质。如果实际问题中得出的关系也具有这些特殊性质，就可以帮助我们更好地、更简单地解决问题。可是我们平时看到的一般的关系不一定满足这些性质。那我们自然地会考虑如何才能在保留现有序偶的基础上，想办法改造现有的关系，从而使关系具有某种特殊的性质。我们发现对于自反、对称和传递特性，可以在原有关系基础上，通过添加一些尽可能少的序偶，构造出具有自反或对称或传递性的关系。而这个过程就是本节要介绍的关系的闭包运算。所谓闭包在数学中往往具有“满足某种性质的最小的”这样的含义。下面看看关系的自反(对称、传递)闭包的严格定义。

定义 3.16 设R是A上的二元关系，R的自反(对称、传递)闭包是关系R_1，则满足以下三条：

(1) R_1是自反的(对称的、传递的)。

(2) $R\subseteq R_1$，即R_1包含R。

(3) 假设还有其他自反的(对称的、传递的)关系R_2，若$R\subseteq R_2$，则必有$R_1\subseteq R_2$。即，R_1是所有包含R的最小的自反的(对称的、传递的)关系。这时，把R_1称为R的**自反(对称、传递)闭包**，分别记为$r(R)$、$s(R)$和$t(R)$。

根据自反、对称和传递闭包的定义，不难理解以下定理。

定理 3.7 若R是A上的二元关系，则

(1) R是自反的，当且仅当$r(R)=R$。

(2) R是对称的，当且仅当$s(R)=R$。

(3) R是传递的，当且仅当$t(R)=R$。

证明：只证明(1)，其余的性质请读者自己证明。

若R是自反的，则由定义可知，R具有对自反闭包所要求的性质(自反、包含自身且是最小的集合)，故$r(R)=R$；反之，若$r(R)=R$，则由自反闭包定义知，R是自反的。

前面的定理给出了关系R已经是自反的(对称的、传递的)时，相应的闭包就是关系R本身。但还没有说明如果R本身不具有这些特性时，如何构造相应的闭包。这个问题由下一个定理来解决。由闭包的定义可以知道，构造关系R的闭包方法就是向R中加入

必要的序偶,使其具有所希望的性质。下面的定理体现了这一点。

定理 3.8 若 R 是 A 上的二元关系,则

(1) $r(R)=R\cup I_A$

(2) $s(R)=R\cup R^C$

(3) $t(R)=R^+=R\cup R^{(2)}\cup R^{(3)}\cup\cdots\cup R^{(n)}\cup\cdots$

证明:

(1) $R\subseteq R\cup I_A$,$R\cup I_A$ 是自反的,还要证它是满足这两条性质的最小集合。设 R' 包含 R 的自反的集合,任意 $<a,b>\in R\cup I_A$,则 $<a,b>\in R$ 或 $<a,b>\in I_A$。如果 $<a,b>\in R$,则由 $R\subseteq R'$ 得 $<a,b>\in R'$;如果 $<a,b>\in I_A$,则必有 $a=b$,即 $<a,a>\in I_A$,由 R' 自反得 $<a,b>\in R'$。总之均有 $<a,b>\in R'$。所以 $R\cup I_A\subseteq R'$,满足最小性,故 $r(R)=R\cup I_A$。

(2) 显然包含 R,任意 $<a,b>\in R\cup R^C\Leftrightarrow<a,b>\in R\vee<a,b>\in R^C\Leftrightarrow<b,a>\in R^C\vee<b,a>\in R\Leftrightarrow<b,a>\in R\cup R^C$。所以 $R\cup R^C$ 是对称的。

如果 $R\subseteq R'$,且 R' 是对称的,任意 $<a,b>\in R\cup R$,则 $<a,b>\in R$ 或 $<a,b>\in R^C$;如果 $<a,b>\in R$,则由 $R\subseteq R'$ 得 $<a,b>\in R'$;如果 $<a,b>\in R^C$,则 $<b,a>\in R$,$<b,a>\in R'$,又因 R' 对称,所以 $<a,b>\in R'$,所以 $R\cup R^C\subseteq R'$。

则 $s(R)=R\cup R^C$ 是最小的包含 R 的对称闭包。

第(3)部分的证明较为复杂,本书略。

定理 3.8 给出了闭包的构造方法。下面先从关系图和关系矩阵两方面总结闭包的构造方法,再给出具体的实例给大家作为练习。

1. 从关系图构造闭包

根据自反、对称和传递闭包的定义和性质,可以知道:

(1) 在关系图中要对 R 作它的自反闭包 $r(R)$,只需要在 R 的基础上添加环,使得每点均有环就可以了。

(2) 在关系图中要对 R 作它的对称闭包 $s(R)$,若 R 中两点间有且仅有一条弧,则添一条反向弧。

(3) 在关系图中要对 R 作它的传递闭包 $t(R)$,检查集合 A 中所有的点,若从点 a 通过有向弧能达到 x,则添加一条从 a 到 x 的有向弧。如 a 能达到自身,则添加从 a 到 a 的自回路。

例 3.49 设集合 $A=\{a,b,c\}$,A 上的关系 $R=\{<a,a>,<a,b>,<b,c>\}$,根据图 3.14 所示的关系图求 R 的自反闭包 $r(R)$、对称闭包 $s(R)$ 和传递闭包 $t(R)$。

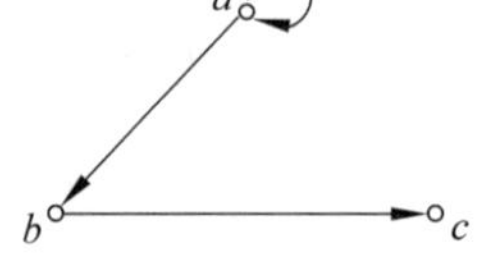

图 3.14 R 的关系图

解:在关系图 3.14 上添加序偶,得到的自反闭包、对称闭包和传递闭包如图 3.15 所示。

$r(R)=\{<a,a>,<a,b>,<b,c>,<b,b>,<c,c>\}$

$s(R)=\{<a,a>,<a,b>,<b,a>,<b,c>,<c,b>\}$

$t(R)=\{<a,a>,<a,b>,<b,c>,<a,c>\}$

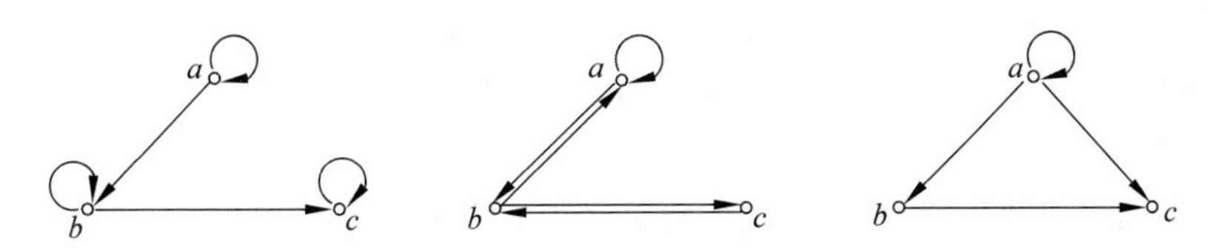

图 3.15 R 的自反闭包、对称闭包和传递闭包关系

2. 从关系矩阵构造闭包

同样可以从关系矩阵的运算中得到闭包。

自反闭包 $r(R)$的关系矩阵 $\boldsymbol{M}_{r(R)}$ 可以通过 R 的关系矩阵 $\boldsymbol{M}_R$ 和单位矩阵 $\mathbf{I}_A$ 的对应元素相加得到，即 $\boldsymbol{M}_{r(R)}=\boldsymbol{M}_R+\mathbf{I}_A$，方法是把 R 的关系矩阵的主对角线上元素改为 1。

对称闭包 $s(R)$ 的关系矩阵 $\boldsymbol{M}_{s(R)}$ 可以通过 R 的关系矩阵 $\boldsymbol{M}_R$ 和 $\boldsymbol{R}^{\mathrm{C}}$ 的关系矩阵的对应元素相加得到，即 $\boldsymbol{M}_{s(R)}=\boldsymbol{M}_R+\boldsymbol{M}_{R^{\mathrm{C}}}$，方法是检查 R 的关系矩阵中沿主对角线对称的两点，若有一个为 1，则另一个也为 1。

传递闭包 $t(R)$的关系矩阵 $\boldsymbol{M}_{t(R)}$ 可以通过 R 的关系矩阵、R^2 的关系矩阵、…、R^n 的关系矩阵的对应元素相加得到，即

$$\boldsymbol{M}_{t(R)}=\boldsymbol{M}_R+\boldsymbol{M}_{R^2}+\boldsymbol{M}_{R^3}+\cdots+\boldsymbol{M}_{R^n}$$

例 3.50 设集合 $A=\{a,b,c\}$，A 上的关系 $R=\{<a,a>,<a,b>,<b,c>\}$，根据矩阵求 R 的自反闭包、对称闭包和传递闭包 $r(R)$、$s(R)$、$t(R)$。

$$\boldsymbol{M}_R=\begin{bmatrix}1&1&0\\0&0&1\\0&0&0\end{bmatrix}$$

解：在 R 关系矩阵上运算得到 R 的自反闭包、对称闭包和传递闭包的关系矩阵。

$$\boldsymbol{M}_{r(R)}=\begin{bmatrix}1&1&0\\0&1&1\\0&0&1\end{bmatrix}\quad \boldsymbol{M}_{s(R)}=\begin{bmatrix}1&1&0\\1&0&1\\0&1&0\end{bmatrix}$$

$$\boldsymbol{M}_{R\circ R}=\boldsymbol{M}_R\times\boldsymbol{M}_R=\begin{bmatrix}1&1&0\\0&0&1\\0&0&0\end{bmatrix}\times\begin{bmatrix}1&1&0\\0&0&1\\0&0&0\end{bmatrix}=\begin{bmatrix}1&1&1\\0&0&0\\0&0&0\end{bmatrix}$$

$$\boldsymbol{M}_{R\circ R\circ R}=\boldsymbol{M}_{R\circ R}\times\boldsymbol{M}_R=\begin{bmatrix}1&1&1\\0&0&0\\0&0&0\end{bmatrix}\times\begin{bmatrix}1&1&0\\0&0&1\\0&0&0\end{bmatrix}=\begin{bmatrix}1&1&1\\0&0&0\\0&0&0\end{bmatrix}$$

$$\begin{aligned}\boldsymbol{M}_{t(R)}&=\boldsymbol{M}_R+\boldsymbol{M}_{R\circ R}+\boldsymbol{M}_{R\circ R\circ R}\\&=\begin{bmatrix}1&1&0\\0&0&1\\0&0&0\end{bmatrix}+\begin{bmatrix}1&1&1\\0&0&0\\0&0&0\end{bmatrix}+\begin{bmatrix}1&1&1\\0&0&0\\0&0&0\end{bmatrix}=\begin{bmatrix}1&1&1\\0&0&1\\0&0&0\end{bmatrix}\end{aligned}$$

即

$r(R)=\{<a,a>,<a,b>,<b,c>,<b,b>,<c,c>\}$

$s(R)=\{<a,a>,<a,b>,<b,a>,<b,c>,<c,b>\}$

$t(R)=\{<a,a>,<a,b>,<b,c>,<a,c>\}$

以后可以从关系图或关系矩阵来构造关系 R 的闭包。

例 3.51 $A=\{a,b,c,d\}$,$R=\{<a,b>,<a,c>,<b,c>,<b,d>\}$,$S=\{<a,b>,<b,c>,<c,d>\}$,求 $t(R)$和 $t(S)$。

解:$R^{(2)}=\{<a,c>,<a,d>\}$,$R^{(3)}=R^{(4)}=\varnothing$,

所以 $t(R)=R\cup\{<a,d>\}$

$S^{(2)}=\{<a,c>,<b,d>\}$,$S^{(3)}=\{<a,d>\}$,$S^{(4)}=\varnothing$,

所以 $t(S)=S\cup\{<a,c>,<b,d>,<a,d>\}$

例 3.52 设 $A=\{a,b,c,d\}$,$R=\{<a,b>,<b,a>,<b,c>,<c,d>,<d,b>\}$,求 $r(R)$、$s(R)$和 $t(R)$。

解:$r(R)=\{<a,b>,<b,a>,<b,c>,<c,d>,<d,b>,<a,a>,<b,b>,<c,c>,<d,d>\}$

$s(R)=\{<a,b>,<b,a>,<b,c>,<c,d>,<d,b>,<c,b>,<d,c>,<b,d>\}$

$t(R)=\{<a,b>,<b,a>,<b,c>,<c,d>,<d,b>,<a,a>,<a,c>,<a,d>,<b,b>,<b,d>,<c,b>,<c,c>,<c,a>,<d,a>,<d,c>,<d,d>\}$

3.8 等价关系

3.8.1 等价关系的定义

定义 3.17 设 R 为非空集合 A 上的二元关系。如果 R 是自反的、对称的和传递的,则称 R 为 A 上的**等价关系**。设 R 是一个等价关系,若$<x,y>\in R$,称 x 等价于 y,记作 $x\equiv y$。

例 3.53 设有集合 $A=\{1,2,3,4,5,6,7,8\}$上的二元关系 $R=\{<x,y>|x,y\in A\land x\equiv y(\text{mod }3)\}$,其中 $x\equiv y(\text{mod }3)$叫做 x 与 y 模 3 相等,即 x 除以 3 的余数与 y 除以 3 的余数相等。所以,该关系也可以称为集合 A 上以 3 为模的同余关系或者模 3 的等价关系。

不难验证 R 为 A 上的等价关系,因为

(1) $\forall x\in A$,有 $x\equiv x(\text{mod }3)$。

(2) $\forall x,y\in A$,若 $x\equiv y(\text{mod }3)$,则有 $y\equiv x(\text{mod }3)$。

(3) $\forall x,y,z\in A$,若 $x\equiv y(\text{mod }3)$,则有 $y\equiv z(\text{mod }3)$,$x\equiv z(\text{mod }3)$。

该例表明,可以从关系是否同时满足自反性、对称性和传递性来证明一个关系是否为等价关系。

为了更深入地了解等价关系的性质,下面给出了含有 1~3 个元素的集合上的所有可能的等价关系的关系图,如图 3.16 所示。

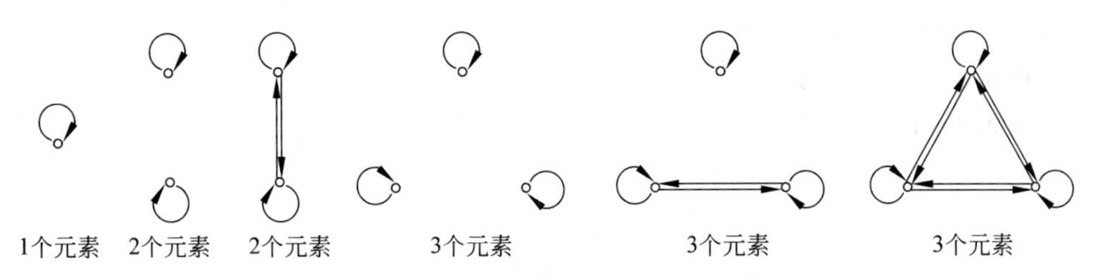

图 3.16 1～3 个元素的所有等价关系

3.8.2 等价类与商集

从图 3.16 可以看出,每个等价关系构成的关系图中,都有若干个互不连通的子部分,每个部分的所有元素都有环,且彼此直接连通。再重点考察例 3.53,给出关系图如图 3.17。图里集合 A 的 8 个元素被分割成了 3 个互不连通的部分,每个部分中的元素(数)也都有环,元素两两连通。有些读者可能认为这是巧合。后面会看到,这不是巧合,所有的等价关系都具有这样的性质。

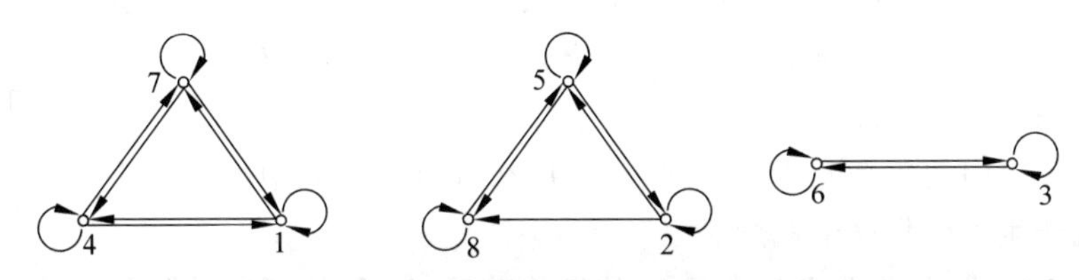

图 3.17 例 3.53 的关系图

定义 3.18 R 为非空集合 A 上的等价关系,$\forall x \in A$,令$[x]_R=\{y \mid y \in A \wedge xRy\}$。称$[x]_R$ 为 x 关于 R 的等价类,简称为 x 的等价类。简记作$[x]$或 x。

从以上定义可以看到,等价类$[x]_R$ 实际上是一个集合,而这个集合$[x]_R$ 是集合 A 中与 x 等价的元素所构成的集合。

根据定义,例 3.53 中的等价类是

$[1]_R=[4]_R=[7]_R=\{1,4,7\}$

$[2]_R=[5]_R=[8]_R=\{2,5,8\}$

$[3]_R=[6]_R=\{3,6\}$

不难看出,$[x]_R$ 就是与 x 等价的所有 A 中元素的集合。

从该例中的模 3 等价关系出发,不难推广到整数集合 $\mathbf{Z}$ 上的模 n 等价关系,即

$$\forall x,y \in \mathbf{Z}, \quad x \sim y \Leftrightarrow x \equiv y \pmod n$$

可以根据任何整数除以 n (n 为正整数)所得余数将它们分类:

余数为 0 的数,其形式为 $nz, z \in \mathbf{Z}$,

余数为 1 的数,其形式为 $nz+1, z \in \mathbf{Z}$,

……

余数为 $n-1$ 的数,其形式为 $nz+n-1, z \in \mathbf{Z}$。

以上构成了 n 个等价类。使用等价类的符号可记为

$[i]_R=\{nz+i \mid i\in\mathbf{Z}\},i=0,1,\cdots,n-1$

不难证明等价类具有以下性质。

定理 3.9 设 R 为非空集合 A 上的等价关系，则

(1) $\forall x\in A,[x]_R$ 是 A 的非空子集。

(2) $\forall x,y\in A$，如果 xRy，则$[x]_R$ 与$[y]_R$ 相等。

(3) $\forall x,y\in A$，如果 $x\not R y$，则$[x]_R$ 与$[y]_R$ 的交集为空。

(4) 所有等价类的并集就是 A。

一般情况下，一个有限集合 A 上定义的等价关系 R 总可以通过有限次对 A 中元素两两比较而做出它的等价类来。首先，任取一个 A 中元素 $a\in A$，将它放入一个空集$\{\ \}$中，产生集合$\{a\}$。其次，在剩下的元素中再取一个元素 b，即 $b\in A-\{a\}$，然后比较 b 和 a，看是否满足 bRa，若是，则将 b 加入到$\{a\}$中去，否则由 b 生成新子集$\{b\}$。以后的每一步都从尚未放入任何子集的元素中任取一个元素，或者归入某个子集，或者生成一个新子集$\{c\}$。由于集合 A 中元素的个数是有限的，所以最终会得到若干个非空子集，而这些就是由等价关系 R 诱导的所有等价类。而且等价类中的元素相互有关系，两两等价，都可以代表整个集合，是该等价类的代表元素。也就是说，等价类中的每个元素都可以作为该等价类的代表元素。例 3.53 中的等价类有 3 个：$\{1,4,7\},\{2,5,8\},\{3,6\}$，它们的并集就是$\{1,2,\cdots,8\}=A$。

既然等价类中的每个元素都是代表元，那么可否用它们中的任一个来表示整个等价类呢？这就产生了商集这个概念。

定义 3.19 设 R 为非空集合 A 上的等价关系，以 R 的所有等价类作为元素的集合称为 A 关于 R 的**商集**，记作 A/R。即

$$A/R=\{[x]_R \mid x\in A\}$$

例如，例 3.53 中的商集$\{[1]_R,[2]_R,[3]_R\}$就是$\{\{1,4,7\},\{2,5,8\},\{3,6\}\}$，而整数集 $\mathbf{Z}$ 上模 n 等价关系的商集为$\{\{nk+i \mid k\in\mathbf{Z}\} \mid i=0,1,\cdots,n-1\}$。

通过这个例子，可以看到商集是集合构成的集合，它的元素都是集合 A 的非空子集。

3.8.3 集合的划分

再来看看引入集合后，等价关系 R 对集合 A 产生的影响。对例 3.53 中集合 A 和等价类用图的方式进行描述，见图 3.18。这里可以看到，根据上述等价类的定理可知，3 个等价类$\{1,4,7\},\{2,5,8\}$和$\{3,6\}$彼此交集为空集，并集为 A，这像是对集合 A 切了几刀而得到的不同部分。从这个意义讲，由等价关系诱导等价类也可以从另一角度来认识。这涉及一个新的概念"划分"，下面给出划分的定义。

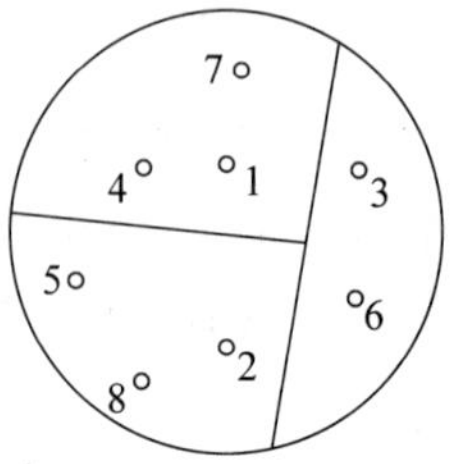

图 3.18 例 3.53 的集合与等价类

定义 3.20 设 A 为非空集合，若 π 是由 A 的若干个子集构成的集合，即 $\pi=\{\pi_i \mid \pi_i\subseteq A\}$，且满足：

(1) $\varnothing\notin\pi$。

(2) π 中任何两个子集都互不相交，或称交集为空。

(3) π 中所有子集的并集就是 A。

则称 π 为 A 的一个**划分**，称 π 中元素为 A 的**划分块**。

例 3.54 设 $A=\{a,b,c,d\}$，有集合 $\pi_1=\{\{a,b,c\},\{d\}\}$，$\pi_2=\{\{a,b\},\{c\},\{d\}\}$，$\pi_3=\{\{a\},\{a,b,c,d\}\}$，$\pi_4=\{\{a,b\},\{c\}\}$，$\pi_5=\{\varnothing,\{a,b\},\{c,d\}\}$，$\pi_6=\{\{a,\{a\}\},\{b,c,d\}\}$，请指出其中哪些是 A 的划分，哪些不是。

解：π_1 和 π_2 是 A 的划分，其他都不是 A 的划分。因为 π_3 中的子集 $\{a\}$ 和 $\{a,b,c,d\}$ 相交，π_4 的子集之并是 $\{a,b,c\}\neq A$，π_5 中含有 $\varnothing$，π_6 不是 A 的划分。

3.8.4 等价关系与划分

把商集 A/R 和划分的定义相比较，易见商集就是 A 的一个划分，并且不同的商集对应于不同的划分。反之，任给 A 的一个划分 π，如下定义 A 上的关系 R：

$$R=\{<x,y>\mid x,y\in A\wedge x \text{ 与 } y \text{ 在 } \pi \text{ 的同一划分块中}\}$$

则不难证明 R 为 A 上的等价关系，且该等价关系的商集就是 π。这里不再给出详细的证明。

由此可见，A 上的等价关系与 A 的划分是一一对应的，等价关系导出的商集就是一个划分。既然 A 上的等价关系与 A 的划分是一一对应的，我们已经掌握了从等价关系 R 得出等价类，所有不同等价类构成商集，就形成了一个划分。那么，如何从一个划分导出等价关系呢？

下面就给出划分到等价关系的途径：给定集合 A 上的一个划分 π，任取它的一个元素 π_i，π_i 是 A 的一个子集，对这个子集 π_i 做笛卡儿积 $\pi_i\times\pi_i$，所有 π_i 形成的笛卡儿积的并集形成 A 上的一个关系 R：

$$R=\pi_1\times\pi_1\cup\pi_2\times\pi_2\cup\cdots\cup\pi_n\times\pi_n$$

不难验证，R 是等价关系。读者可以自行验证。

例如，如果 $A=\{1,2,3,4,5,6,7,8\}$，有一个划分 $\{\{1,4,7\},\{2,5,8\},\{3,6\}\}$，求等价关系 R，就得到：

$$\begin{aligned}R&=\{1,4,7\}\times\{1,4,7\}\cup\{2,5,8\}\times\{2,5,8\}\cup\{3,6\}\times\{3,6\}\\&=\{<1,1>,<4,4>,<7,7>,<1,4>,<4,1>,<1,7>,<7,1>,<4,7>,\\&\quad<7,4>\}\cup\{<2,2>,<5,5>,<8,8>,<2,5>,<5,2>,<2,8>,<8,\\&\quad 2>,<5,8>,<8,5>\}\cup\{<3,3>,<6,6>,<3,6>,<6,3>\}\\&=\{<x,y>\mid x,y\in A\wedge x\equiv y(\bmod 3)\}\end{aligned}$$

，这就是例 3.53 中定义的模 3 同余关系。

上面给出的是求集合上的一个等价关系的方法，下面看另外一个例子。该例子通过求集合的所有划分来给出集合上的所有等价关系。

例 3.55 给出 $A=\{1,2,3\}$ 上所有的等价关系。

解：由等价关系和划分的关系，可以先求出 A 的所有划分，再做它们所对应的等价关系，就可以写出 A 上的所有等价关系。

A 上有以下划分：

$\pi_1=\{\{1\},\{2\},\{3\}\}$

$\pi_2=\{\{1\},\{2,3\}\}$

$\pi_3=\{\{1,3\},\{2\}\}$

$\pi_4=\{\{1,2\},\{3\}\}$

$\pi_5=\{\{1,2,3\}\}$

对应的等价关系就是

$R_1=\{<1,1>,<2,2>,<3,3>\}$

$R_2=\{<1,1>,<2,2>,<3,3>,<2,3>,<3,2>\}$

$R_3=\{<1,1>,<3,3>,<1,3>,<3,1>,<2,2>\}$

$R_4=\{<1,1>,<2,2>,<1,2>,<2,1>,<3,3>\}$

$R_5=\{<1,1>,<2,2>,<3,3>,<1,2>,<2,1>,<1,3>,<3,1>,<2,3>,<3,2>\}$

A 上所有等价关系就是 R_1、R_2、R_3、R_4 和 R_5。

3.9 偏序关系

在一个集合上，常常要考虑元素的次序关系，其中很重要的一类关系称为偏序关系。

3.9.1 偏序关系的定义

定义 3.21 设 R 为非空集合 A 上的关系。如果 R 是自反的、反对称的和传递的，则称 R 为 A 上的**偏序关系**，记作$\leqslant$。设$\leqslant$是偏序关系，如果$<x,y>\in\leqslant$，则记作 $x\leqslant y$，读作 x 小于等于 y。集合 A 和 A 上的偏序关系$\leqslant$一起叫做**偏序集**，记作$<A,\leqslant>$。

由偏序关系的定义和逆关系的定义可知，若 R 是 A 上的偏序，则 R^C 也是 A 上的偏序。若用$\leqslant$表示 R，则可以用$\geqslant$表示 R^C；$<A,\leqslant>$和$<A,\geqslant>$都是偏序集，并且互为对偶。注意，这里的“小于等于”不是表示数的大小关系，而是指在偏序关系中的顺序性，表示将 a 排在 b 的前边或者 a 与 b 相同。根据不同偏序的定义，对序有着不同的解释，如包含关系是偏序关系$\leqslant$，$A\leqslant B$(一般写成 $A\subseteq B$)是指 A 包含于 B；整除关系是偏序关系$\leqslant$，$3\leqslant 6$(通常记为 $3|6$)是指 3 整除 6 等。大于等于关系也是偏序关系$\leqslant$，针对这个关系写 $5\leqslant 3$ 是说在大于等于关系中 5 比 3 大，也就是 5 排在 3 的前边。

3.9.2 偏序关系的哈斯图

在画偏序关系的关系图时，可以利用偏序关系的性质简化关系图，得到偏序特有的哈斯图(Hasse 图)。首先，因为偏序关系是自反的，所以偏序关系的关系图中每个元素都有一个环，既然每个元素都有环，就可以将哈斯图中这些环都去掉。其次，偏序关系都是反对称的，故只有单向弧，如果约定有向弧的箭头一律朝上，那么可以省略表示方向的箭头。所以，在哈斯图中省略了图箭头的方向，用无向线段连接。此外，由于偏序关系是传递的，因此把通过传递性可以建立关系的元素之间的连线去掉，从而大大简化关系图。这些就是哈斯图与一般偏序关系的关系图的差异。下面以偏序关系$<\{2,3,6,8,12,16,$

24,32},整除关系>为例,画出它的关系图(见图 3.19)和哈斯图(见图 3.20),请观察它们的差异。

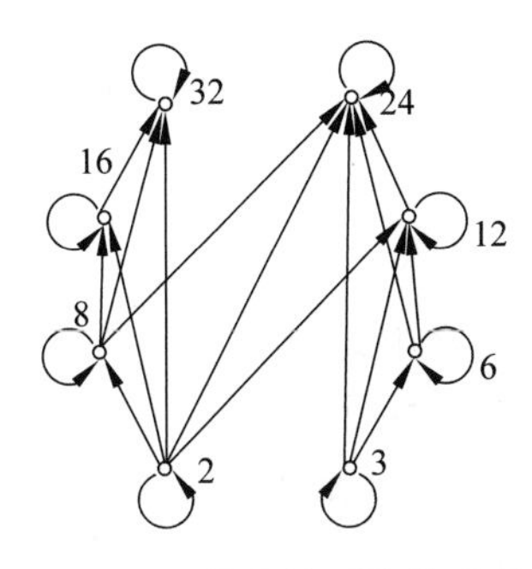

图 3.19 偏序关系的关系图

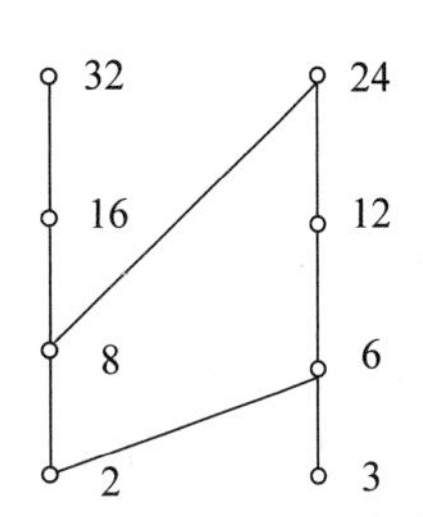

图 3.20 偏序关系的哈斯图

从图 3.19 和 3.20 可以看到,当偏序集中的序偶较多时,关系图比较复杂,且不易分辨,而哈斯图可以大大简化关系图,更好地描述偏序关系。为了对哈斯图的画法进行描述,首先定义偏序集中元素的覆盖关系。

定义 3.22 设$<A,\leqslant>$为偏序集,$\forall x,y\in A$,如果 $x\leqslant y$ 且 $x\neq y$,且不存在 $z\in A$ 使得 $x\leqslant z\leqslant y$,则称 y 覆盖 x。

例如,{1,2,3,6}集合上的整除关系有:2 覆盖 1,3 覆盖 1,6 覆盖 2 和 3,但 6 不覆盖 1,因为 $1\leqslant 2\leqslant 6$,$1\leqslant 3\leqslant 6$。

偏序集$<A,\leqslant>$的哈斯图的作图规则如下:

(1) 用小圆圈代表元素。

(2) 如果 $x\leqslant y$ 且 $x\neq y$,则将代表 y 的小圆圈画在代表 x 的小圆圈之上。

(3) 如果 y 覆盖 x,则在 x 与 y 之间用直线连接。

可以先画出偏序关系,再去掉每个结点的环。适当排列结点的顺序,使得 $\forall x,y\in A$,若 $x\leqslant y$,则将 x 画在 y 的下方。如何连接 A 的结点呢?对于 A 中的两个不同元素 x、y,如果 y 覆盖 x,就在图中连接 x 和 y。这样就得到偏序集$<A,\leqslant>$的哈斯图。

例 3.56 画出偏序集$<\{1,2,3,4,5,6,7,8,9\},R_{整除}>$和$<P(\{a,b,c\}),R_{\subseteq}>$的哈斯图。

解:$<\{1,2,3,4,5,6,7,8,9\},R_{整除}>$的哈斯图见图 3.21,$<P(\{a,b,c\}),R_{\subseteq}>$的哈斯图见图 3.22。

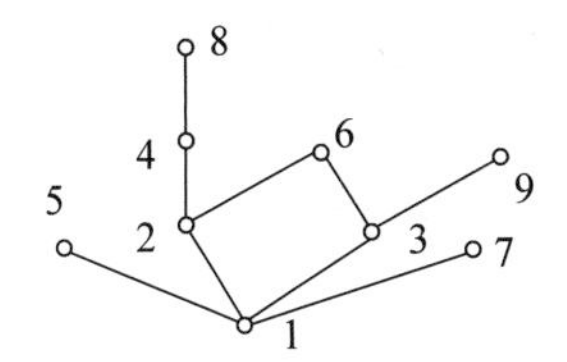

图 3.21 整除关系的哈斯图

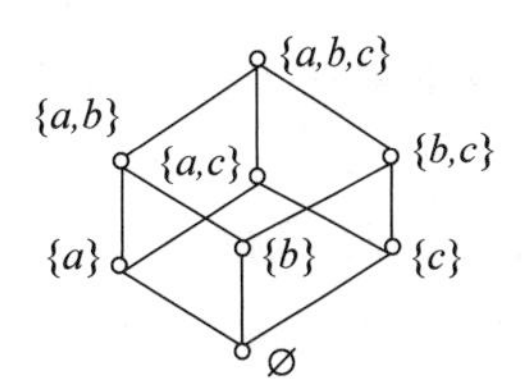

图 3.22 包含关系的哈斯图

3.9.3 偏序集中的特殊元素

下面考虑偏序集中的一些特殊元素。

定义 3.23 设$\langle A,\leqslant\rangle$为偏序集，$B\subseteq A$，$y\in B$。

(1) 若$\forall x(x\in B\rightarrow y\leqslant x)$成立，则称 y 为 B 的**最小元**。

(2) 若$\forall x(x\in B\rightarrow x\leqslant y)$成立，则称 y 为 B 的**最大元**。

(3) 若$\exists x(x\in B\wedge x\leqslant y\rightarrow x=y)$成立，则称 y 为 B 的**极小元**。

(4) 若$\exists x(x\in B\wedge y\leqslant x\rightarrow x=y)$成立，则称 y 为 B 的**极大元**。

从以上定义可以看出最小元和极小元是不一样的。最小元是 B 中最小的元素，它与 B 中其他元素都可比；而极小元不一定与 B 中元素都可比，只要没有比它小的元素，它就是极小元。对于有限集 B，极小元一定存在，但最小元不一定存在。最小元如果存在，一定是唯一的，但极小元可能有多个。如果 B 中只有一个极小元，则它一定是 B 的最小元。类似地，极大元与最大元也有这种区别。

例 3.57 对给定集合 $A=\{0,1,a,b,c,d\}$上的偏序集，其对应哈斯图如图 3.23 所示，求集合 $B=\{a,b,c\}$的极大元、最大元、极小元和最小元。

解：由图 3.23，根据定义可知，B 的极大元有 c，最大元有 c，极小元有 a 和 b，没有最小元。

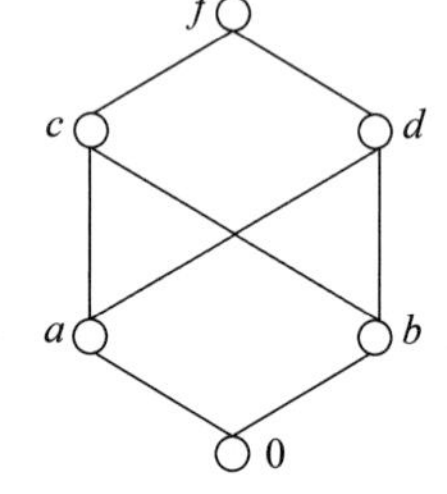

图 3.23 例 3.57 的哈斯图

定义 3.24 设$\langle A,\leqslant\rangle$为偏序集，$B\subseteq A$，$y\in A$。

(1) 若$\forall x(x\in B\rightarrow x\leqslant y)$成立，则称 y 为 B 的**上界**。

(2) 若$\forall x(x\in B\rightarrow y\leqslant x)$成立，则称 y 为 B 的**下界**。

(3) 令 $C=\{y\mid y$ 为 B 的上界$\}$，则称 C 的最小元为 B 的**最小上界**或**上确界**。

(4) 令 $D=\{y\mid y$ 为 B 的下界$\}$，则称 D 的最大元为 B 的**最大下界**或**下确界**。

由以上定义可知，B 的最小元一定是 B 的下界，同时也是 B 的最大下界；同样地，B 的最大元一定是 B 的上界，同时也是 B 的最小上界。但反之则不然，B 的下界可能不是 B 中的元素，B 的上界也可能不是 B 中的元素。

B 的上界，下界，最小上界，最大下界都可能不存在。如果存在，最小上界和最大下界是唯一的。

例 3.58 对例 3.56 中的偏序集$\langle\{1,2,3,4,5,6,7,8,9\},R_{整除}\rangle$，参照其哈斯图(见图 3.21)，求集合 $B=\{2,4,9\}$的极大元、最大元、极小元、最小元、上界、上确界、下界和下确界。

解：从图 3.21 可得，B 的极大元有 4 和 9，无最大元，极小元有 2 和 9，无最小元，无上界，无上确界，下界为 1，下确界为 1。

3.9.4 全序与良序

如果$\leqslant$是偏序关系，而且元素 a 和 b 之间的关系为 $a\leqslant b$，或 $b\leqslant a$，则说 a 和 b 是可比

的。但偏序集中的元素不一定是都可比的,例如$<\{1,2,3,4,5,6,7,8,9\},R_{整除}>$中的元素5和9之间就不可比。这样,在具有偏序关系的集合A中,任取两个元素$x,y\in A$,则有下述几种情况可能发生:$x\leqslant y$(或$y\leqslant x$),$x=y$,x与y不是可比的。

例如$A=\{1,2,3\}$,$\leqslant$是A上的整除关系,则有

$1<2,1<3$

$1=1,2=2,3=3$

2与3不可比

定义3.25 设R为非空集合A上的偏序关系,如果$\forall x,y\in A$,x与y都是可比的,则称R为A上的**全序关系**,这时$<A,\leqslant>$称为**全序集**或**线序集**或**链**。

例如,数集上的小于等于关系是全序关系,因为任何两个数总是可比大小的。但整除关系一般说来不是全序关系,如上例中的整除关系就不是,这是因为2和3不可比。

定义3.26 设$<A,\leqslant>$为全序集,若A的任意非空子集都有最小元,则称$\leqslant$为A上的**良序关系**,称$<A,\leqslant>$为**良序集**。

可以证明$<\mathbf{N},\leqslant>$是良序集。

本章小结

本章介绍了集合的基本概念:空集、全集、子集和幂集等,用列举法和描述法表示集合,并阐述了元素与集合、集合与集合之间的关系。还定义了集合的基本运算:并、交、补、差和对称差,讲述了两个集合相等的两种判断方法:可以证明两个集合相互包含,也可以直接用恒等式证明。集合可以方便地表示一系列无序的事物,对于有序事物可以用序偶描述。在此基础上引入了笛卡儿积,关系作为笛卡儿积的子集出现了。描述了关系的表示方法、关系的运算和关系的特殊性质:自反、反自反、对称、反对称和传递,还给出了这些特殊的关系在关系矩阵和关系图中的特点。为了使一般的关系也构造成具有自反或对称或传递性质的关系,本章提出了关系的闭包的定义及其构造方法。如果一个关系具有自反性、对称性和传递性,称它为等价关系;如果具有自反性、反对称性和传递性,称它为偏序关系。等价关系和偏序关系是重点考察的两种特殊的关系。对于偏序关系,要求画出哈斯图,并讨论偏序集的特殊元素。

习题

一、选择题

1. 设A、B是集合

(1) 如果$A=\{1\}$,$B=\{1,\{1,2\}\}$,则________。

(2) 如果$A=\varnothing$,$B=\{\varnothing\}$,则________。

(3) 如果$A=\{a\}$,$B=\{\varnothing,a,\{\varnothing\}\}$,则________。

(4) 如果 $A=\{\varnothing\}$, $B=\{\varnothing,\{\varnothing\}\}$，则________。

A. $A\in B$ 且 $A\subseteq B$　　B. $A\in B$ 但 $A\not\subseteq B$

C. $A\notin B$ 但 $A\subseteq B$　　D. $A\notin B$ 且 $A\not\subseteq B$

2. 设 I 为整数集合，$A=\{x\mid x^2<30, x\in \mathbf{I}\}$，$B=\{x\mid x$ 是素数，$x<20\}$，$C=\{1,3,5\}$。

(1) $(A\cap B)\cup C=$________

(2) $(B-A)\cup C=$________

(3) $(C-A)\cap(B-A)=$________

(4) $(B\cap C)-A=$________

A. $\{1,2,3,5\}$　　B. $\varnothing$

C. $\{0\}$　　D. $\{1,3,5,7,11,13,17,19\}$

E. $\{1,3,5,7\}$　　F. $\{7,11,13,17,19\}$

3. 设全集 $U=\{1,2,3,\cdots,20\}$，A、B、C 是其子集，且 $A=\{x\mid \mathrm{sqrt}(x)<4\}$，$B=\{x\mid x^2-6x-7=0\}$，$C=\{x\mid x^2<100\}$。

(1) $(A-B)\cap\sim C=$________

(2) $\sim A\cap\sim B\cap\sim C=$________

(3) $(A\cap\sim B)-\sim C=$________

A. $\{16,17,18,19,20\}$　　B. $\{1,2,3,4,5,6\}$

C. $\{10,11,12,13,14,15\}$　　D. $\{1,2,3,4,5,6,7\}$

E. $\{7,10,11,12,13,14,15\}$　　F. $\{1,2,3,4,5,6,8,9\}$

4. 设集合 $A=\{x\mid \mathrm{sqrt}(x)<3, x\in \mathrm{I}\}$，$B=\{x\mid x=2k, k\in \mathrm{I}\}$，$C=\{1,2,3,4,5\}$。

(1) $A\oplus C=$________

(2) $(A\oplus B)\cap C=$________

(3) $B\oplus B=$________

(4) $A\oplus(C-B)=$________

A. $\{1,3,5\}$　　B. $\{2,4,6\}$

C. $\{0,6,7,8\}$　　D. $\{0,2,4,6,7,8\}$

E. $\varnothing$　　F. $\{6,7,8\}$

5. 确定以下各式。

(1) $\varnothing\cap\{\varnothing\}=$________

(2) $\{\varnothing,\{\varnothing\}\}-\varnothing=$________

(3) $\{\varnothing,\{\varnothing\}\}-\{\varnothing\}=$________

A. $\varnothing$　　B. $\{\varnothing\}$　　C. $\{\varnothing,\{\varnothing\}\}$　　D. $\{\{\varnothing\}\}$

6. 设集合 $A=\{a,b,c\}$，R 是 A 上的二元关系，$R=\{(a,a),(a,b),(a,c),(c,a)\}$，那么 R 是________。

A. 自反的　　B. 反自反的　　C. 对称的　　D. 反对称的

E. 可传递的　　F. 不可传递的

7. 设集合 A 仅含有 3 个元素，那么

(1) 在 A 上可以定义________种不同的二元关系。

(2) 在 A 上可以定义________种不同的自反关系。

(3) 在 A 上可以定义________种不同的反自反关系。

(4) 在 A 上可以定义________种不同的对称关系。

(5) 在 A 上可以定义________种不同的反对称关系。

A. 64　　B. 512　　C. 81　　D. 216

E. 72　　F. 128　　G. 256　　H. 1024

8. 如果 R_1 和 R_2 是 A 上的对称关系，则下列观点中________是正确的。

(1) $R_1 \cup R_2$ 是对称的。

(2) $R_1 \cap R_2$ 是对称的。

(3) $R_1 \circ R_2$ 是对称的。

A. (1)和(2)　　B. (2)和(3)　　C. (1)和(3)　　D. 只有(1)

E. 只有(2)　　F. 只有(3)

9. 如果 R_1 和 R_2 是 A 上的反对称关系，则下列观点中________是正确的。

(1) $R_1 \cup R_2$ 是反对称的。

(2) $R_1 \cap R_2$ 是反对称的。

(3) $R_1 \circ R_2$ 是反对称的。

A. (1)和(2)　　B. (2)和(3)　　C. (3)和(1)　　D. (1)，(2)和(3)

E. 只有(1)　　F. 只有(2)　　G. 只有(3)

10. 如果 R_1 和 R_2 是 A 上的传递关系，则下列观点中________是正确的。

(1) $R_1 \cup R_2$ 是传递关系。

(2) $R_1 \cap R_2$ 是传递关系。

(3) $R_1 \circ R_2$ 是传递关系。

(4) R_1^2 是传递关系。

A. (2)和(4)　　B. 只有(2)

C. (2)和(3)　　D. (2)，(3)和(4)

E. (1)和(2)　　F. 只有(3)

G. (1)，(2)，(3)和(4)　　H. 只有(4)

11. 集合 $A=\{a,b,c,d,e,f,g\}$，A 上的一个划分 $\pi=\{\{a,b\},\{c,d,e\},\{f,g\}\}$，那么 π 所对应的等价关系 R 应有________个有序对。

A. 15　　B. 16　　C. 17　　D. 18

E. 14　　F. 49　　G. 512

12. $A=\{2,3,4,5,6,8,10,12,24\}$，$R$ 是 A 上的整除关系，那么 A 的极大元是________，极小元是________。

A. 2 和 3　　B. 2，3 和 5　　C. 10 和 24　　D. 10，12，24

E. 24　　F. 1　　G. 5，24

13. $A=\{1,2,3,4,5,6,7,8,9,10,11,12\}$,$R$ 是 A 上的整除关系,子集 $B=\{2,4,6\}$,那么 B 的最大元是________,最小元是________,上界是________,下界是________。

A. 6　　B. 2　　C. 不存在　　D. 12,10
E. 8,12　　F. 12　　G. 1,2　　H. 1,2,3

14. $A=\{1,2,3,4,5,6,8,10,24,36\}$,$R$ 是 A 上的整除关系,子集 $B=\{1,2,3,4\}$,那么 B 的上界是________,下界是________,上确界是________,下确界是________。

A. 不存在　　B. 36　　C. 24　　D. 24 和 36
E. 1　　F. 1 和 2　　G. 10,24,36　　H. 6

15. R 是 A 上的二元关系,则下列观点中________是正确的。

(1) 当 R 是自反关系时,R 的传递闭包也是自反关系。

(2) 当 R 是反自反关系时,R 的传递闭包也是反自反关系。

A. (1)和(2)　　B. 只有(1)　　C. 只有(2)　　D. 都不

16. R 是 A 上的二元关系,则下列观点中________是正确的。

(1) 当 R 是对称关系时,R 的传递闭包也是对称关系。

(2) 当 R 是反对称关系时,R 的传递闭包也是反对称关系。

A. (1)和(2)　　B. 只有(1)　　C. 只有(2)　　D. 都不

二、解答或证明

1. 判断下列集合是否相等。

(1) 单词 spears 包含的字母所组成的集合

(2) 单词 spare 包含的字母组成的集合

(3) 单词 appears 包含的字母组成的集合

2. 判断以下命题是否为真。

(1) $a\in\{\{a\}\}$

(2) $\varnothing\subseteq\varnothing$

(3) $\varnothing\in\varnothing$

(4) $\varnothing\subseteq\{\varnothing\}$

(5) $\varnothing\in\{\varnothing\}$

(6) 世界上不是联合国成员国的国家或地区所组成的集合是空集

3. 用列举法表示下列集合。

(1) 小于 20 的素数集合

(2) $\{x\mid x$ 是正整数$,x^2<50\}$

(3) $\{x\mid x^2-5x+6=0\}$

(4) $\{x\mid x$ 是正整数$,x+1=3\}$

4. 用描述法表示下列集合。

(1) $\{1,3,5,7,\cdots,99\}$

(2) $\{5,10,15,\cdots,100\}$

(3) $\{1,4,9,16,25\}$

5. 给定正整数集合 $\mathbf{I}_+$ 的子集：

$A=\{x|x<12\}$

$B=\{x|x\leqslant 8\}$

$C=\{x|x=2k,k\in \mathbf{I}_+\}$

$D=\{x|x=3k,k\in \mathbf{I}_+\}$

试用 A、B、C、D 表示下列集合：

(1) $\{2,4,6,8\}$

(2) $\{1,3,5,7\}$

(3) $\{3,6,9\}$

(4) $\{10\}$

(5) $\{x|x$ 是大于 12 的奇数$\}$

6. 设 A、B、C 是集合，确定下列命题是否正确，说明理由。

(1) 如果 $A\in B$ 与 $B\subseteq C$，则 $A\subseteq C$

(2) 如果 $A\in B$ 与 $B\subseteq C$，则 $A\in C$

(3) 如果 $A\notin B$ 且 $B\notin C$，则 $A\notin C$

(4) 如果 $A\in B$ 且 $B\notin C$，则 $A\notin C$

(5) 如果 $A\subseteq B$ 与 $B\in C$，则 $A\in C$

(6) 如果 $A\subseteq B$ 与 $B\in C$，则 $A\subseteq C$

(7) 如果 $A\subseteq B$ 且 $B\notin C$，则 $A\notin C$

7. 判断以下命题是否为真。

(1) $\{x\}\subseteq\{x\}-\{\{x\}\}$

(2) $A-B=A\Leftrightarrow B=\varnothing$

(3) $A\oplus A=A$

(4) $A-(B\cup C)=(A-B)\cap(A-C)$

(5) 如果 $A\cap B=B$，则 $A=E$

8. 设 $\mathbf{I}_+$ 是所有正整数组成的集合，A、B、C 是 $\mathbf{I}_+$ 的子集，且

$A=\{i|i^2<50\}$

$B=\{i|i$ 能整除 $30\}$

$C=\{1,3,5,7\}$

求下列集合：

(1) $A\cup C$

(2) $A\cup(B\cap C)$

(3) $C-(A\cap B)$

(4) $(B\cap C)-(A\cup B)$

(5) $B\cap\sim C$

(6) $A\oplus C$

9. 设 A、B 是任意集合，将 $A\cup B$ 表示为不相交集合的并。

10. 设集合 $A\neq\varnothing$，如果 $A\cup B=A\cup C$，且 $A\cap B=A\cap C$，证明 $B=C$。

11. 设 A、B、C 是集合，求下列各式成立的充分必要条件。

(1) $(A-B)\cup(A-C)=A$

(2) $(A-B)\cup(A-C)=\varnothing$

(3) $(A-B)\cap(A-C)=\varnothing$

12. 如果 $A\oplus B=\varnothing$，证明 $A=B$。

13. 证明下列各等式：

(1) $A\cap(B-A)=\varnothing$

(2) $A\cup(B-A)=A\cup B$

(3) $A-(B\cup C)=(A-B)\cap(A-C)$

(4) $A\cup(\sim A\cap B)=A\cup B$

(5) $A\cap(\sim A\cup B)=A\cap B$

14. 如果 $A\oplus B=A\oplus C$，证明 $B=C$。

15. 设集合 $A=\{a,b\}$，$B=\{x,y\}$，求笛卡儿积 $A\times B$、$B\times A$、$A\times A$ 和 $B\times B$。

16. 设集合 $A=\{1,2,3\}$，$B=\{1,3,5\}$，$C=\{a,b\}$，求$(A\cap B)\times C$ 和 $(A\times C)\cap(B\times C)$。

17. 证明$(A\cap B)\times C=(A\times C)\cap(B\times C)$。

18. 证明$(A\cup B)\times C=(A\times C)\cup(B\times C)$。

19. 设集合 $A=\{1,2\}$，求 $A\times P(A)$。

20. 求下列集合的幂集。

(1) $\{a,b,c,d\}$

(2) $\{a,b,\{a,b\}\}$

(3) $\varnothing$

(4) $\{\varnothing\}$

(5) $\{\varnothing,\{\varnothing\}\}$

21. 设 $A=B=\{1,2,3\}$，用关系图和关系矩阵描述空关系、全关系和恒等关系。

22. 设 $A=\{a,b\}$，$B=\{x,y\}$，列出所有从 A 到 B 的二元关系。

23. 在一个有 n 个元素的集合上，可以有多少种不同的二元关系？

24. 设 $A=\{1,2,3,4,5\}$，R 是 A 上的二元关系，当 $x,y\in A$ 且 x 和 y 都是素数时，$\langle x,y\rangle\in R$，求 R。

25. 设 $A=\{1,2,3\}$，$B=\{2+\mathrm{i},4+3\mathrm{i},5+4\mathrm{i},2+7\mathrm{i}\}$，如果 A 中元素恰好是 B 中元素的实部，则认为它们是相关的，求相应的二元关系 R。

26. 设 $A=\{1,2,3,4,5,6,7,8,9,\}$，R 是 A 上的模 40 同余关系，即当 $a,b\in A$ 且 a 和 b 被 4 除后余数相同时，则$\langle a,b\rangle\in R$，求 R。

27. 设 $A=\{1,2,3,4,6,8\}$，R 是 A 上的整除关系，S 是 A 上的小于等于关系，求 $R\cup S$ 和 $R\cap S$。

28. 设集合 $A=\{a,b,c,d\}$，$B=\{1,2,3\}$，R 是 A 到 B 的二元关系，$R=\{\langle a,1\rangle,\langle a,2\rangle,\langle b,2\rangle,\langle c,3\rangle,\langle d,1\rangle,\langle d,3\rangle\}$，给出 R 的关系矩阵和关系图。

29. 设集合 $A=\{a,b,c,d,e\}$，R 是 A 上的二元关系，$R=\{\langle a,a\rangle,\langle b,b\rangle,\langle c,$

$c\rangle$,$\langle d,d\rangle$,$\langle e,e\rangle$,$\langle a,b\rangle$,$\langle b,a\rangle$,$\langle c,d\rangle$,$\langle d,e\rangle$,$\langle c,e\rangle$,$\langle d,c\rangle$,$\langle e,c\rangle\}$,给出 R 的关系矩阵和关系图。

30. 设集合 $A=\{1,2,3,4,6,8\}$,R 是 A 上的小于关系,给出 R 的关系矩阵和关系图。
31. 设集合 $A=\{-3,-2,-1,0,1,2,3\}$,对于 A 中元素 a、b,当 $a*b>0$ 时,$\langle a,b\rangle\in R$,给出 R 的关系矩阵和关系图。
32. 设集合 $A=\{a,b,c\}$,R 是 A 上的二元关系,$R=\{\langle a,a\rangle,\langle b,b\rangle,\langle a,b\rangle,\langle a,c\rangle,\langle c,a\rangle\}$,$R$ 是哪种类型的关系?
33. 举出 $A=\{1,2,3\}$上关系 R 的例子,使其具有下述性质。
    (1) 既是对称的,又是反对称的。
    (2) 既不是对称的,又不是反对称的。
    (3) 传递。
34. 设 $A=\{a_1,a_2,a_3,a_4,a_5\}$,$R$ 是 A 上的二元关系,$R=\{\langle a_1,a_2\rangle,\langle a_1,a_3\rangle,\langle a_2,a_3\rangle,\langle a_4,a_3\rangle,\langle a_4,a_2\rangle,\langle a_5,a_1\rangle,\langle a_5,a_2\rangle,\langle a_5,a_3\rangle,\langle a_5,a_4\rangle\}$,$R$ 是传递关系吗?
35. 设 $A=\{a,b,c\}$,举例说明在 A 上存在着既是对称的又是反对称的二元关系。这样的二元关系有多少种?
36. 设 $A=\{a_1,a_2,a_3,a_4,a_5\}$,$R$ 是 A 上的二元关系,其关系矩阵为

$$\boldsymbol{M}_R=\begin{bmatrix}1&1&1&0&0\\1&0&1&1&1\\0&0&0&0&1\\1&1&0&0&0\\1&0&1&0&1\end{bmatrix}$$

    试说明 R 不是传递关系。
37. 设 $A=\{a_1,a_2,a_3,a_4,a_5\}$,$R$ 是 A 上的二元关系,其关系矩阵为

$$\boldsymbol{M}_R=\begin{bmatrix}0&1&0&0&1\\0&1&0&0&1\\1&1&1&0&1\\1&1&1&1&1\\0&1&0&0&1\end{bmatrix}$$

    试判断 R 是否是传递关系。
38. 设 $A=\{a_1,a_2,a_3,a_4,a_5,a_6\}$,$R$ 是 A 上的二元关系,其关系矩阵为

$$\boldsymbol{M}_R=\begin{bmatrix}0&1&0&0&0&1\\0&0&0&0&0&1\\0&1&1&0&0&1\\1&0&0&0&1&0\\0&0&0&0&1&0\\1&1&1&0&1&1\end{bmatrix}$$

试判断 R 是否是传递关系。

39. 若 R_1、R_2 都是 A 上的传递关系，$R_1 \cap R_2$ 和 $R_1 \cup R_2$ 是 A 上的传递关系吗？说明理由。
40. 举出集合 $A=\{a,b,c\}$ 上关系的例子，分别适合于自反、对称、传递中的两个且仅适合两个。
41. 如果 R 是 A 上的反自反关系且又是可传递关系，证明 R 是 A 上的反对称关系。
42. 是非判断：设 R 和 S 是 A 上的二元关系，确定下列命题是真还是假。如果命题为真，则试证明之；如果命题为假，则给出一个反例。
    (1) 若 R 和 S 是传递的，则 $R \cup S$ 是传递的。
    (2) 若 R 和 S 是传递的，则 $R \cap S$ 是传递的。
    (3) 若 R 和 S 是传递的，则 $R \circ S$ 是传递的。
    (4) 若 R 是传递的，则 R^C 是传递的。
    (5) 若 R 和 S 是自反的，则 $R \cup S$ 是自反的。
    (6) 若 R 和 S 是自反的，则 $R \cap S$ 是自反的。
    (7) 若 R 和 S 是自反的，则 $R \circ S$ 是自反的。
43. 如果关系 R 和 S 是自反的、对称的和传递的，证明 $R \cap S$ 也是自反的、对称的和传递的。
44. 集合 $A=\{a_1,a_2,a_3\}$，$B=\{b_1,b_2,b_3,b_4\}$，$C=\{c_1,c_2,c_3,c_4\}$；R 是 A 到 B 的二元关系，$R=\{<a_1,b_2>,<a_1,b_3>,<a_2,b_1>,<a_2,b_4>,<a_3,b_3>\}$；$S$ 是 B 到 C 的二元关系，$S=\{<b_1,c_1>,<b_1,c_2>,<b_2,c_3>,<b_3,c_4>,<b_4,c_4>\}$。求复合关系 $R \circ S$。
45. 集合 $A=\{a_1,a_2,a_3,a_4\}$，R 和 S 是 A 上的二元关系，$R=\{<a_1,a_1>,<a_1,a_2>,<a_3,a_3>,<a_3,a_4>\}$，$S=\{<a_1,a_2>,<a_2,a_2>,<a_1,a_3>,<a_4,a_4>\}$，求复合关系 $R \circ S$、$S \circ R$、R^2 和 S^2。
46. R 和 S 是 A 上的二元关系，说明以下命题的正确与否。
    (1) 如果 R 和 S 是自反的，则 $R \circ S$ 也是自反的。
    (2) 如果 R 和 S 是对称的，则 $R \circ S$ 也是对称的。
    (3) 如果 R 和 S 是传递的，则 $R \circ S$ 也是传递的。
    (4) 如果 R 和 S 是反自反的，则 $R \circ S$ 也是反自反的。
    (5) 如果 R 和 S 是反对称的，则 $R \circ S$ 也是反对称的。
47. R 是 A 上的二元关系，证明以下命题。
    (1) 如果 R 是自反的，则 R^2 也是自反的。
    (2) 如果 R 是对称的，则 R^2 也是对称的。
    (3) 如果 R 是传递的，则 R^2 也是传递的。
48. R 是 A 上的等价关系，证明 $R^2=R$。
49. 设 R 是 A 上的二元关系，R^C 是其逆关系，证明以下命题。
    (1) 如果 R 是自反的，则 R^C 也是自反的。
    (2) 如果 R 是对称的，则 R^C 也是对称的。
    (3) 如果 R 是传递的，则 R^C 也是传递的。

(4) 如果 R 是反自反的，则 R^C 也是反自反的。

(5) 如果 R 是反对称的，则 R^C 也是反对称的。

50. 集合 $A=\{a,b,c,d\}$，$R=\{(a,a),(a,b),(b,c),(c,b),(a,d)\}$，求 R 的自反闭包和对称闭包。

51. 集合 $A=\{a,b,c,d\}$，$R=\{(a,b),(b,a),(b,c),(c,d)\}$，求 R 的传递闭包。

52. 集合 $A=\{a_1,a_2,a_3,a_4,a_5\}$，$R=\{(a_1,a_1),(a_1,a_2),(a_1,a_4),(a_2,a_1),(a_3,a_1),(a_3,a_3),(a_4,a_3),(a_5,a_1),(a_5,a_3)\}$，求 R 的传递闭包。

53. $A=\{a_1,a_2,a_3,a_4\}$，$R=\{(a_1,a_2),(a_2,a_3),(a_3,a_4)\}$，求 $r(S(R))$、$S(r(R))$、$t(S(R))$、$S(t(R))$、$r(t(R)$ 和 $t(r(R)$。

54. 设 A 是非零整数集合，当 $a\times b>0$ 时，$<a,b>\in R$，证明 R 是等价关系。

55. R 是 A 上的自反关系，且当 $(a,b)\in R$ 和 $(a,c)\in R$ 时，必有 $(b,c)\in R$，证明 R 是等价关系。

56. R 是 A 上的自反关系，且当 $(a,b)\in R$ 和 $(b,c)\in R$ 时，必有 $(c,a)\in R$，证明 R 是等价关系。

57. 集合 $A=\{2,4,6,8,10,12,14,16\}$，$R$ 是 A 上的模 3 同余关系，写出 R 的所有不同等价类。

58. 设 R_1 和 R_2 是 A 上的等价关系，确定下列各式中哪些是等价关系。

(1) $A\times A-R_1\cup R_2$

(2) R_2-R_1

(3) $R_1\cap R_2$

(4) $R_1\cup R_2$

59. A 是具有 4 个元素的集合，在 A 上可以有多少种不同的等价关系？

60. 集合 $A=\{1,2,3,4,5\}$，求下列等价关系所对应的划分。

(1) R 是 A 上的全域关系(即 $R=A\times A$)。

(2) R 是 A 上的相等关系(即 $R=\{<1,1>,<2,2>,<(3,3>,<4,4>,<5,5>\}$)。

(3) R 是 A 上模 2 同余关系。

61. $<A,R>$ 是偏序集，$A=\{a,b,c,d,e\}$，图 3.24 为其关系图，试将关系图改画成哈斯图。

62. $<A,R>$ 是偏序集，$A=\{1,2,3,4,5,6,7,8,9,15,18,24\}$，$R$ 是 A 上整除关系，试画出 R 的哈斯图。

63. $<A,R>$ 是偏序集，$A=\{1,2,3,4,5,6,8,12,24\}$，$R$ 是 A 上整除关系，试写出 A 中的极大元和极小元。

64. 画出集合 $A=\{1,2,3,4,5,6\}$ 在偏序关系“整除”下的哈斯图，并写出以下各项。

(1) $\{1,2,3,4,5,6\}$ 的极大元、极小元、最大元和

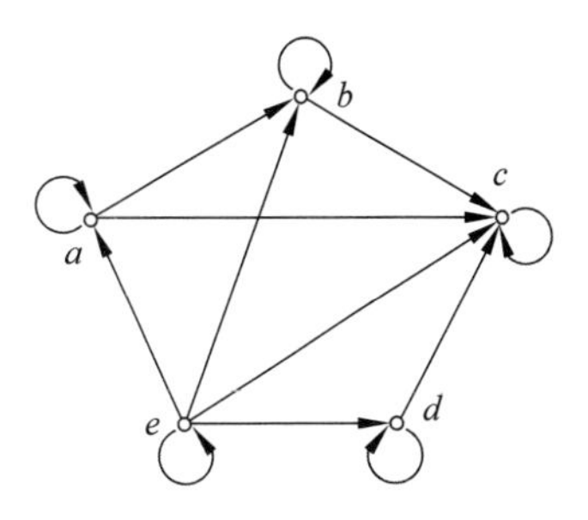

图 3.24 第 61 题的关系图

最小元。

(2) {2,3,6}和{2,3,5}各自的上界、下界、上确界和下确界。

65. $\langle A,R\rangle$是偏序集,$A=\{1,2,3,4,6,8,12,24,36\}$,$R$ 是 A 上整除关系。子集 $B=\{2,4,6,12,36\}$,写出 B 的极大元、极小元、最大元和最小元。

66. $\langle A,R\rangle$是偏序集,$A=\{1,2,3,4,5,6,7,8,9,10,14,28\}$,$R$ 是 A 上整除关系,子集 $B=\{3,4,5,7,14\}$,写出 B 的上界和下界(如果有的话)。

67. 偏序集$\langle A,R\rangle$的哈斯图表示如图 3.25 所示,求 $B=\{e,f,g\}$,写出 B 的所有上界和下界。

68. 偏序集$\langle A,R\rangle$的哈斯图表示如图 3.26 所示,求 $B=\{a,c,d\}$,写出 B 的上确界和下确界。

69. 证明在如图 3.27 所示的哈斯图中,任意两点构成的子集都有上确界和下确界。

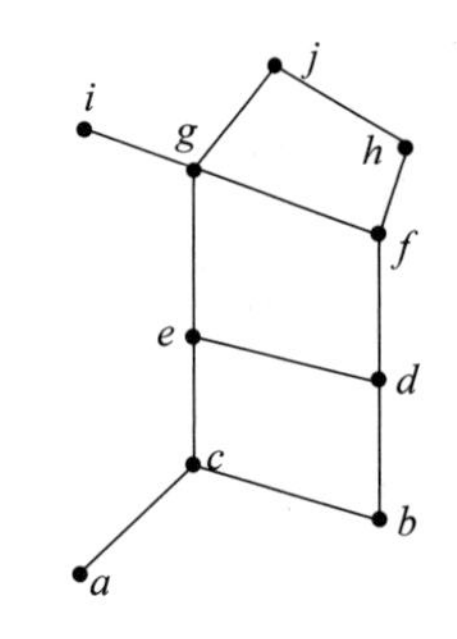

图 3.25　第 67 题的哈斯图

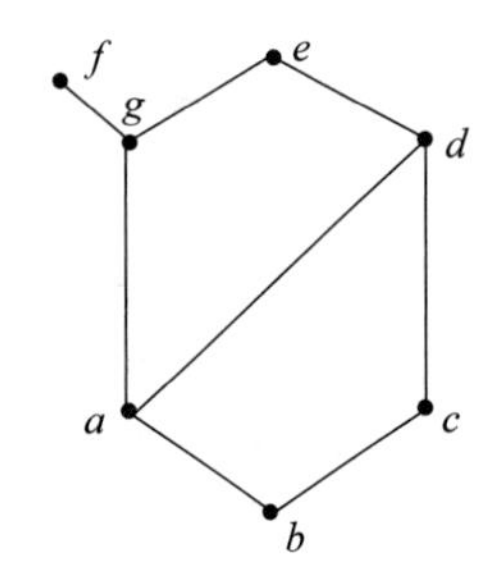

图 3.26　第 68 题的哈斯图

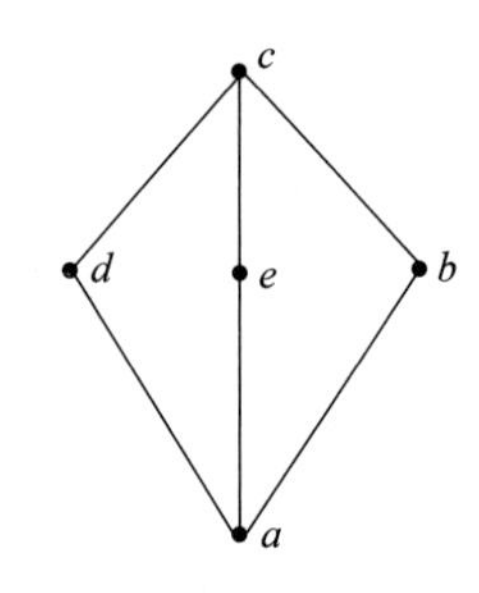

图 3.27　第 69 题的哈斯图

第4章 chapter 4

函　　数

本章要点

- 函数的概念
- 函数的性质
- 逆函数和复合函数

本章学习目标

- 掌握函数的基本概念
- 理解单射、满射和双射函数
- 掌握复合函数和逆函数

函数是数学中的一个基本概念，这里所讨论的函数，作为一种特殊的二元关系，其定义域和值域是一般的集合。本章主要讨论函数的基本概念、函数的复合和逆函数等，并给出了相关的性质。

4.1　函数的概念

函数也常称为映射或变换，是一个基本的数学概念。在通常的函数定义中，$y=f(x)$是在实数集合上讨论。在学习了集合和关系的知识后，可以进一步推广函数的概念，把函数看作是一种特殊的关系。由于关系是集合 A 到 B 的子集，A 和 B 的元素没有限定必须是数，所以函数也可以进行非数值的运算。比如，可以把计算机的输入和输出间的关系看成是一种函数。函数在计算机领域有很多应用，如自动机理论和可计算性理论等。

函数与关系有密切的联系，函数的定义比关系更严格一些，它是特殊的关系。因此，函数都是关系，但关系并不一定是函数，即函数是满足一定条件的关系。

下面给出函数的定义。

定义 4.1　设 A 和 B 是任意两个非空集合，且 F 是从 A 到 B 的关系，若对每一个 $x\in A$，都存在唯一的 $y\in B$，使$<x,y>\in F$，则称 F 为从 A 到 B 的**函数**，并记作 $F:A\rightarrow B$。若$<x,y>\in F$，则称 x 为函数的**自变元**，称 y 是 F 在 x 处的**值**，或称 y 为 F 下 x 的**像**。

为了与函数的通常表示形式统一，在此也把$<x,y>\in F$记作$F(x)=y$。A称为函数F的定义域，即$D(F)=A$；$F(A)$称为函数F的值域，或称为函数F的像。

$$F(A)=\{y \mid y\subseteq B\wedge \exists x(x\in A\wedge y=F(x))\}$$

显然$F(A)\subseteq B$。

从上面的定义可以看出，从A到B的函数F和一般的从A到B的二元关系的不同主要表现在以下两点：

(1) 函数的定义域是A，而不能是A的某个真子集。或称A中每一元素都有像，称为像的存在性。

(2) A中的每个元素x只能对应于唯一的一个y，称为像的唯一性，即

$$F(x)=y\wedge F(x)=z\Rightarrow y=z$$

考虑到习惯用法，以下常常将大写的函数符号F改为小写字母f。

因为函数首先是一个关系，所以表示关系的方法（集合表示法、关系图和关系矩阵）也适用于函数。

例 4.1 请判断下列关系中哪个可以构成函数。

(1) $f=\{<x_1,x_2> \mid x_1\in \mathbf{N},x_2\in \mathbf{N}$，且$x_1+x_2<10\}$

(2) $X=\{a,b,1,2\},Y=\{3,5,7\},f=\{<a,5>,<b,5>,<1,3>,<2,5>\}$

(3) $X=\{a,b,1,2\},Y=\{3,5,7\},f=\{<a,3>,<a,5>,<1,3>,<2,7>\}$

(4) $F=\{<x_1,x_2> \mid x_1\in \mathbf{N},x_2\in \mathbf{N},x_2$为小于$x_1$的素数个数$\}$

解：

(1) 不是函数，因为$<1,1>$和$<1,2>$都是f的序偶，但是1至少有两个像，不符合函数的定义。

(2) 是函数。

(3) 不是函数，因为a有两个像，b没有定义。

(4) 是函数。

例 4.2 请结合函数的定义，判断图4.1和图4.2中的关系是否是函数。

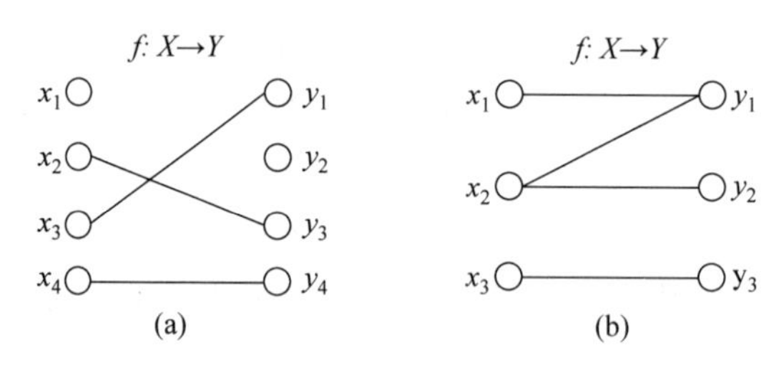

图 4.1 不是函数的关系

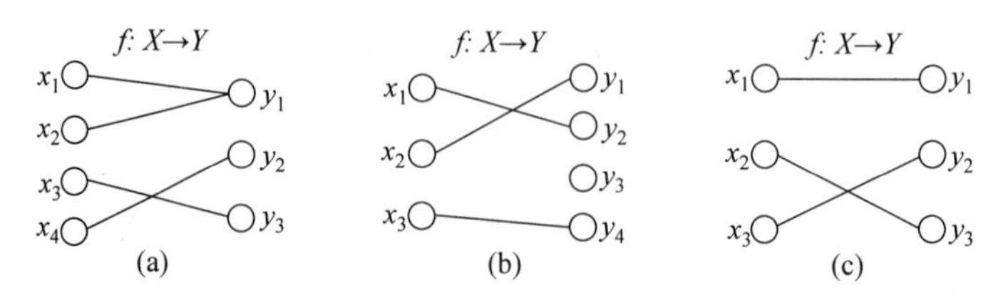

图 4.2 是函数的关系

解：图 4.1 中的关系都不是函数，因为图 4.1(a)中 x_1 没有像，图 4.1(b)中 $<x_2,y_1>$ 和 $<x_2,y_2>$ 同一个元素 x_2 有两个不同的像，不符合函数的定义。图 4.2 中的关系都是函数。

上例中函数的关系图每个 A 中的元素都有且只有一条有向弧。同样可以得到图 4.2(a)函数的关系矩阵：

$$\boldsymbol{M}_f=\begin{bmatrix}1 & 0 & 0\\ 1 & 0 & 0\\ 0 & 0 & 1\\ 0 & 1 & 0\end{bmatrix}$$

作为函数的关系矩阵，每一行有且仅有一个元素为 1。

因为函数是序偶的集合，故两个函数相等可用集合相等的概念予以定义。

定义 4.2 设 $f:A\to B$，$g:C\to D$，若 $A=C$，$B=D$，且对任何 $x\in A$ 都有 $f(x)=g(x)$，则称**函数 f 和 g 相等**，记为 $f=g$。

本定义表明两函数相等，它们必须有相同的定义域、值域和有序对集合。

下面讨论由集合 A 和 B 构成这样函数 $f:A\to B$ 会有多少种呢？或者说，在 $A\times B$ 的所有子集中，是全部还是部分子集可以定义函数？令 B^A 表示这些函数的集合，即

$$B^A=\{f\mid f:A\to B\}$$

设 $|A|=m$，$|B|=n$，则 $|B^A|=n^m$。这是因为对 A 中元素 x，x 的函数值都有 n 种取法，故总共有 n^m 种从 A 到 B 的函数。

例 4.3 设集合 $A=\{a,b,c,d\}$ 到集合 $B=\{1,2,3,4,5\}$ 的关系为

$$\rho_1=\{<a,1>,<b,1>,<c,1>,<d,2>\}$$
$$\rho_2=\{<a,1>,<b,1>,<b,2>,<c,1>,<d,3>\}$$
$$\rho_3=\{<a,2>,<b,1>,<c,3>\}$$

则 ρ_1 是函数，ρ_2 和 ρ_3 不是，ρ_2 不满足唯一性条件，ρ_3 不满足存在性条件。

例 4.4 $X=\{a,b\}$，$Y=\{1,2,3\}$，请给出 $X\to Y$ 的所有函数。

解：$|Y|^{|X|}=3^2=9$，所以 $X\to Y$ 有 9 个不同的函数。

$f_1=\{<a,1>,<b,1>\}$ $f_2=\{<a,1>,<b,2>\}$ $f_3=\{<a,1>,<b,3>\}$

$f_4=\{<a,2>,<b,1>\}$ $f_5=\{<a,2>,<b,2>\}$ $f_6=\{<a,2>,<b,3>\}$

$f_7=\{<a,3>,<b,1>\}$ $f_8=\{<a,3>,<b,2>\}$ $f_9=\{<a,3>,<b,3>\}$

而 $X\times Y$ 有 6 个元素，共有 $2^6=64$ 个不同的子集。这些子集都是关系，而只有 9 个是函数，可见函数的个数比关系要少得多。

以上介绍的是一元函数，还可以把函数的概念扩展到 n 元函数，下面给出 n 元函数的定义。

定义 4.3 设 $A_1,A_2,\cdots,A_n$ 和 B 为集合，若 $f:A_1\times A_2\times\cdots\times A_n\to B$ 为函数，则称 f 为 **n 元函数**。在 $<x_1,x_2,\cdots,x_n>$ 上的值用 $f(x_1,x_2,\cdots,x_n)$ 表示。

4.2 函数的性质

根据函数具有的不同性质可以将函数分成不同的类型。本节定义这些函数，并给出相应的术语。

定义 4.4 设 $f:A\to B$ 是函数，若 $f(A)=B$，即对任意 $b\in B$，必然存在 $a\in A$，使得 $f(a)=b$。或形式化地表示为

$$\forall y(y\in B\to \exists x(x\in A\wedge f(x)=y))$$

则称 $f:A\to B$ 是**满射函数**，或称函数 $f:A\to B$ 是**满射的**。

本定义表明，在函数 f 的作用下，B 中每个元素 b 都至少是 A 中某元素 a 的像。如果把集合 A 的元素个数记作 $|A|$。那么，若 A 和 B 是有穷集合，存在 A 到 B 上的满射函数 $f:A\to B$，则 $|A|\geqslant|B|$。

定义 4.5 设 $f:A\to B$ 是函数，对任意的 $a,b\in A$，且 $a\neq b$，都有 $f(a)\neq f(b)$，或形式化地表示为

$$\forall x\forall y(x\in A\wedge y\in A\wedge x\neq y\to f(x)\neq f(y))$$

则称 A 到 B 上的函数 $f:A\to B$ 是**单射函数**（**或一对一函数**），或称函数 $f:A\to B$ 是**单射的或入射的**。

例 4.5 $f:\{a,b\}\to\{2,4,6\}$，$f(a)=2$，$f(b)=6$，则 f 是单射，非满射。

例 4.6 $f:\{a,b,c,d\}\to\{1,2,3\}$，$f(a)=f(b)=1$，$f(c)=3$，$f(d)=2$，则 f 为满射，非单射。

例 4.7 $f:[0,1]\to[a,b]$，$f(x)=(b-a)x+a(b>a)$，则 f 是双射。

定义 4.5 表明，A 中不同的元素在 B 中的像也是不同的。于是，若 A 和 B 是有穷集合，存在单射函数 $f:A\to B$，则 $|A|\leqslant|B|$。

定义 4.6 设 $f:A\to B$ 是函数，若 f 既是满射又是单射，则称 $f:A\to B$ 是**双射函数**（**或一一对应**），或称函数 $f:A\to B$ 是**双射的**。

本定义表明，B 中的每个元素 b 是且仅是 A 中某个元素 a 的像。因此，若 A 和 B 是有穷集合，存在 A 到 B 上的双射函数 $f:A\to B$，则 $|A|=|B|$。

定义 4.7 设 $f:A\to B$ 是函数，若存在 $b\in B$，使对任意 $a\in A$ 有 $f(a)=b$，即 $f(A)=\{b\}$，则称 A 到 B 上的 $f:A\to B$ 为**常数函数**。

定义 4.8 设 $f:A\to B$ 是函数，若对任意 $a\in A$，有 $f(a)=a$，即

$$f=\{<a,a>\mid x\in A\}$$

则称 $f:A\to B$ 为 A 上的**恒等函数**，通常记为 I_A，因为恒等关系即是恒等函数，由定义可知，A 上的恒等函数 I_A 是双射函数。

n 元函数的性质与一元函数相似，在这里不多讨论了。

4.3 函数的运算

函数是一种特殊关系，对关系可以进行运算，所以对函数也可以讨论运算问题，即如何由已知函数得到新的函数。

4.3.1 函数的复合运算

利用两个具有一定性质的已知函数通过复合运算可以得到新的函数。

定义 4.9 设 $f:A\to B$ 和 $g:B\to C$ 是函数，通过复合运算$\circ$，可以得到新的从 A 到 C 的函数，记为 $g\circ f$，即对任意 $a\in A$，有$(g\circ f)(x)=g(f(x))$。

注意：函数是一种关系，也用$\circ$表示函数复合运算，记为 $g\circ f$，这是左复合，它与关系的右复合 $f\circ g$ 次序正好相反。

推论 1 若 f、g、h 都是函数，则$(f\circ g)\circ h=f\circ(g\circ h)$。

该推论表明，函数的复合运算是可结合的。特别地，对于集合 A 上的函数 $f:A\to A$，它能够同自身进行任意次的复合，此时 f 的 n 次复合可递归定义为

(1) $f^{0}(x)=x$

(2) $f^{n+1}(x)=f(f^{n}(x))$，$n\in\mathbf{N}$

函数复合也有一些特殊的性质，这里以定理的形式给出，详细的证明略。

定理 4.1 设 $f:A\to B$，$g:B\to C$。

(1) 若 $f:A\to B$，$g:B\to C$ 都是满射，则 $g\circ f:A\to C$ 也是满射。

(2) 若 $f:A\to B$，$g:B\to C$ 都是单射，则 $g\circ f:A\to C$ 也是单射。

(3) 若 $f:A\to B$，$g:B\to C$ 都是双射，则 $g\circ f:A\to C$ 也是双射。

定理 4.2 若 $f:A\to B$ 是函数，则 $f=f\circ \mathrm{I}_A=\mathrm{I}_B\circ f$。

本定理揭示了恒等函数在复合函数运算中的特殊性质。特别地，对于 $f:A\to A$，有 $f\circ\mathrm{I}_A=\mathrm{I}_A\circ f=f$。

例 4.8 设集合 $A=\{1,2,3\}$上的映射 $f=\{\langle 1,2\rangle,\langle 2,3\rangle,\langle 3,1\rangle\}$，以及集合 A 到集合 $B=\{1,2\}$的映射 $g=\{\langle 1,2\rangle,\langle 2,1\rangle,\langle 3,2\rangle\}$，则容易计算出 A 到 B 的复合关系：

$g\circ f=\{\langle 1,1\rangle,\langle 2,2\rangle,\langle 3,2\rangle\}$

例 4.9 设有集合 $X=\{1,2,3\}$，$Y=\{p,q\}$，$Z=\{a,b\}$，集合上的函数 $f=\{\langle 1,p\rangle,\langle 2,p\rangle,\langle 3,q\rangle\}$，$g=\{\langle p,b\rangle,\langle q,b\rangle\}$，求 $g\circ f$。

解：根据复合函数的定义可得 $g\circ f=\{\langle 1,b\rangle,\langle 2,b\rangle,\langle 3,b\rangle\}$

例 4.10 设有集合 $X=\{1,2,3\}$上的函数 $f=\{\langle 1,3\rangle,\langle 2,1\rangle,\langle 3,2\rangle\}$，$g=\{\langle 1,2\rangle,\langle 2,1\rangle,\langle 3,3\rangle\}$，求 $f\circ g$、$g\circ f$、$g\circ g$ 和 $f\circ f$。

解：根据复合函数的定义有

$$f\circ g=\{\langle 1,3\rangle,\langle 2,2\rangle,\langle 3,1\rangle\}$$

$$g\circ f=\{\langle 1,1\rangle,\langle 2,3\rangle,\langle 3,2\rangle\}$$

$$g \circ g = \{<1,1>,<2,2>,<3,3>\}$$
$$f \circ f = \{<1,2>,<2,3>,<3,1>\}$$

4.3.2 函数的逆运算

根据关系的性质可知，给定关系 R，其逆关系一定存在。函数也是关系，它的逆关系当然也存在，但由于函数是具有特殊性质的关系，所以这个逆关系却未必是函数。例如，$A=\{a,b,c\}$，$B=\{1,2,3\}$，$f=\{<a,1>,<b,1>,<c,3>\}$是函数，而 $f^{C}=\{<1,a>,<1,b>,<3,c>\}$却不是从 B 到 A 的函数。

定义 4.10 设 $f:A\to B$，如果它的逆关系也是函数，则称为 f 的**逆函数**，或简称**逆**，记作 $f^{-1}:B\to A$。即

$$f^{-1}=\{<y,x> \mid y\in Y \wedge x\in X \wedge y=f(x)\}$$

一个函数有逆函数，称此函数是**可逆的**。

由逆函数的定义可知，若 $y=f(x)$，则 $x=f^{-1}(x)$。

可以证明，若 $f:A\to B$ 是双射函数，则它的逆关系 f^{-1}一定是从 B 到 A 的函数。

定理 4.3 若 $f:A\to B$ 是双射，则 $f^{-1}:B\to A$ 也是双射。

证明：设 $f=\{<x,y> \mid x\in A \wedge y\in B \wedge f(x)=y\}$，那么 $f^{-1}=\{<y,x> \mid <x,y>\in f\}$。

因为 f 是满射的，故每一 $y\in B$，必存在$<x,y>\in f$，因此必有$<y,x>\in f^{-1}$，即 f^{-1} 的前域为 B。又因为 f 是入射，对每一 $y\in B$ 恰有一个 $x\in A$，$<x,y>\in f$，因此仅有一个 $x\in A$，使得$<y,x>\in f^{-1}$，即 y 对应唯一的 x，故 f^{-1}是函数。

又因 f^{-1}的值域就是 f 的定义域，所以 f^{-1} 是满射。又若 $y_1\neq y_2$ 有 $f^{-1}(y_1)=f^{-1}(y_2)$。那么若 $f^{-1}(y_1)=x_1$，$f^{-1}(y_2)=x_2$，则 $x_1=x_2$，故 $f(x_1)=f(x_2)$，即 $y_1=y_2$，得出矛盾。因此 f^{-1}是双射函数。

定理 4.4 设 $f:A\to B$ 是双射函数，则 $f^{-1}\circ f=\mathrm{I}_A$，$f\circ f^{-1}=\mathrm{I}_B$。

证明：先证明 $f^{-1}\circ f=\mathrm{I}_A$。另一式可类似给出。首先，$f^{-1}$是可左复合 f 的。因为 $f:A\to B$，$f^{-1}:B\to A$，并且 $f^{-1}\circ f$ 是 $A\to A$ 的函数。任取 $x\in A$，按复合函数定义 f^{-1}。$f(x)=f^{-1}(f(x))=f^{-1}(y)$，其中 $y=f(x)$。所以，由逆函数定义有 $x=f^{-1}(y)$，即 $f^{-1}\circ f(x)=x$。

定理 4.5 若 $f:A\to B$ 是双射，则$(f^{-1})^{-1}=f$。这个定理由逆函数的定义可以直接得到。

本章小结

本章从集合上特殊的二元关系的角度来重新认识函数，拓展了以往认为函数只能定义在数域上的认识，重新定义了函数，并指出了它的特点。给出了单射、满射和双射函数的定义，以及复合函数和逆函数的定义。

习 题

一、选择题

1. 设 $A=\{a,b,c\}$，$B=\{1,2,3\}$，R_1、R_2、R_3 是 A 到 B 的二元关系，且 $R_1=\{\langle a,1\rangle,\langle b,2\rangle,\langle c,2\rangle\}$，$R_2=\{\langle a,1\rangle,\langle a,2\rangle\}$，$R_3=\{\langle a,1\rangle,\langle b,1\rangle,\langle c,1\rangle\}$，那么在这 3 个二元关系中，________可以定义为 A 到 B 的函数。

   A. R_1 和 R_2　　B. 只有 R_1　　C. 只有 R_3　　D. R_1 和 R_3
   E. R_2 和 R_3　　F. 只有 R_2　　G. R_1 和 R_2 和 R_3

2. 设 $A=\{1,2,3\}$，R_1、R_2、R_3 是 A 上的二元关系，且 $R_1=\{\langle 1,2\rangle,\langle 1,3\rangle,\langle 1,1\rangle\}$，$R_2=\{\langle 1,1\rangle,\langle 2,2\rangle,\langle 3,3\rangle\}$，$R_3=\{\langle 1,1\rangle,\langle 2,3\rangle,\langle 3,2\rangle\}$，那么在这 3 个二元关系中________的逆关系可以定义为 A 到 A 的函数。

   A. R_1 和 R_2 和 R_3　　B. 只有 R_1　　C. 只有 R_2　　D. 只有 R_3
   E. R_1 和 R_2　　F. R_2 和 R_3　　G. R_1 和 R_3

3. 设 $A=\{1,2,3\}$，f、g、h 是 A 到 A 的函数，其中 $f(1)=f(2)=f(3)=1$；$g(1)=1$，$g(2)=3$，$g(3)=2$；$h(1)=3$，$h(2)=h(3)=1$，那么________是单射函数，________是满射函数，________是双射函数。

   A. f　　B. g　　C. h　　D. f 和 g
   E. f 和 h　　F. g 和 h　　G. f、g 和 h

4. 设 $A=\{a,b,c,d,e\}$，$B=\{0,1\}$，那么可以定义________种不同的 A 到 B 的函数，可以定义________种不同的 A 到 B 的满射函数。

   A. 10　　B. 8　　C. 32　　D. 25
   E. 23　　F. 30　　G. 64　　H. 16

5. 设 $A=\{a,b\}$，$B=\{0,1,2\}$，那么可以定义________种不同的 A 到 B 的单射函数。

   A. 5　　B. 6　　C. 8　　D. 9

6. 设 $\mathbf{N}$ 是自然数集合，f 和 g 是 $\mathbf{N}$ 到 $\mathbf{N}$ 的函数，且 $f(n)=2n+1$，$g(n)=n^2$，那么复合函数 $f\circ f(n)=$________，$g\circ g(n)=$________，$f\circ g(n)=$________，$g\circ f(n)=$________。

   A. n^3　　B. n^4　　C. $4n+3$　　D. $4n+2$
   E. $2n^2+1$　　F. $(an+1)^2$　　G. $4n+1$

7. 设 f 是 A 到 B 的函数，g 是 B 到 C 的函数，复合函数 $g\circ f$ 是 A 到 C 的函数。如果 $g\circ f$ 是满射函数，那么________必是满射函数；如果 $g\circ f$ 是单射函数，那么________必是单射函数。

   A. f　　B. g
   C. f 和 g　　D. 以上选择都不是

二、解答或证明

1. 集合 $A=\{x,y,z\}$，$B=\{1,2,3\}$，试说明下列 A 到 B 的二元关系中哪些能构成函数。

(1) $\{<x,1>,<x,2>,<y,1>,<z,3>\}$

(2) $\{<x,1>,<y,1>,<z,1>\}$

(3) $\{<x,2>,<y,3>\}$

(4) $\{<x,3>,<y,2>,<z,3>,<y,3>\}$

(5) $\{<x,2>,<y,1>,<y,2>\}$

2. 设集合 $A=\{a,b,c\}$，请回答下列问题。

(1) A 到 A 可以定义多少种不同的函数？

(2) $A\times A$ 到 A 可以定义多少种不同的函数？

3. 设集合 $A=\{a,b,c\}$，$B=\{0,1\}$，请写出所有 A 到 B 的函数和所有 B 到 A 的函数。

4. 下列函数哪些是单射函数，哪些是满射函数？

(1) $f:\mathbf{N}\to\mathbf{N}, f(n)=2n$

(2) $f:\mathbf{I}\to\mathbf{I}, f(i)=|i|$

(3) $f:A\to B, A=\{0,1,2\}, B=\{0,1,2,3,4\}, f(a)=a^2$

(4) $f:\mathbf{I}\to\{0,1\}$, if $i=0$ then $f(i)=0$ else $f(i)=1$

(5) $f:P\to P, f(r)=r+1$

5. 集合 A 具有 3 个元素，集合 B 具有 4 个元素，问 A 到 B 可以定义多少种不同的单射函数？

6. 集合 A 具有 4 个元素，集合 B 具有 3 个元素，问 A 到 B 可以定义多少种不同的满射函数？

7. 集合 A 和 B 都具有 4 个元素，问 A 到 B 可以定义多少种不同的双射函数？

8. 设集合 $A=\{a,b\}$，f_1、f_2、f_3、f_4 是 A 到 A 的函数，其中

$f_1(a)=a$，　$f_1(b)=b$

$f_2(a)=b$，　$f_2(b)=a$

$f_3(a)=a$，　$f_3(b)=a$

$f_4(a)=b$，　$f_4(b)=b$

证明：$f_2\circ f_3=f_4$，$f_3\circ f_2=f_3$，$f_1\circ f_4=f_4$。

9. 在开区间(0,1)上定义如下函数：

$f_1(x)=x$，　$f_2(x)=1/x$

$f_3(x)=1-x$，　$f_4(x)=1/(1-x)$

$f_5(x)=(x-1)/x$，　$f_6(x)=x/(x-1)$

证明：$f_2\circ f_3=f_4$，$f_3\circ f_4=f_6$，$f_4\circ f_5=f_1$，$f_5\circ f_6=f_2$。

第5章 chapter 5

代数系统

本章要点

- 代数系统和运算的概念和性质
- 半群、独异点和群的概念
- 特殊的群
- 陪集与拉格朗日定理
- 同态和同构的性质
- 环和域

本章学习目标

- 掌握代数系统和运算的基本概念
- 掌握半群、独异点和群的概念
- 掌握陪集与拉格朗日定理的结论和应用
- 了解同态和同构的性质和应用
- 了解环和域的概念和性质

5.1 代数系统概述

运算是我们已经熟悉的一个词，运算也是代数中的核心问题，但是在代数系统中所讨论的运算比初等数学中所提到的运算更加抽象和严密，同时也更加复杂。在展开代数系统的讨论之前，先介绍代数系统中关于运算及其性质的基本概念。

5.1.1 代数运算及其性质

1. 代数运算的定义

定义 5.1 设 A 是个非空集合，$A \to A$ 的一个映射 $f: A \to A$ 称为 A 上的一个**一元代数运算**，简称**一元运算**。$A \times A$ 到 A 的一个映射 $f: A \times A \to A$ 称为 A 上的一个**二元代数运算**，简称**二元运算**。

类似可定义 n 元运算：设 A 是个非空集合，A^n 到 A 的一个映射 $f: A^n \to A$ 称为 A 上

的一个 **n 元代数运算**，简称 **n 元运算**。

通常用+、×、∘、∗等符号来表示二元运算，称为运算符。但是请读者注意的是，这里的符号+和×不限于表示四则运算的加法和乘法，而是两种抽象的二元运算符号。仅在 A 为整数或实数集合时，它们才退化成我们熟知的加法和乘法。

例如，对于集合 A 上的二元运算 $f:A\times A\rightarrow A$，$\forall x,y\in A$，$f(<x,y>)=z\in A$，用运算符可表示为 $x*y=z$。

需要注意的是：映射有存在性和唯一性的要求，运算作为映射当然需要满足这个要求。

(1) 存在性，$\forall x,y\in A$，$x*y$ 要有结果 z，且此结果 $z\in A$。

(2) 唯一性，$\forall x,y\in A$，$x*y$ 只能有一个结果 z，且 $z\in A$。

下面是一些关于运算的例子。

例 5.1 在实数集上定义二元运算∗，$\forall x,y\in R$，$x*y=y$。

则对于 R 中的一些元素有：$2*3=3$，$50*0=0$，而 $0*50=50$。

例 5.2 在正整数集合 $\mathbf{I}_+$ 上定义两种运算∗和+，对于 $\forall x,y\in\mathbf{I}_+$，$x*y=$($x$ 和 y 的最大公约数)，$x+y=$(x 和 y 的最小公倍数)。

例如，有 $6*8=2$，$6+8=24$，$12*15=3$，$12+15=60$。

例 5.3 在实数集合 **R** 上的除法运算不是一个代数运算，因为 0 不能做除数，运算的存在性不满足。

类似地，在 **R** 上的求平方根运算(作为一元运算)也不是一个代数运算。因为 -9 不存在平方根，存在性不满足。而 9 有两个平方根：3 和 -3，唯一性条件不满足。但在 $\mathbf{R}_+$ 上求平方根运算就是一个一元运算。

例 5.4

(1) 自然数集合 **N** 上的加法和乘法是 **N** 上的二元运算，但是减法和除法不是。

(2) 整数集合 **Z** 上的加法、乘法和减法是 **Z** 上的二元运算，但除法不是 **Z** 上的运算，因 0 不能做分母，且相除结果不可以是整数，即在 **Z** 上没有结果。

(3) 设 $\boldsymbol{M}_n(\mathbf{R})$ 是 n 阶实矩阵的全体，因而矩阵乘法是 $\boldsymbol{M}_n(\mathbf{R})$ 上的二元运算。

(4) 集合的交、并、对称差是幂集上的二元运算，补是幂集上的一元运算。

(5) 合取、析取、蕴含、等价、异或是命题公式集合上的二元运算，而否定是一元运算。

(6) 求一个数的相反数分别是整数集合、实数集合和有理数集合上的一元运算。

(7) 求一个数的倒数是非零有理数集合、非零实数集合上的一元运算，但不是非零整数集合上的运算。

2. 运算表

为了便于研究运算上的一些性质，在有限集上可以将结果一一列出来定义运算，简便明了的方法是画出运算表。

例 5.5 设 $A=\{1,2\}$，$P(A)=\{\varnothing,\{1\},\{2\},\{1,2\}\}$，在 $P(A)$ 上的一元运算～和二元运算⊕的运算表如表 5.1 和表 5.2 所示。请注意，在进行二元运算的时候，列元素是运算的第一元素，行元素是运算的第二元素。

表 5.1 例 5.5 的一元运算～

a	～a
∅	{1,2}
{1}	{2}
{2}	{1}
{1,2}	∅

表 5.2 例 5.5 的二元运算⊕

⊕	∅	{1}	{2}	{1,2}
∅	∅	{1}	{2}	{1,2}
{1}	{1}	∅	{1,2}	{2}
{2}	{2}	{1,2}	∅	{1}
{1,2}	{1,2}	{2}	{1}	∅

例如，二元运算表中除去表头(即第 1 行和第 1 列)之外的第 3 行第 4 列表示{2}⊕{1,2}={1}。同理，第 4 行第 2 列则表示{1,2}⊕{1}={2}。

3. 运算的封闭性

定义 5.2 设 $*$ 是 A 上的二元运算，如果对于任意的 $x,y\in A$，均有 $x*y\in A$，则称 $*$ 对 A 是封闭的。

例 5.6 减法是 $\mathbf{Z}_+$ 上的运算，自然数 $\mathbf{N}$ 是 $\mathbf{Z}_+$ 的子集。对于 $x,y\in\mathbf{N}$，可能有 $x-y\notin\mathbf{N}$，因此减法在 $\mathbf{N}$ 上不是封闭的。

例 5.7 除法是非零实数集上的二元运算，但在其子集非零整数集上却不是封闭的。

封闭性主要是对子集而言，即对于 A 上的运算 $*$ 和 $B\subset A$，主要考虑 $*$ 对 B 是否封闭。

例 5.8 设 $A=\{x|x=2^n,n\in\mathbf{N}\}$，问乘法运算对 A 是否封闭？加法运算呢？

解：对于任意的 $2^r,2^s\in A$，因为 $2^r\cdot 2^s=2^{r+s}\in A$，所以乘法运算对 A 是封闭的。而加法运算对 A 是不封闭的，因为不一定有 $2^r+2^s=2^{r+s}$，例如，$2+2^2=6\notin A$。

4. 运算律

1) 交换律

定义 5.3 设 $*$ 是 A 上的二元运算，如果对任意的 $x,y\in A$，均有 $x*y=y*x$，则称 $*$ 在 A 上是**可交换的**，或者说 $*$ 在 A 上满足**交换律**。

2) 结合律

定义 5.4 设 $*$ 是 A 上的二元运算，如果对于任意的 $x,y,z\in A$，均有 $(x*y)*z=x*(y*z)$，则称运算 $*$ 在 A 上是**可结合的**，或称 $*$ 在 A 上满足**结合律**。

例 5.9 实数中的加法和乘法是可交换的，也是可结合的；但减法不是可交换的，也不是可结合的。矩阵的乘法满足结合律，但不满足交换律。集合的∩、∪、⊕均是可交换的，也是可结合的。

3) 幂等律

定义 5.5 设 $*$ 是 A 上的二元运算，如果对于任意的 $x\in A$，均有 $x*x=x$，称 $*$ 在 A 上是**幂等的**，或者称 $*$ 在 A 上满足**幂等律**。

例 5.10 集合运算∩、∪和逻辑运算∧、∨都满足幂等律。实数中的加法和乘法不满足幂等律。

4）分配律

定义 5.6 设$+$和$*$是 A 上的两个二元运算，如对任意的 $x,y,z\in A$ 均有

$$x*(y+z)=(x*y)+(x*z)$$
$$(y+z)*x=(y*x)+(z*x)$$

则称$*$对$+$在 A 上满足**分配律**。

例 5.11 实数的乘法对加法满足分配律，但加法对乘法不满足分配律。

5）吸收律

定义 5.7 设$+$和$*$是 A 上的两个二元运算，如果对于任意的 $x,y\in A$，均有 $x*(x+y)=x$，同时有 $x+(x*y)=x$，称$+$和$*$满足**吸收律**。

例如，命题逻辑中的$\vee$运算和$\wedge$运算以及集合中的$\cup$运算和$\cap$运算均满足吸收率：

$$A\vee(A\wedge B)\Leftrightarrow A,\quad A\wedge(A\vee B)\Leftrightarrow A$$
$$A\cup(A\cap B)=A,\quad A\cap(A\cup B)=A$$

5. 单位元

定义 5.8 设$*$是 A 上的二元运算，如果存在元素 e_l（或 e_r）$\in A$，使得对任意的 $x\in A$，均有 $e_l*x=x$（或 $x*e_r=x$），则称 e_l（或 e_r）是 A 中关于运算$*$的一个**左单位元**（或**右单位元**）；若元素 e 既是左单位元又是右单位元，即有 $e_l=e_r=e$，则称 e 是 A 中关于运算$*$的一个**单位元**，也称**幺元**。

例 5.12 对于实数集上的加法运算，0 是单位元；对于乘法运算则 1 是单位元。对于 $\boldsymbol{M}_n(\mathbf{R})$上的矩阵加法运算，零矩阵是单位元；对于乘法运算则单位矩阵是单位元。

例 5.13 对于幂集 $P(A)$上的$\cap$运算，$\varnothing$是单位元；而对于$\cup$运算，全集 E 是单位元。

例 5.14 在实数集 $\mathbf{R}$ 上定义运算$*$，其满足 $\forall a,b\in\mathbf{R},a*b=a$，则不存在左单位元 e_l，使得 $\forall b\in\mathbf{R},e_l*b=b$；而对一切 $a\in\mathbf{R},\forall b\in\mathbf{R},b*a=b$，$a$ 都满足右单位元的条件，即 $\mathbf{R}$ 中任意数均是右单位元。显然 $\mathbf{R}$ 中不存在单位元。

定理 5.1 设$*$是集合 A 上的二元运算，e_l 和 e_r 分别是运算$*$的左单位元和右单位元，则有 $e_l=e_r=e$，且 e 是 A 上唯一的单位元。

证明：

(1) 因为 e_l 是左单位元，所以 $e_l*e_r=e_r$；又因为 e_r 是右单位元，所以 $e_l*e_r=e_l$。由此可知 $e_l=e_r$，记 $e_l=e_r=e$，则 e 是单位元。

(2) 如果存在 e'也是 A 上关于$*$的单位元，则 $e'=e'*e=e$，因此单位元是唯一的。

6. 零元

定义 5.9 设$*$是 A 上的二元运算，如果存在元素 θ_l（或 θ_r）$\in A$，使得对任意的 $x\in A$，均有 $\theta_l*x=\theta_l$（或 $x*\theta_r=\theta_r$），则称 θ_l（或 θ_r）是 A 中关于运算$*$的一个**左零元**（或**右零元**）；若元素 θ 既是左零元，又是右零元，即有 $\theta_l=\theta_r=\theta$，则称 θ 是 A 中关于运算$*$的一个**零元**。

例 5.15 实数集上的加法运算不存在零元，乘法运算具有零元 0。对于 $\boldsymbol{M}_n(\mathbf{R})$上的矩阵乘法运算，零矩阵就是零元。

定理 5.2 设 $*$ 是集合 A 上的二元运算，θ_l 和 θ_r 分别是运算 $*$ 的左单位元和右单位元，则有 $\theta_l=\theta_r=\theta$，且 θ 是 A 上唯一的零元。

证明：

(1) 因为 θ_l 是左单位元，所以 $\theta_l * \theta_r=\theta_l$；又因为 θ_r 是右单位元，所以 $\theta_l * \theta_r=\theta_r$。由此可知 $\theta_l=\theta_r$，记 $\theta_l=\theta_r=\theta$，则 θ 是零元。

(2) 如果存在 θ' 也是 A 上关于 $*$ 的单位元，则 $\theta'=\theta' * \theta=\theta$，因此零元是唯一的。

7. 逆元

定义 5.10 设 $*$ 是集合 A 上的二元运算，$e\in A$ 是运算 $*$ 的单位元，对于 $\forall x\in A$，如果存在一个元素 $y\in A$，使得 $x * y=e$，$y * x=e$，则称 y 是 x 的**逆元**，记为 $y=x^{-1}$，如果 x 的逆元存在，则称 x 是**可逆的**。

例 5.16 对于 **Z** 上的加法运算，每个数的逆元就是其相反数；而对 **N** 上的加法运算，只有 0 存在逆元，且它的逆元就是它本身。

例 5.17 设 A 是集合，S 是 A 的映射全体，单位元是恒等映射 I_A，而只有双映射才是可逆的。

例 5.18 $\boldsymbol{M}_n(\mathbf{R})$上矩阵乘法，单位元是单位矩阵 **I**，而逆元就是逆矩阵，当 A 是非奇异矩阵时才可逆。

例 5.19 设 $A=\{a,b,c\}$，A 上的二元运算 $*$ 如表 5.3 所示。请说明 $*$ 满足的运算性质，并指出其中的单位元和可逆元素的逆元。

表 5.3 例 5.19 的二元运算 $*$

$*$	a	b	c
a	a	b	c
b	b	c	a
b	c	a	b

解：根据运算性质的定义，不难验证 $*$ 运算满足交换律、结合律和消去律，不满足幂等律。单位元是 a，没有零元，且 $a^{-1}=a$，$b^{-1}=c$，$c^{-1}=b$。

5.1.2 代数系统的定义

定义 5.11 设 S 是一个非空集合，$f_1,f_2,\cdots,f_n$ 是 S 上的运算，由 S 和 $f_1,f_2,\cdots,f_n$ 组成的结构称为**代数系统**，或称为**代数结构**，记为 $<S,f_1,f_2,\cdots,f_n>$。

代数系统中基础集合 S 的大小 $|S|$ 称为代数系统的**基数**或**阶**。如果 S 是有限集合，则称代数系统为**有限代数系统**，否则称为**无限代数系统**。

例 5.20 下面给出若干代数系统的例子。

(1) 整数集合 **Z** 及其上的加法运算构成一个代数系统 $<\mathbf{Z},+>$。

(2) 自然数集合 **N** 及其上的减法运算不能构成一个代数系统，因为减法不是集合上的代数运算。

(3) 实数集合 **R** 及其上的加法和乘法运算构成一个代数系统 $<\mathbf{R},+,\times>$。

(4) 实数集合 **R** 及其上的乘法和除法运算不能构成一个代数系统，因为除法不是集合上的代数运算。

在大多数情况下讨论的代数系统中的运算都是一元运算和二元运算。

在比较两个代数系统时，主要比较的是它们的运算。

定义 5.12 给定两个代数系统$<S, f_1, f_2, \cdots, f_n>$和$<S, g_1, g_2, \cdots, g_n>$，如果对于所有的$1 \leqslant i \leqslant n$，$f_i$和$g_i$都具有相同的元数，则称这两个代数系统是同类型的。

也就是说，看两个代数系统是否同类型，主要考察其运算的个数和元数。

例 5.21 设S为非空集合，$P(S)$是它的幂集，对于任意集合$A, B \in P(S)$，定义$A \oplus B = (A-B) \cup (B-A)$，$A \otimes B = A \cap B$，则$<P(S), \oplus, \otimes>$是一个代数系统，且它与$<\mathbf{R}, +, \times>$是同类型的。

定义 5.13 设$<S, f_1, f_2, \cdots, f_n>$是一个代数系统，且非空集合$T \subseteq S$在运算$f_1, f_2, \cdots, f_n$下都是封闭的，且$T$中含有与$S$中相同的特异元（包括单位元和零元），则称$<T, f_1, f_2, \cdots, f_n>$是$<S, f_1, f_2, \cdots, f_n>$的**子代数系统**，简称为**子代数**，记为$<T, f_1, f_2, \cdots, f_n> \subseteq <S, f_1, f_2, \cdots, f_n>$。

例 5.22 考虑整数集合$\mathbf{Z}$、偶数集合$\mathbf{Z}_E$和奇数集合$\mathbf{Z}_O$，则$<\mathbf{Z}_E, +>$是$<\mathbf{Z}, +>$的子代数，而$<\mathbf{Z}_O, +>$不是$<\mathbf{Z}, +>$的子代数，因为$\mathbf{Z}_O$中不包含$+$运算的单位元0。另一方面，对于代数系统$<\mathbf{Z}, \times>$，$<\mathbf{Z}_O, \times>$和$<\mathbf{Z}_E, \times>$都不是它的子代数，因为$\mathbf{Z}_O$中不包含$\times$运算的零元0，$\mathbf{Z}_E$中不包含$\times$运算的单位元1。

5.2 半群和独异点

下面介绍两种特殊的代数系统：半群和独异点。这两个代数系统虽然比较简单，但是其在计算机科学的形式语言和自动机理论等方面有着广泛的应用。

5.2.1 半群

定义 5.14 设$<S, *>$是一个代数系统，$*$是S上的二元运算，如果$*$在S上满足封闭律和结合律，则称$<S, *>$为半群。

例 5.23 下面给出一些半群的例子。

(1) $<\mathbf{Z}_+, +>$，$<\mathbf{Z}, +>$，$<\mathbf{N}, +>$，$<\mathbf{Z}_+, \times>$，$<\mathbf{N}, \times>$，$<\mathbf{Q}, \times>$等都是半群。用$\mathbf{R}_+$表示正实数集合，则$<\mathbf{R}_+, +>$，$<\mathbf{R}_+, \times>$是半群。

(2) $<\boldsymbol{M}_n(\mathbf{R}), +>$是半群，$+$为$n$阶矩阵的全体$\boldsymbol{M}_n(\mathbf{R})$上的矩阵加法运算。

(3) $P(A)$为A的幂集，$\oplus$是集合上的对称差运算，则$<P(A), \oplus>$是半群。

(4) 在$\mathbf{R}_+$上定义两个二元运算$*$和$\circ$，$\forall a, b \in \mathbf{R}_+$，$a * b = ab$，$a \circ b = 2a + b$，则运算$*$满足结合律，$<\mathbf{R}_+, *>$是半群；而$\circ$不满足结合律，$<\mathbf{R}_+, \circ>$不是半群。

例 5.24 设$A = \{a, b, c\}$，A上的二元运算$*$如表5.4所示，验证$<A, *>$是一个半群。

表 5.4 例 5.24 的二元运算 $*$

$*$	**a**	**b**	**c**
a	a	b	c
b	b	c	a
b	c	a	b

解：从表5.4可以知道运算$*$是封闭的，同时根据运算性质的定义，不难验证它满足结合律，因此$<A, *>$是一个半群。

定义 5.15 设$<S, *>$是一个半群，B是S的非空子集，且$*$在B上是封闭的，则$<B, *>$也是一个半群，并称$<B, *>$是$<S, *>$的**子**

半群。

由于运算 $*$ 在 B 上封闭且在 S 上是可结合的，且 B 是 S 的子集，所以 $*$ 在 B 上也是可结合的，因而 $<B, *>$ 也是半群。

例 5.25 $<\mathbf{N},+>$ 是 $<\mathbf{I},+>$ 的子半群，$<\mathbf{I},+>$ 是 $<\mathbf{R},+>$ 的子半群。

5.2.2 独异点

定义 5.16 含有单位元的半群称为**独异点**，也叫**奇异点**。

设半群 $<S, *>$ 中的单位元为 e，则独异点也常常记作 $<S, *, e>$。

定义 5.17 设 $<S, *, e>$ 是一个独异点，B 是 S 的非空子集，$*$ 在 B 上是封闭且 $e \in B$，则 $<B, *, e>$ 也是一个独异点，并称 $<B, *, e>$ 是 $<S, *, e>$ 的**子独异点**。

例 5.26 设 $P(A)$ 为 A 的幂集，$\oplus$ 是集合上的对称差运算，前面已介绍了 $<P(A), \oplus>$ 是半群。而对于运算 $\oplus$ 而言，其单位元是空集，因而 $<P(A), \oplus>$ 也是独异点。

类似地，在 $<\mathbf{Z}_+,+>$，$<\mathbf{Z},+>$，$<\mathbf{N},+>$，$<\mathbf{Z}_+,\times>$，$<\mathbf{N},\times>$，$<\mathbf{Q},\times>$ 这些半群中，除了 $<\mathbf{Z}_+,+>$ 之外，其他都是独异点。请读者自己找出这些独异点中的单位元。

从这个定义不难看出，独异点是特殊的半群，但是由于独异点中含有单位元，因而它包含一些半群所不具有的性质。

定理 5.3 设 $<S, *>$ 是独异点，则对于任意 $a,b \in S$ 且 a、b 均有逆元，有

(1) $\forall a \in S, (a^{-1})^{-1}=a$

(2) $\forall a,b \in S, (a*b)^{-1}=b^{-1}*a^{-1}$

证明：

(1) 因 $a*a^{-1}=e, a^{-1}*a=e$，这说明了 a^{-1} 和 a 互为逆元，所以 $(a^{-1})^{-1}=a$。

(2) $(ab)*(b^{-1}*a^{-1})=a(bb^{-1})a^{-1}=aea^{-1}=aa^{-1}=e$

$(b^{-1}a^{-1})(ab)=b^{-1}(a^{-1}a)b=b^{-1}eb=b^{-1}b=e$

上述两式说明了 $a*b$ 和 $b^{-1}*a^{-1}$ 互为逆元，所以 $(a*b)^{-1}=b^{-1}*a^{-1}$。

定理 5.4 设 $<S, *>$ 是一个独异点，则在关于 $*$ 的运算表中，任何两行和两列都是不相同的。

证明：设 S 中关于 $*$ 运算的单位元是 e。因为对于任意的 $a,b \in S$ 且 $a \neq b$ 时，总有

(1) $e*a=a \neq b=e*b$

(2) $a*e=a \neq b=b*e$

所以，在 $*$ 运算表中不可能有两行或者两列是相同的。

例 5.27 设 $A=\{a,b,c\}$，A 上的二元运算 $*$ 如表 5.5 所示，验证 $<A, *>$ 是一个独异点。

上面已经看到，$<A, *>$ 是一个半群。不难发现，在这个运算表中，a 是运算 $*$ 的单位元，所以 $<A, *>$ 也是一个独异点。容易看到，这个运算表没有两行或两列是相同的。

表 5.5 例 5.27 的二元运算 $*$

$*$	a	b	c
a	a	b	c
b	b	c	a
c	c	a	b

5.2.3 可交换半群和循环半群

定义 5.18 设$<S, *>$是一个半群，若$*$是可交换的，则称$<S, *>$是**可交换半群**。

类似地，可定义可交换独异点的概念。

例 5.28 $<\mathbf{Z},+>$，$<\mathbf{N},+>$，$<\mathbf{Q},\times>$，$<\mathbf{R},\times>$都是可交换半群，也都是可交换独异点。

定义 5.19 给定半群$<S, *>$和$g\in S$，以及自然数集合$\mathbf{N}$，若对于任意的$x\in S$，都存在一个自然数$n\in\mathbf{N}$，使得$x=g^n$，则称$<S, *>$是**循环半群**，并称g为$<S, *>$的**生成元**。

类似地，可定义循环独异点及其生成元的概念，并规定$g^0=e$。

例 5.29 $<\mathbf{N},+>$是一个循环半群，也是一个循环独异点，其生成元为1。因为对于任意的$n\in\mathbf{N}$，都有$n=1^n$（这里表示在1上应用n次加法）。

定理 5.5 循环半群都是可交换的。

证明：设$<S, *>$为循环半群且g为其生成元。那么对任意的$a,b\in S$都存在m，$n\in\mathbf{N}$，使得$a=g^m$，$b=g^n$。因此有

$$a*b=g^m*g^n=g^{m+n}=g^{n+m}=g^n*g^m=b*a$$

由此可知$<S, *>$是可交换的。

类似可证循环独异点也是可交换的。

对生成元的概念进一步推广可得生成集的概念。

定义 5.20 给定半群$<S, *>$，称满足下列条件的最小集合$G\subseteq S$为$<S, *>$的**生成集**。

对于任意的$x\in S$，都存在一个由G中的元素经若干次$*$运算而生成的元素$*(G)$，使得$x=*(G)$。

类似地，可定义循环独异点的生成集的概念。

例 5.30 设$A=\{a,b,c,d\}$，A上的二元运算$*$如表5.6所示。

表 5.6 例 5.30 的二元运算 $*$

$*$	**a**	**b**	**c**	**d**
a	d	c	b	a
b	b	b	b	b
c	c	c	c	c
d	a	b	c	d

从表中可知$c=a*b$，$d=a*a$，故$G=\{a,b\}$是半群$<A, *>$的一个生成集。

定理 5.6 给定半群$<S, *>$及任意的$a\in S$，则$<\{a,a^2,a^3,\cdots\}, *>$是循环子半群。

证明：首先，$<S, *>$是半群，那么对于任意的$a\in S$和$n\in\mathbf{N}$都有$a\in S$，因此$\{a,a^2,a^3,\cdots\}\subseteq S$，$<\{a,a^2,a^3,\cdots\}, *>$是$<S, *>$的子群。

其次，显然a是$<\{a,a^2,a^3,\cdots\}, *>$的生成元，这说明$<\{a,a^2,a^3,\cdots\}, *>$也是循环的。

5.3 群

5.3.1 群的定义

定义 5.21 设$\langle S, * \rangle$是一个代数系统，其中 S 是非空集合，$*$ 是 S 上的一个二元运算，如果满足：

(1) 运算 $*$ 是封闭的。

(2) 运算 $*$ 是可结合的。

(3) S 中存在单位元。

(4) S 中每个元素 x 存在逆元 x^{-1}。

则称$\langle S, * \rangle$是一个**群**。

例 5.31 $\langle \mathbf{Z}, + \rangle$是群，单位元是 0，逆元是相反数。同样$\langle \mathbf{Q}, + \rangle$，$\langle \mathbf{R}, + \rangle$也是群。

例 5.32 $\langle \mathbf{R}_+, \times \rangle$是群，单位元是 1，逆元是倒数。

例 5.33 $\langle \boldsymbol{M}_n(\mathbf{R}), + \rangle$是群，单位元是零矩阵，逆元是负矩阵。

例 5.34 $\langle \boldsymbol{M}_n(\mathbf{R}), \cdot \rangle$不是群，存在单位元是单位矩阵 $\mathbf{I}_n$，逆元是逆矩阵，但有的方阵是不存在逆矩阵。如果定义 $\boldsymbol{M}_n(\mathbf{R})$的子集 $S_n(\mathbf{R})$=所有可逆矩阵的全体，则$\langle S_n(\mathbf{R}), \cdot \rangle$是群，因为其运算封闭，且每个矩阵均存在逆矩阵。

例 5.35 $\langle \mathbf{Z}_6, +_6 \rangle$，其中 $\mathbf{Z}_6=\{0,1,2,3,4,5\}$，单位元是 0。又因为 $1+_6 5=0$，$2+_6 4=0$，$3+_6 3=0$，所以 1、5 互为逆元，2、4 互为逆元，3 的逆元是 3，0 的逆元是 0，因此$\langle \mathbf{Z}_6, +_6 \rangle$是群。

例 5.36 $\langle P(A), \oplus \rangle$，$P(A)$是 A 的幂集，$\oplus$是对称差运算。对任意 $B \in P(A)$，都有 $B \oplus \varnothing = \varnothing \oplus B = B$，$B \oplus B = \varnothing$，所以单位元是$\varnothing$，每个元素的逆元就是其本身。可知$\langle P(A), \oplus \rangle$是群。

例 5.37 设 $S=\{e,a,b,c\}$，S 上的二元运算 $*$ 如表 5.7 所示。

表 5.7 例 5.37 的二元运算 $*$

$*$	**e**	**a**	**b**	**c**
e	e	a	b	c
a	a	e	c	b
b	b	c	e	a
c	c	b	a	e

(1) $\forall x \in S, x * x = e$

(2) $\forall x \in S, x * e = e * x = x$

(3) $\forall x, y \in S$，如 $x \neq e, y \neq e, x * y = y * x = z$，其中 $z \neq e$，且 x、y、z 均不相等。

由此可知：①S 存在单位元 e；②运算封闭；③ $*$ 运算满足结合律；④S 的每个元素均存在逆元，逆元是其本身；⑤S 存在交换律(这不是群的要求)。称$\langle S, * \rangle$为四元群。

例 5.38 $\langle \mathbf{Z}, + \rangle$是群；但$\langle \mathbf{Z}_+, + \rangle$不是群，因为其不存在单位元，且每个元素也不存在逆元；$\langle \mathbf{N}, + \rangle$存在单位元，但除 0 以外的每个数均不存在逆元，故只是半群。

到此已经介绍了几个基本的代数系统。简单总结一下，半群是具有封闭性和结合性的代数系统，独异点是具有单位元的半群，群则是每个元素都有逆元的独异点。即{半群}$\subset${独异点}$\subset${群}。

5.3.2 群的性质

定理 5.7 $\forall a,b\in S$,方程 $a*x=b$ 和 $x*a=b$,在 S 中存在唯一解。

证明:

(1) 存在性。因 $a*(a^{-1}*b)=(a*a^{-1})*b=e*b=b$,所以 $x=a^{-1}*b$ 是方程 $a*x=b$ 的解。

(2) 唯一性。设 c 是方程的解,即 $a*c=b$;则两边同乘 a^{-1}得到 $a^{-1}*a*c=a^{-1}*b$,即 $c=a^{-1}*b$。所以方程的解只有 $a^{-1}*b$。

同理可证 $y*a=b$ 存在唯一解 $y=b*a^{-1}$。

该定理说明群$<S,*>$未必满足交换律,这是因为 $a^{-1}*b$ 和 $b*a^{-1}$未必相等,那么 $a*x=b$ 和 $y*a=b$ 的解未必相等。

由于 $*$ 没有交换律,因此称之为"左除"运算。

定理 5.8 设$<S,*>$是群,则 $\forall a,b,c\in G$,如果有 $a*b=a*c$ 或者 $b*a=c*a$,则 $b=c$。

证明:

(1) 设 $a*b=a*c$,且 a 的逆元是 a^{-1},则只要两边同左乘 a^{-1},即有

$$a^{-1}*(a*b)=a^{-1}*(a*c)$$
$$(a^{-1}*a)*b=(a^{-1}*a)*c$$
$$e*b=e*c$$
$$b=c$$

(2) 对于 $b*a=b*c$,可以用类似的方法证明。

这个定理其实同样说明了群的运算表中没有两行(或者两列)是相同的。

5.3.3 子群

定义 5.22 设$<S,*>$是群,T 是 S 的非空子集,如果 T 关于 S 的运算 $*$ 构成群,则称$<T,*>$为$<S,*>$的**子群**。记作$<T,*>\subseteq<S,*>$。

从子群的定义中不难发现以下一些规律。

(1) $<T,*>$是$<S,*>$的子群,只要求

① 运算 $*$ 在 T 中封闭。

② S 的单位元 e 在 T 内。

③ T 的每个元素的逆元仍在 T 内(对逆元封闭)。

(2) 子群要求$<T,*>$的运算 $*$ 与 S 中相同。至于运算的确定性和结合律,由于在 S 中成立,在 T 中也必然成立。

(3) 如 T 构成子群,必然是非空的,至少有单位元 e。

(4) $<S,*>$有两个平凡子群,即$<\{e\},*>$和$<S,*>$本身。

例 5.39 对于群$<\mathbf{R},+>$,有理数 $\mathbf{Q}$、整数 $\mathbf{Z}$ 和自然数 $\mathbf{N}$ 都是 $\mathbf{R}$ 的子集,$<\mathbf{Q},+>$是子群,$<\mathbf{Z},+>$也是子群;但$<\mathbf{N},+>$不是子群,因为其不满足逆元的封闭性。

例 5.40 $<\mathbf{Z}_6,+_6>$是群。对于 $T_1=\{0,2,4\}$,$<T_1,+_6>$是子群,其中 0 的逆元就是 0;因 $2+_6 2=4\in T_1$,$4+_6 4=2\in T_1$,2 和 4 互为逆元。关于群的其他条件也都满足。

但对于 $T_2=\{0,1,5\}$,$<T_2,+_6>$不是子群,因为 $1+_6 1=2\notin T_2$,$5+_6 5=4\notin T_2$,T_2 对运算$+_6$ 不封闭。

可以验证$<\{0,3\},+_6>$也是子群。

定理 5.9(子群的判定定理一)

设$<S,*>$是群,T 是 S 的非空子集,$<T,*>$是$<S,*>$的子群的充要条件为:

(1) 如果 $a\in T$,$b\in T$,则 $a*b\in T$。

(2) 如果 $a\in T$,则 $a^{-1}\in T$。

证明:根据群的定义,必要性显然成立。下面来证明充分性。

取 $a\in T$,由(2)可知 $a^{-1}\in T$,再由(1)可得 $a*a^{-1}=e\in T$,所以 T 也存在单位元,从而$<T,*>$是子群。

定理 5.10(子群的判定定理二)

设$<S,*>$是群,T 是 S 的非空子集,$<T,*>$是子群的充要条件是:$\forall x,y\in T$,均有 $x*y^{-1}\in T$。

证明:任取 $x\in T\subseteq S$,有 $e=x*x^{-1}\in T$,即 S 中的单位元也是 T 中的单位元。

对于 $\forall a\in T$,有 $e*a^{-1}=a^{-1}\in T$,即 T 中每个元素的逆元都存在且属于 T。

再对于 $\forall a,b\in T$,由上已知 $b^{-1}\in T$,则 $a*(b^{-1})^{-1}=a*b\in T$,即 T 对 $*$ 运算是封闭的。

由于 $*$ 结合律在 T 上是可保持的。因此$<T,*>$是子群。

例 5.41 设$<S,*>$为群,$\forall x\in S$,令 $T=\{x^k\mid k\in\mathbf{Z}\}$,试证 T 为 G 的子群。

证明:$\forall x^m,x^l\in T$,则 $x^m*(x^l)^{-1}=x^m*x^{-l}=x^{m-l}\in T$。

由定理 5.10 可知$<T,*>$是$<S,*>$的子群。

例 5.42 设$<T,*>$和$<K,*>$都是群$<S,*>$的子群,试证明$<T\cap K,*>$也是$<S,*>$的子群。

证明:对任意的 $a,b\in T\cap K$,因为$<T,*>$和$<K,*>$都是子群,即有 $b^{-1}\in T$,且 $b^{-1}\in K$,所以有 $b^{-1}\in T\cap K$;由于 $*$ 运算在 T 和 K 中的封闭性,所以 $a*b^{-1}\in T\cap K$,由定理 5.10 可知$<T\cap K,*>$是$<S,*>$的子群。

5.4 特殊的群

5.4.1 交换群

和可交换半群类似,也可以定义交换群的概念。

定义 5.23 如果$<S,*>$中的二元运算是可交换的,则称$<S,*>$是**交换群**,又称**阿贝尔**(Abel)**群**。

例 5.43 $<\mathbf{Z},+>$,$<\mathbf{Q}_+,\times>$等是交换群,因为数的加法和乘法满足交换律。

例 5.44 $P(A)$为 A 的幂集,$\oplus$是集合上的对称差运算,则$<P(A),\oplus>$是交换群。

例 5.45 n 阶实可逆矩阵的全体对矩阵乘法构成群，但由于矩阵乘法不满足交换律，因而不是交换群。

5.4.2 循环群

和循环半群类似，也可以定义循环群的概念。

定义 5.24 设 $<S, *>$ 是群，如果存在一个元素 $g \in S$，使 $S=\{g^n | n \in \mathbf{Z}\}$，则称 S 为**循环群**，元素 g 称为 S 的**生成元**。

当 n 是正整数时，$g^n = g * g * \cdots * g$（共 n 个元素的乘积）；当 n 是负整数时，$g^{-n} = (g^n)^{-1}$。记 $g^0 = e$。

(1) 如果不存在一个正整数 k，使得 $g^k = e$，则 $S=\{g^n | n \in \mathbf{Z}\}$ 就有含有无穷多个元素，即 $S=\{\cdots, g^{-n}, \cdots, g^{-2}, g^{-1}, e, g, g^2, \cdots g^n, \cdots\}$。

例如，$<\mathbf{Z}, +>$ 是循环群，1 或 -1 是生成元，任意正整数 $n=1+1+\cdots+1$，$-n$ 是 n 的逆元。

(2) 如果存在一个最小的正整数 n，使得 $g^n = e$，则 S 有 n 个元素，$S=\{e, g, g^2, \cdots, g^{n-1}\}$，称 n 为 S 中元素 g 的周期（也叫元素的阶）。

定理 5.11 任何一个循环群必定是交换群。

证明：设 $<S, *>$ 是一个循环群，它的生成元是 g，那么对于任意的 $x, y \in S$，必定有 $r, s \in \mathrm{I}$，使得 $x = g^r$ 和 $y = g^s$ 而且 $x * y = g^r * g^s = g^{r+s} = g^{s+r} = g^s * g^r = y * x$，因此 $<S, *>$ 是一个交换群。

例 5.46 设 $g^{12} = e$，$S=\{e, g, g^2, \cdots, g^{11}\}$。比如 $g^{12} = g^{12+3} = g^3$，$g^{-8} = g^{-12+4} = g^4$。

S 的生成元可以是 g 或 g^5、g^7 和 g^{11}，$<S, *>$ 的子群有

$T_1 = \{e, g^2, g^4, g^6, g^8, g^{10}\}$，$T_1$ 的生成元是 g^2 或 g^{10}，周期为 6。

$T_2 = \{e, g^3, g^6, g^9\}$，$T_2$ 的生成元是 g^3 或 g^9，周期为 4。

$T_3 = \{e, g^4, g^8\}$，T_3 的生成元是 g^4 或 g^8，周期为 3。

$T_4 = \{e, g^6\}$，T_4 的生成元是 g^6，周期为 2。

$T_5 = \{e\}$，T_5 的生成元是 e，周期为 1。

还有一个子群是 $<S, *>$ 本身，生成元是 g、g^5、g^7 和 g^{11}。元素 g 的周期为 12。

5.5 陪集和拉格朗日定理

5.5.1 陪集

定义 5.25 设 $<S, *>$ 为群，$A, B \subset S$ 且 A、B 非空，则 $AB=\{a * b | a \in A, b \in B\}$ 称为 A 和 B 的**乘积**，记为 AB。

注意：A 和 B 不一定要是子群。一般情况下，$|AB|$ 也不一定等于 $|A||B|$。当 S 可交换，则有 $AB = BA$。

群的子集的乘积有下列性质。

设$<S,*>$为群，$A,B,C\subset S$且A、B、C非空，则

(1) $(AB)C=A(BC)$，这是因为群中所有元素都满足结合律。

(2) $eA=Ae=A$，这是因为群中所有元素乘以幺元都等于元素本身。

定义 5.26 设$<T,*>$是群$<S,*>$的一个子群，$a\in S$，则集合 $aT=\{a*t|t\in T\}$称为由a确定的T在S中的**左陪集**，元素a称为左陪集aT的**代表元**。

定义 5.27 设$<T,*>$是群$<S,*>$的一个子群，$a\in S$，则集合 $Ta=\{t*a|t\in T\}$称为由a确定的T在S中的**右陪集**，元素a称为右陪集Ta的**代表元**。

以下为了方便，仅讨论左陪集，对于右陪集有类似的结论。

下面看一个陪集的例子。

例 5.47 设$K=\{e,a,b,c\}$，在K上定义的二元运算$*$如表5.8所示。

由表5.8可知，运算$*$是封闭的和可结合的，幺元是e，每个元素的逆元是自身，所以$<K,*>$是群。因为a、b、c都是二阶元，故$<K,*>$不是循环群。称$<K,*>$为Klein四元群。

表 5.8 例 5.47 的二元运算$*$

$*$	e	a	b	c
e	e	a	b	c
a	a	e	c	b
b	b	c	e	a
c	c	b	a	e

设$T=\{e,a\}$是Klein四元群的子群，那么T的所有左陪集是

$$eT=\{e*e,e*a\}=\{e,a\}=T$$
$$aT=\{a*e,a*a\}=\{a,e\}=T$$
$$bT=\{b*e,b*a\}=\{b,c\}$$
$$cT=\{c*e,c*a\}=\{c,b\}$$

不难发现，对于T而言，不同的左陪集只有两个，即T和$\{b,c\}$。读者可以自己验证，对于T而言，不同的右陪集也只有两个。后面会进一步说明为什么会这样。

例 5.48 设$<T,*>$是$<S,*>$的子群，$a,b\in S$。证明下述6个条件是等价的：

(1) $b^{-1}*a\in T$

(2) $a^{-1}*b\in T$

(3) $b\in aT$

(4) $a\in bT$

(5) $aT=bT$

(6) $aT\cap bT\neq\varnothing$

证明：

(1)⇒(2)，因为T是S子群，$b^{-1}*a\in T\Rightarrow(b^{-1}*a)^{-1}\in T$，即$a^{-1}*b\in T$。

(2)⇒(3)，由$a^{-1}*b\in T$，可得$\exists c\in T$，$a^{-1}*b=c$，有$b=a*c$，即$b\in aT$。

(3)⇒(4)，因$b\in aT$，可得$\exists c\in T$，$b=a*c$，则$a=b*c^{-1}$，而T是子群，$c^{-1}\in T$，故$a\in bT$。

(4)⇒(5)，因$a\in bT$，$\exists c_0\in T$，$a=b*c_0$。

$\forall x\in aT$，存在$c\in T$，使$x=a*c=b*c_0*c$，而$c_0*c\in T$。故$x\in bT$，得$aT\subseteq bT$。

另一方面，$\forall x\in bT$，存在$c\in T$，使$x=b*c=ac_0^{-1}c$，而$c_0^{-1}*c\in T$，故$\forall x\in aT$，得$bT\subseteq aT$。证得$aT=bT$。

(5)⇒(6)，由 $aT=bT$，且 $a\in aT$，故 $a\in aT\cap bT\neq\varnothing$。

(6)⇒(1)，由 $aT\cap bT\neq\varnothing$，存在 $c_1,c_2\in T$ 使得 $a*c_1=b*c_2$，有 $b^{-1}*a=c_2*c_1^{-1}\in T$。

5.5.2 拉格朗日定理

定理 5.12（拉格朗日定理） 设 $<T,*>$ 是有限群 $<S,*>$ 的一个子群，那么：

(1) $R=\{<a,b>\mid a\in S,b\in S$ 且 $a^{-1}*b\in T\}$ 是 S 中的一个等价关系。对于 $a\in S$，若记 $[a]_R=\{x\mid x\in S$ 且 $<a,x>\in R\}$，则

$$[a]_R=aT$$

(2) 如果 S 是有限群，$|S|=n$，$|T|=m$，则 $m\mid n$。

证明：

(1) 对于任一 $a\in S$，必有 $a^{-1}\in S$，使 $a^{-1}*a=e\in T$，所以 $<a,a>\in R$。

若 $<a,b>\in R$，则 $a^{-1}*b\in T$，因为 T 是 S 的子群，故 $(a^{-1}*b)^{-1}=b^{-1}*a\in T$，所以 $<b,a>\in R$。

若 $<a,b>\in R$，$<b,c>\in R$，则 $a^{-1}*b\in T$，$b^{-1}*c\in T$，所以 $a^{-1}*b*b^{-1}*c=a^{-1}*c\in T$，$<a,c>\in R$。

上面分别证明了 R 的自反性、对称性和可传递性，所以 R 是 S 中的一个等价关系。

对于 $a\in S$，有 $b\in[a]_R\Leftrightarrow<a,b>\in R$，即 $a^{-1}*b\in T$，也就是 $b\in aT$。因此，$[a]_R=aT$。

(2) 由于 R 是 S 中的一个等价关系，所以必定将 S 划分成不同的等价类 $[a_1]_R$，$[a_2]_R$，…，$[a_k]_R$，使得

$$S=\bigcup_{i=1}^{k}[a_i]_R=\bigcup_{i=1}^{k}a_iT$$

又因为 T 中任意两个不同的元素 t_1 和 t_2，$a\in S$，必有 $a*t_1\neq a*t_2$，所以 $|a_iT|=|T|=m$，$i=1,2,\cdots,k$。因此

$$n=|S|=|\bigcup_{i=1}^{k}a_iT|=\sum_{i=1}^{k}|a_iH|=mk$$

这表明任何有限群的阶都可以被其子群的阶整除。

拉格朗日定理反映了有限群的元数与其子群的元数之间的关系，是群论最基本的定理之一。

根据拉格朗日定理，可直接得到以下几个推论。

推论 1 任何质数阶的群不可能有非平凡子群。

这是因为，如果有非凡子群，那么该子群的阶必定是原来群的阶的一个因子，这就与原来群的阶是质数相矛盾。

推论 2 设 $<S,*>$ 是 n 阶有限群，那么对于任意的 $a\in S$，a 的阶必是 n 的因子且必有 $a^n=e$，这里 e 是群 $<S,*>$ 中的幺元。如果 n 为质数，则 $<S,*>$ 必是循环群。

这是因为，由 S 中的任意元素 a 生成的循环群

$$T=\{a^i\mid i\in\mathbf{I},a\in S\}$$

一定是 S 的一个子群。如果 T 的阶是 m，那么由定理 5.12 的推论 2 可知 $a^m=e$，即 a 的

阶等于 m。由拉格朗日定理必有 $n=mk, k\in \mathbf{I}_+$,因此,a 的阶 m 是 n 的因子,且有

$$a^n = a^{mk} = (a^m)^k = e^k = e$$

因为质数阶群只有平凡子群,所以,质数阶群必定是循环群。必须注意群的阶与元素的阶这两个概念的不同。

例 5.49 任何一个四阶群只可能是四阶循环群或者 Klein 四元群。

证明:设四阶群为 $<\{e,a,b,c\}, *>$,其中 e 是幺元。当四阶群含有一个四阶元素时,这个群就是循环群。

当四阶群不含有四阶元素时,则由推论 2 可知,除幺元 e 外 a、b、c 的阶一定都是 2。$a*b$ 不可能等于 a、b 或 e,否则将导致 $b=e$、$a=e$ 或 $a=b$ 的矛盾,所以 $a*b=c$。同样地有 $b*a=c$ 以及 $a*c=c*a=b$,$b*c=c*b=a$。因此,这个群是 Klein 四元群。

5.6 同态和同构

同态是两个代数系统间的一种联系,通过这种联系,可以把一个代数系统的运算转移到另一个代数系统。这使得将一个代数系统中较难解决的问题转化成另一个代数系统中较易解决的问题成为可能。

5.6.1 同态

定义 5.28 设 $<S,+>$ 和 $<T,*>$ 是两个同型的代数系统,如果存在一个从 S 到 T 的函数 f,使得对任意 $a,b\in S$ 都有 $f(a+b)=f(a)*f(b)$,则称 f 是从 S 到 T 的一个**同态映射**,称 $<S,+>$ 和 $<T,*>$ 是**同态的**,记为 $<S,+>\backsim<T,*>$。T 称为 S 在 f 下的**同态像**。

同态映射 f 的作用是将 S 上的运算 $+$ 传送到 T 上的运算 $*$,即 f 是一个保持运算的映射,它表明元素运算的像等于这些元素的像的运算。

例 5.50 试证 $<\mathrm{R},+>\backsim<\mathrm{R},\times>$。

证明:构造函数 $f(a)=g^a$,其中 $g>0, a\in \mathrm{R}$。那么对任意的 $a,b\in \mathrm{R}$ 都有

$$f(a+b)=g^{a+b}=g^a\times g^b=f(a)\times f(b)$$

因此 $<\mathrm{R},+>$ 和 $<\mathrm{R},\times>$ 是同态的,f 为二者间的一个同态映射。

对于同态的定义,我们可以回忆初等数学中学习的对数运算,实际上,它就是正实数的乘法群到实数的加法群的一个同态。利用对数实现了把较复杂的乘法运算转化成较简单的加法运算,因此,同态是代数系统间十分重要的关系。

同态关系可推广到具有多个二元运算的同型代数系统上。比如设 $<S,+,\times>$ 和 $<T,\oplus,\otimes>$ 是两个同型的代数系统,则二者的同态关系 $<S,+,\times>\backsim<T,\oplus,\otimes>$ 定义为

$$(\exists f\in T^S)(\forall a,b\in S\rightarrow f(a+b)=f(a)\oplus f(b)\wedge f(a\times b)=f(a)\otimes f(b))$$

例 5.51 试证 $<\mathbf{Z},+,\times>\backsim<\mathbf{Z}_m,+_m,\times_m>$。

证明:构造函数 $f(i)=i \pmod m$,则对任意的 $i,j\in \mathbf{Z}$ 有

$$f(i+j)=(i+j) \pmod m=(i \pmod m)+_m(j \pmod m)=f(i)+_m f(j)$$

$$f(i\times j)=(i\times j)\ (\mathrm{mod}\ m)=(i\ (\mathrm{mod}\ m))\times_m(j\ (\mathrm{mod}\ m))=f(i)\times_m f(j)$$

因此$<\mathbf{Z},+,\times>$和$<\mathbf{Z}_m,+_m,\times_m>$是同态的，$f$ 为二者间的一个同态映射。

定义 5.29 设函数 f 是代数系统 A 到 B 的同态。

(1) 若 f 是内射，则称 f 是从 A 到 B 的**单一同态映射**。

(2) 若 f 是满射，则称 f 是从 A 到 B 的**满同态映射**。

特别地，若 f 是从代数系统 A 到 A 的同态，则称 f 是一个**自同态映射**。

当 f 是从 A 到 B 的同态时，f 能保持运算；而当 f 是满同态时，说明 f 还能保持运算的性质。

例 5.52 对于$<R,+>$和$<R,\times>$，映射 $\varphi(x)=e^x$ 是$<R,+>$到$<R,\times>$的同态映射，但 φ 不是满射，R 在 φ 下的同态像 $\varphi(R)$是 R 的真子集 R_+。

定理 5.13 设 f 是从代数系统$<S,+,\times>$到$<T,\oplus,\otimes>$的满同态映射。

(1) 如果$+$和$\times$满足结合律，则$\oplus$和$\otimes$也满足结合律。

(2) 如果$+$和$\times$满足交换律，则$\oplus$和$\otimes$也满足交换律。

(3) 如果$+$对于$\times$(或$\times$对于$+$)满足分配律，则$\oplus$对于$\otimes$(或$\otimes$对于$\oplus$)也满足分配律。

(4) 如果$+$对于$\times$(或$\times$对于$+$)满足吸收律，则$\oplus$对于$\otimes$(或$\otimes$对于$\oplus$)也满足吸收律。

(5) 如果$+$和$\times$满足幂等律，则$\oplus$和$\otimes$也满足幂等律。

(6) 如果 e_1 和 e_2 分别是$+$和$\times$运算的单位元，则 $f(e_1)$和 $f(e_2)$分别是$\oplus$和$\otimes$运算的单位元。

(7) 如果 θ_1 和 θ_2 分别是$+$和$\times$运算的零元，则 $f(\theta_1)$和 $f(\theta_2)$分别是$\oplus$和$\otimes$运算的零元。

(8) 如果对于每个 $x\in S$ 都存在关于$+$运算(或$\times$运算)的逆元 x^{-1}，则对于每个 $f(x)\in T$ 都存在关于$\oplus$运算(或$\otimes$运算)的逆元 $f(x^{-1})$。

5.6.2 同构

定理 5.13 说明，满同态映射能够保持代数系统的许多性质，如结合律、交换律和分配律等。不过，这种性质保持是单向的。即当代数系统 $A\backsim B$ 时，A 具有的性质 B 也具有，但 B 具有的性质 A 不一定具有。在什么情况下两个代数系统的基本性质是完全相同的呢？这就要引入同构的概念。

定义 5.30 设函数 f 是代数系统 A 到 B 的同态，若 f 是双射，则称 f 是从 A 到 B 的**同构映射**。

特别地，若 f 是 A 到 A 的同构，则称 f 是一个**自同构映射**。

例 5.53 给定代数系统$<\mathbf{Z},+>$，$f(x)=kx,k,x\in\mathbf{Z}$。那么当 $k\neq0$ 时，f 是从$<\mathbf{Z},+>$到$<\mathbf{Z},+>$的单一自同态映射。当 $k=-1$ 或 $k=1$ 时，f 是从$<\mathbf{Z},+>$到$<\mathbf{Z},+>$的自同构映射。

定义 5.31 设$<S,+>$和$<T,*>$是两个同型的代数系统，如果存在一个从$<S,+>$到$<T,*>$的同构映射 f，则称$<S,+>$和$<T,*>$是**同构的**，记为$<S,+>\cong<T,*>$。

类似地，同构关系也可推广到具有多个运算的同型代数系统上。

例 5.54 代数系统$<\mathbf{Z}_3, +_3>$的运算表如表 5.9 所示。

代数系统$<F, \circ>$与$<\mathbf{Z}_3, +_3>$是同类型的，其中 $F=\{f^0, f^1, f^2\}$，运算$\circ$的运算表如表 5.10 所示。

表 5.9 例 5.54 的运算$+_3$

$+_3$	0	1	2
0	0	1	2
1	1	2	0
2	2	0	1

表 5.10 例 5.54 的运算$\circ$

$\circ$	f^0	f^1	f^2
f^0	f^0	f^1	f^2
f^1	f^1	f^2	f^0
f^2	f^2	f^0	f^1

定义 $\varphi \in \mathbf{Z}_4^F$，$\varphi(f^i)=i(i=0,1,2)$，显然 φ 是双射。再由表 5.9 和表 5.10 给出的运算表可知，对任意的 $i,j=0,1,2$ 有

$$\varphi(f^i \circ f^j) = \varphi(f^i) +_3 \varphi(f^j) = i +_3 j$$

所以 φ 是从$<F, \circ>$到$<\mathbf{Z}_3, +_3>$的同构映射，$<F, \circ> \cong <\mathbf{Z}_3, +_3>$。

由此可知，同构的条件比同态更强。两个同构的代数系统在结构上其实没有本质区别，只是在元素和运算符的标识上有所不同。

定理 5.14 代数系统间的同构关系是等价关系。

证明：

(1) 对于任意的代数系统$<S,+>$，显然有$<S,+> \cong <S,+>$，因为恒等映射是同构映射。

(2) 设 f 是从$<S,+>$到$<T,*>$的同构映射，由于 f 是双射，那么 f^{-1} 是从$<T,*>$到$<S,+>$的同构映射。

(3) 设 f 是从$<S,+>$到$<T,*>$的同构映射，g 是从$<T,*>$到$<R,\times>$的同构映射，则 $g \circ f$ 是从$<S,+>$到$<R,\times>$的同构映射。

因此，同构关系是等价关系。

5.6.3 群的同态和同构

同态和同构的概念也可以用于群这样的特殊代数系统，其中的定义和性质与一般代数系统基本上是平行的。

定义 5.32 给定群$<S,+>$和$<T,*>$，如果存在一个函数 $f \in T^S$，使得对任意 $a, b \in S$ 都有 $f(a+b)=f(a)*f(b)$，则称 f 是从 S 到 T 的一个**群同态映射**，称群$<S,+>$和$<T,*>$是同态的。

例 5.55 $<R_+, \times>$和$<R,+>$是两个群。定义 $f: R_+ \to R$，$f(x)=\ln x$，可以证明 f 是满射，且满足 $f(x \cdot y)=\ln(x \cdot y)=\ln x+\ln y=f(x)+f(y)$，因此群$<R_+, \times> \backsim <R,+>$。

例 5.56 $<\mathbf{Z},+>$和$<\mathbf{Z}_m, +_m>$是两个群，其中 $\mathbf{Z}_m=\{0,1,2,\cdots,n-1\}$，$+_m$ 是模 m 加法。定义 $f: \mathbf{Z} \to \mathbf{Z}_m$，$f(x)=x(\bmod m)$，那么对于 $\forall x, y \in \mathbf{Z}$ 有

$$f(x+y)=(x+y) \ (\bmod m)=(x \bmod m)+_m(y \bmod m)=f(x)+_m f(y)$$

即 f 是$<\mathbf{Z},+>$到$<\mathbf{Z}_m, +_m>$的同态映射，同时 f 也是满同态映射。

定义 5.33 设 f 是从群 $<S,+>$ 到群 $<T,*>$ 的一个同态映射，如果 f 是从 S 到 T 的一个双射，则称 f 是 $<S,+>$ 到 $<T,*>$ 的**同构映射**。

定义 5.34 给定群 $<S,+>$ 和 $<T,*>$，如果存在一个从 $<S,+>$ 到 $<T,*>$ 的同构映射 f，则称群 $<S,+>$ 和 $<T,*>$ 是**同构的**。

5.7 环和域

半群、独异点和群都是具有一个二元运算的代数系统。给定同一集合上的两个代数系统 $<A,+>$ 和 $<A,*>$，容易将它们组合成一个具有二元运算的代数系统 $<A,+,*>$。本节研究这样两个典型的代数系统，分别是环和域。

5.7.1 环

下面首先给出第一种含有两个二元运算的代数系统——环。

定义 5.35 给定代数系统 $<S,+,\times>$，$+$ 和 $\times$ 均为二元运算，如果满足

(1) $<S,+>$ 是交换群。

(2) $<S,\times>$ 是半群。

(3) 运算 $\times$ 对 $+$ 可分配，即对任意 $a,b,c\in S$ 都有 $a\times(b+c)=a\times b+a\times c$，$(b+c)\times a=b\times a+c\times a$ 则称 $<S,+,*>$ 为环。

例 5.57 下面给出环的一些例子。

(1) $<\mathbf{Z},+,\times>$，$<\mathbf{Q},+,\times>$，$<\mathbf{R},+,\times>$，$<\mathbf{C},+,\times>$ 均为环，其中 **Z** 为整数集，**Q** 为有理数集，**R** 为实数集，**C** 为复数集，$+$ 和 $\times$ 分别为四则运算的加法和乘法。

(2) $<\mathbf{Z}_m,+_m,\times_m>$ 为环，其中 $\mathbf{Z}_m=\{0,1,\cdots,m-1\}$，$+_m$ 和 $\times_m$ 分别为整数加法取模和乘法取模运算。

(3) $<\boldsymbol{M}_n(\mathbf{R}),+,\times>$ 为环，其中 $\boldsymbol{M}_n(\mathbf{R})$ 表示所有实数分量的 $n\times n$ 方阵集合，$+$ 和 $\times$ 分别为矩阵加运算和乘运算。

(4) $<P(A),\oplus,\cap>$ 是环，其中 $P(A)$ 是集合 A 上的幂集合，$\oplus$ 为集合上的对称差运算，$\cap$ 为集合上的交运算。

(5) $<\{0\},+,\times>$ 为环，称为零环，其中 0 为加法幺元和乘法零元(其他环至少有两个元素)。

(6) $<\{0,e\},+,\times>$ 为环，其中 0 为加法幺元和乘法零元，e 为乘法幺元。

(7) 设 $<K,*>$ 是 Klein 四元群，其中 $K=\{e,a,b,c\}$，$*$ 的运算见表 5.8，如果再定义 K 上的二元运算 $+$ 如表 5.11 所示，则可证明 $<K,+,*>$ 是一个环。

表 5.11 例 5.57 的二元运算 $*$

$*$	**e**	**a**	**b**	**c**
e	e	e	e	e
a	e	a	e	a
b	e	b	e	b
c	e	c	e	c

给定环 $<S,+,\times>$，由于 $<S,+>$ 是交换群，因此 S 中的每个元素对于 $+$ 运算有逆元。下面将 b 的加法逆元记为 $-b$，$a+(-b)$ 简记为 $a-b$。

环有下列基本性质。

定理 5.15 设 $<S,+,*>$ 为环，0 为加法幺元，那么对任意 $a,b,c\in S$ 有

(1) $0\times a=a\times 0=0$

(2) $(-a)\times b=a\times(-b)=-(a\times b)$

(3) $(-a)*(-b)=a\times b$

(4) $a\times(b-c)=a\times b-a\times c$

(5) $(a-b)\times c=a\times c-b\times c$

证明：

(1) $a\times 0=a\times(0+0)=a\times 0+a\times 0$。因为$<S,+>$是交换群，满足消去律，所以$a\times 0=0$。同理可证$0\times a=0$。

(2) $a\times b+(-a)\times b=(a+(-a))\times b=0\times b=0$。因为$<S,+>$是交换群，由逆元的唯一性，有$(-a)\times b=-(a\times b)$。同理可证$a\times(-b)=-a\times b$。

(3) $(-a)\times(-b)=-(a\times(-b))=-(-(a\times b))=a\times b$。

(4) $a\times(b-c)=a\times(b+(-c))=a\times b+a\times(-c)=a\times b+(-a\times c)=a\times b-a\times c$。

(5) $(a-b)\times c=(a+(-b))\times c=a\times c+(-b)\times c=a\times c+(-b\times c)=a\times c-b\times c$。

定义 5.36 设$<S,+,\times>$是环，若$<S,\times>$是可交换的，则称$<S,+,\times>$为**交换环**；若$<S,\times>$含有幺元，即$<S,\times>$是独异点，称$<S,+,\times>$为**含幺环**。

例 5.58 环$<\mathbf{Z}_m,+_m,\times_m>$是含幺可交换环，其中[1]是环的幺元。

定义 5.37 设$<S,+,\times>$为环，若有非零元素a、b满足$a\times b=0$，则称a、b为S的**零因子**，并称$<S,+,\times>$为**含零因子环**；否则称$<S,+,\times>$为**无零因子环**。

例 5.59 在环$<P(A),\oplus,\cap>$中，取$X\subseteq A$且$X\neq\varnothing$，$Y=\varnothing$，所以$X\cap Y=\varnothing$。$\varnothing$是$<P(A),\oplus>$的幺元，所以该环为含零因子环。

定义 5.38 设$<S,+,\times>$是环，如果$<S,+,\times>$是含幺环、交换环和无零因子环，则称$<S,+,\times>$为**整环**。

例 5.60 上文中的$<\mathbf{Z},+,\times>$是整环；但$<\{0\},+,\times>$不是整环，它是零环。

定理 5.16 设$<S,+,\times>$为整环，那么S中无零因子等价于S中乘运算满足消去律，即对任意$c\neq 0$，$c\times a=c\times b$，必定有$a=b$。

证明：若S中无零因子，且满足$c\neq 0$则$c\times a=c\times b$，因此有

$$c\times a-c\times b=c\times(a-b)=0$$

所以必有$a=b$，乘运算满足消去律。

反之，若消去律成立，设$a\neq 0$，$a\times b=0$，则$a\times b=a\times 0$，消去a即得$b=0$，故S中无零因子。

5.7.2 子环和理想

定义 5.39 给定环$<S,+,\times>$和S的非空子集T，如果$<T,+>$是$<S,+>$的子群，$<T,\times>$是$<S,\times>$的子半群，则称$<T,+,\times>$是$<S,+,\times>$的**子环**。

由定义可知，$<T,+>$是$<S,+>$的子群，$<T,\times>$是$<S,\times>$的子半群，在S上乘法对加法的分配律成立，$T\subseteq S$，则分配律在T上也成立。。

定理 5.17 设$<S,+,\times>$为环，T为S的非空子集，则$<T,+,\times>$是$<S,+,\times>$的子环的充要条件是$(\forall a,b)(a,b\in T\rightarrow(a-b)\in T\wedge(a\times b)\in T)$。

证明：

(1) 充分性。因为对 $\forall a,b\in T$ 有 $(a-b)\in T$，根据定理 5.10(子群的判定定理二)，$<T,+>$ 是 $<S,+>$ 的子群。再由 $(a\times b)\in T$，T 对乘法运算封闭，$<T,\times>$ 是 $<S,\times>$ 的子半群。所以 $<T,+,\times>$ 是 $<S,+,\times>$ 的子环。

(2) 必要性。同样根据定理 5.10，$<T,+>$ 是 $<S,+>$，所以 $(a-b)\in T$。$<T,\times>$ 是 $<S,\times>$ 的子半群，T 对乘法运算封闭，所以 $(a\times b)\in T$。

例 5.61 对于整数环 $<\mathbf{Z},+,\times>$，$<\mathbf{Z}_E,+,\times>$ 是其子环，但 $<\mathbf{Z}_O,+,\times>$ 不是其子环，因为偶数的和或积仍是偶数，但奇数的和不一定是奇数。

定义 5.40 设 $<T,+,\times>$ 是 $<S,+,\times>$ 的子环，若对于任意 $t\in T$ 和 $s\in S$，有 $s\times t\in S$ 和 $t\times s\in S$，称 $<T,+,\times>$ 是 $<S,+,\times>$ 的**理想**。

显然，若 $<S,+,\times>$ 是可交换环，则 $s\times t\in S$ 和 $t\times s\in S$ 只要满足一个即可。

该定义指出，若 $<T,+,\times>$ 是理想，那么 S 中任意两个元素相乘，若其中有一个元素属于 T，则乘积也属于 T。

例 5.62 $<\mathbf{Z}_E,+,\times>$ 是 $<\mathbf{Z},+,\times>$ 的理想，因为偶数和任何整数的乘积仍为偶数。

定理 5.18 设 $<S,+,\times>$ 为环，T 为 S 的非空子集，则 $<T,+,\times>$ 是 $<S,+,\times>$ 的理想的充要条件是 $(\forall a,b,s)(a,b\in T\wedge s\in S\rightarrow(a-b)\in T\wedge(s\times a)\in T\wedge(a\times s)\in T)$。

该定理的证明与定理 5.17 的证明类似，此处不再写出详细过程。

例 5.63 $<(i),+,\times>$ 是 $<\mathbf{Z},+,\times>$ 的理想，其中 $(i)=\{ni\mid n\in\mathbf{Z}\}$。

证明：对任意 $mi,ni\in(i)$ 和 $k\in\mathbf{Z}$ 有

(1) $mi-ni=(m-n)i\in(i)$

(2) $k(ni)=(kn)i\in(i)$

由定理 5.18，$<(i),+,\times>$ 是 $<\mathbf{Z},+,\times>$ 的理想。

定义 5.41 设 $<T,+,\times>$ 是 $<S,+,\times>$ 的理想，若存在某个 $g\in T$，使得 $T=S\times g=\{s\times g\mid s\in S\}$，称 $<T,+,\times>$ 是 $<S,+,\times>$ 的**主理想**。

例 5.64 $<\mathbf{Z}_E,+,\times>$ 是 $<\mathbf{Z},+,\times>$ 的主理想。

事实上，环 $<\mathbf{Z},+,\times>$ 有一个非常有趣的性质，即它的每个理想都是主理想。这一点留给读者自己证明。

对于环的理想，不难证明下面两个定理。

定理 5.19 若 $<T_1,+,\times>$ 和 $<T_2,+,\times>$ 均为 $<S,+,\times>$ 的理想，则 $<T_1\cap T_2,+,\times>$ 也是 $<S,+,\times>$ 的理想。

定理 5.20 若 $<T,+,\times>$ 为含幺环 $<S,+,\times>$ 的理想，则 T 中的任一元素均无乘法逆元。

5.7.3 域

定义 5.42 如果 $<S,+,\times>$ 是可交换环，且 $<S\backslash\{0\},\times>$ 为交换群，则称 $<S,+,\times>$ 为**域**。

由于群无零因子(因为群满足消去律)，因此域必定是整环。事实上，域也可以定义

为每个非零元素都有乘法逆元的整环。

例 5.65 $<\mathbf{Q},+,\times>$，$<\mathbf{R},+,\times>$，$<\mathbf{C},+,\times>$均为域，并分别称为有理数域、实数域和复数域。但$<\mathbf{Z},+,\times>$不是域，因为在整数集中整数没有乘法逆元。

$<\mathbf{Z}_7,+_7,\times_7>$为域，1 和 6 的逆元是 1 和 6，2 和 4 互为逆元，3 和 5 互为逆元。但$<\mathbf{Z}_8,+_8,\times_8>$不是域，它甚至不是整环，因为它有零因子(比如 $4\times 8^4=0$)，且没有乘法逆元。

定理 5.21 环$<\mathbf{Z}_m,+_m,\times_m>$为域的充要条件是 m 为素数。

证明：

(1) 必要性。当 m 为素数时，对任意 $a\in S\backslash\{0\}$，a 和 m 的最大公约数为 1，因此存在 $r,s\in\mathbf{Z}$，使得 $a\times r+n\times s=1$，则

$$
\begin{aligned}
[a]\times_m[r] &= [a\times r]+_m[0] \\
&= [a\times r]+_m[n\times s] \\
&= [a\times r+n\times s] \\
&= 1
\end{aligned}
$$

即$[a]$的逆元为$[r]$，故$<\mathbf{Z}_m,+_m,\times_m>$为域。

(2) 充分性。用反证法，设$<\mathbf{Z}_m,+_m,\times_m>$为域而 m 不为素数，那么设 $m=a\times b$，$0<a<n$ 且 $0<b<n$，则

$$[a]\times_m[b]=[a\times b]=[m]=[0]$$

但$[a]$和$[b]$均不为$[0]$，那么它们为环的零因子，$<\mathbf{Z}_m,+_m,\times_m>$不为域，与假设矛盾。故原命题得证。

定理 5.22 有限整环都是域。

证明：设$<S,+,\times>$为有限整环，由于$<S,\times>$为有限含幺交换半群，因此$<S,\times>$也是为交换群，所以$<S,+,\times>$为域。

本章小结

本章主要讨论了代数系统的基本知识，并讨论了一些特殊的代数系统，在这些特殊的代数系统之上讨论了它们的一些性质。

5.1 节主要讨论了代数系统和运算的概念和性质，包括几个运算定律的定义，幺元与逆元的定义和性质。

5.2 节主要讨论了半群、独异点的概念及其性质，并讨论了它们之间的相互关系。

5.3 节主要讨论了群的概念及其性质。

5.4 节讨论了两种特殊的群，即交换群与循环群。

5.5 节在讨论循环群的基础上介绍了陪集与拉格朗日定理，其中拉格朗日定理是代数系统里面一个重要的定理。

5.6 节讨论了同态和同构的性质，同态和同构是研究各种代数系统之间关系的重要工具。

5.7 节简单介绍了环和域的知识。

习　题

1. 设代数系统$<A,*>$,其中$A=\{a,b,c\}$,$*$是A上的一个二元运算。对于由以下几个表所确定的运算,试分别讨论它们的交换性和等幂性,并讨论A中关于$*$是否有幺元,以及A中的每个元素是否有逆元。

*	**a**	**b**	**c**
a	a	b	c
b	b	c	a
c	c	a	b

*	**a**	**b**	**c**
a	a	b	c
b	b	b	c
c	c	c	b

*	**a**	**b**	**c**
a	a	b	c
b	a	b	c
c	a	b	c

*	**a**	**b**	**c**
a	a	b	c
b	b	a	c
c	c	c	c

2. 定义$\mathbf{I}_+$上的两个二元运算为

$$\begin{cases} a*b=a^b \\ a,b\in \mathbf{I}_+ \\ a\Delta b=a\cdot b \end{cases}$$

试证明$*$对Δ是不可分配的。

3. 设$<R,*>$是一个代数系统,$*$是R上的一个二元运算,使得对于R中的任意元素a、b都有

$$a*b=a+b+a\cdot b$$

证明:0是幺元且$<R,*>$是独异点。

4. 如果$<S,*>$是半群,且$*$是可交换的,称$<S,*>$为可交换半群。证明:如果S中有元素a、b,使得$a*a=a$和$b*b=b$,则$(a*b)*(a*b)=a*b$。

5. 设$X=R-\{0,1\}$,在X上定义6个函数如下:对于任意$x\in X$,有$f_1(x)=x$;$f_2(x)=x^{-1}$;$f_3(x)=1-x$;$f_4(x)=(1-x)^{-1}$;$f_5(x)=(x-1)x^{-1}$;$f_6(x)=x(x-1)^{-1}$。

试证明$<F,\circ>$是一个群。其中$F=\{f_1,f_2,f_3,f_4,f_5,f_6\}$,$\circ$是函数的复合运算。

6. 设$<A,*>$是半群,e是左幺元,且对每一个$x\in A$,存在$\hat{x}\in A$,使得$\hat{x}*x=e$。

(1) 证明:对于任意的$a,b,c\in A$,如果$a*b=a*c$,则$b=c$。

(2) 通过证明e是A中的幺元,证明$<A,*>$是群。

7. 设$<G,*>$是群,$x\in G$。定义:$a\circ b=a*x*b$,$\forall a,b\in G$,证明$<G,\circ>$也是群。

8. 设$<G,*>$是群,对任一$a\in G$,令$H=\{y\mid y*a=a*y,y\in G\}$,证明$<H,*>$是$<G,*>$的子群。

9. 设 G 是群，H 是 G 的子群，令 $M=\{x \mid x \in G, xHx^{-1}=H\}$，证明 M 是 G 的子群。

10. 设 $<H,*>$ 是群 $<G,*>$ 的子群，如果 $A=\{x \mid x \in G, x*H*x^{-1}=H\}$，证明 $<A,*>$ 是 $<G,*>$ 的子群。

11. 设 $<G,*>$ 是一个独异点，并且对于 G 中的每一个元素 x 都有 $x*x=e$，其中 e 是幺元，证明 $<G,*>$ 是一个交换群。

12. 设 $<G,*>$ 是一个群，如果对任意的 $a,b \in G$ 都有 $a^3*b^3=(a*b)^3$，$a^4*b^4=(a*b)^4$ 和 $a^5*b^5=(a*b)^5$，证明 $<G,*>$ 是一个交换群。

第6章 chapter 6

格与布尔代数

本章要点

- 格的概念
- 格的性质
- 特殊的格
- 布尔代数

本章学习目标

- 掌握格的概念及其判断方法
- 掌握格的各种性质和特点
- 掌握一些特殊的格
- 理解布尔代数的概念和性质

本章讨论另一类代数系统——格。在格的基本概念的基础上，还将讨论几个具有特别性质的格，并进一步介绍布尔代数。格不仅是代数学的一个分支，而且在计算机科学中具有很多的直接应用。

6.1 格的概念

在第3章中讨论了偏序集，并讨论了偏序集中的一些特殊元素，包括最小上界和最大下界。对于一个偏序集而言，其中的任意一个子集不一定存在最小上界和最大下界。例如，图6.1中子集$\{a,b\}$的最小上界不存在，而子集$\{e,f\}$的最大下界也不存在。

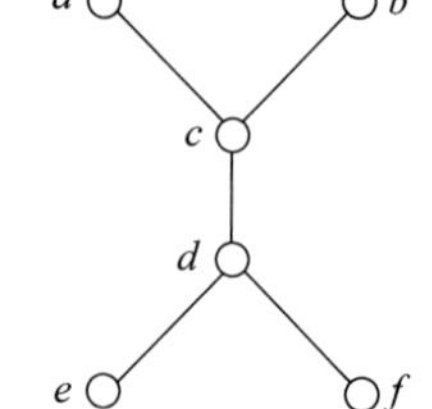

图6.1 偏序集的例子

下面介绍格的概念。

定义6.1 如果偏序集$<L,\leqslant>$中的任何两个元素都存在最大下界和最小上界，则称$<L,\leqslant>$是**格**，或者说L关于偏序$\leqslant$**作成一个格**。

虽然偏序集合的任何子集的上确界和下确界并不一定都存在，但如果其存在，则必唯一，而格的定义则保证了任何子集的上确界和下确界的存在性。因此，为了表达的方便，通常用$a\vee b$表示$\{a,b\}$的上确界，用$a\wedge b$表示$\{a,b\}$的下确界，

$\vee$和$\wedge$分别称为并和交运算，并记$a\vee b=\mathrm{LUB}\{a,b\}$，$a\wedge b=\mathrm{GLB}\{a,b\}$。需要注意的是，这里的$\vee$和$\wedge$运算不是逻辑运算中的合取和析取，而是上确界运算和下确界运算。

下面根据定义判断图6.2所示的偏序关系中哪些是格。

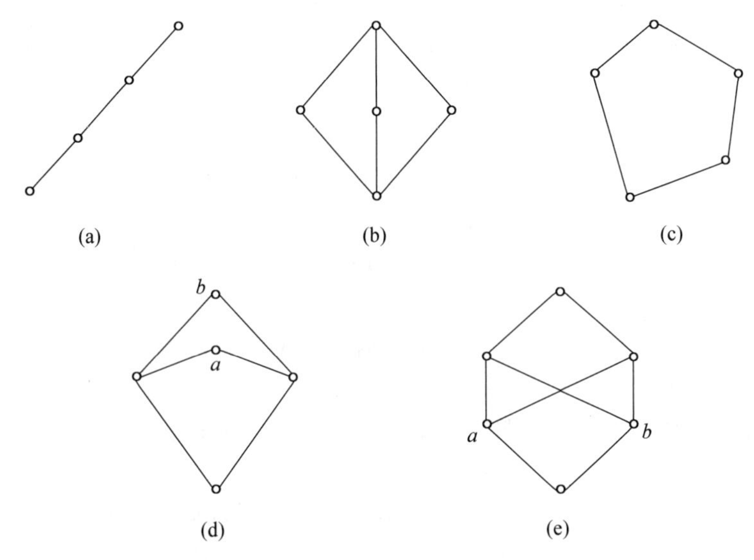

图6.2 哈斯图

根据格的定义不难看出，图6.2中哈斯图(a)、(b)、(c)所规定的偏序集是格，(d)、(e)不是格。因为这两个哈斯图中的$\{a,b\}$无上确界。

例6.1 设S是一个集合，$P(S)$是S的幂集，则$<P(S),\subseteq>$是一个偏序集。对于$\forall A,B\in P(S)$，易证明，A和B的最大下界等于$A\cap B\in P(S)$，同理A和B的最小上界等于$A\cup B\in P(S)$，因此可以断定$<P(S),\subseteq>$是一个格。

例6.2 设$\mathbf{Z}_+$表示正整数集，$|$表示$\mathbf{Z}_+$上的整除关系，那么$<\mathbf{Z}_+,|>$为格，其中并、交运算即为求两正整数最小公倍数和最大公约数的运算，即$m\vee n=\mathrm{lcm}(m,n)$，$m\wedge n=\gcd(m,n)$。

给定一个偏序集$<L,\leqslant>$，若其中的$\leqslant$关系换成$\geqslant$关系，即对于L中任何两个元素a、b定义$a\leqslant b$的充分必要条件是$b\geqslant a$，则$<L,\geqslant>$也是偏序集。偏序集$<L,\leqslant>$和$<L,\geqslant>$称为是相互对偶的，并且它们所对应的哈斯图是上下相互颠倒的。因为格是一种特殊的偏序集，因而具有相同的性质。

根据偏序集的性质，给出格的一个重要性质，即格的对偶性质：

如果命题P在任意格$<L,\leqslant>$上成立，则将L中符号$\vee$、$\wedge$、$\leqslant$分别改为$\wedge$、$\vee$、$\geqslant$后所得的公式P^*在任意格$<L,\geqslant>$上也成立，这里P^*称为P的对偶式。

在上述对偶原理中，"如果命题P在任意格$<L,\leqslant>$上成立"的含义是指当命题P中的变量取值于L中，且上确界运算为$\vee$，下确界运算为$\wedge$，则P对于它们也成立。有了对偶原理之后，在讨论一组对偶式的性质时，只需要讨论其中的一种情况即可，另一种情况可根据对偶性质得到。

下面讨论格的其他一些性质。

定理 6.1 设$<L,\leqslant>$是一个格,那么对 L 中任何元素 a、b、c,有

(1) $a\leqslant a\vee b, b\leqslant a\vee b$

$a\wedge b\leqslant a, a\wedge b\leqslant b$

(2) 若 $a\leqslant b, c\leqslant d$,则 $a\vee c\leqslant b\vee d, a\wedge c\leqslant b\wedge d$。

(3) 若 $a\leqslant b$,则 $a\vee c\leqslant b\vee c, a\wedge c\leqslant b\wedge c$。

这个性质称为格的保序性。

证明:

(1) 因为 $a\vee b$ 是 a 的一个上界,所以 $a\leqslant a\vee b$;同理有 $b\leqslant a\vee b$。

由对偶原理可得 $a\wedge b\leqslant a, a\wedge b\leqslant b$。

(2) 由题设知 $a\leqslant b, c\leqslant d$,由(1)有 $b\leqslant b\vee d, d\leqslant b\vee d$,于是由$\leqslant$的传递性有 $a\leqslant b\vee d, c\leqslant b\vee d$。

这说明 $b\vee d$ 是 a 和 c 的一个上界,而根据格的定义,$a\vee c$ 是 a 和 c 的最小上界,所以,必有 $a\vee c\leqslant b\vee d$。

读者可以自己仿照上面的证明给出 $a\wedge c\leqslant b\wedge d$ 的证明过程。

(3) 在(2)中用 c 代替 d 即可得证。

定理 6.2 设$<L,\leqslant>$是一个格,那么对 L 中任意元素 a,b,c 有

(1) $a\vee a=a, a\wedge a=a$ (幂等律)

(2) $a\vee b=b\vee a, a\wedge b=b\wedge a$ (交换律)

(3) $a\vee(b\vee c)=(a\vee b)\vee c, a\wedge(b\wedge c)=(a\wedge b)\wedge c$ (结合律)

(4) $a\wedge(a\vee b)=a, a\vee(a\wedge b)=a$ (吸收律)

证明:

(1) 由偏序关系$\leqslant$自反性可得 $a\leqslant a$,所以 a 是 a 的一个上界,因为 $a\vee a$ 是 a 与 a 的最小上界,因此 $a\vee a\leqslant a$。

由定理 6.1 的(1)可知 $a\leqslant a\vee a$。

由偏序关系$\leqslant$的反对称性可得 $a\vee a=a$。

再根据对偶原理可得 $a\wedge a=a$。

(2) 由格的并$\vee$与交$\wedge$运算的定义知其满足交换律。

(3) 由下确界定义知

$$a\wedge(b\wedge c)\leqslant b\wedge c\leqslant b \tag{6.1}$$

$$a\wedge(b\wedge c)\leqslant a \tag{6.2}$$

$$a\wedge(b\wedge c)\leqslant b\wedge c\leqslant c \tag{6.3}$$

由式(6.1)和式(6.2)得

$$a\wedge(b\wedge c)\leqslant a\wedge b \tag{6.4}$$

由式(6.3)和式(6.4)得

$$a\wedge(b\wedge c)\leqslant(a\wedge b)\wedge c \tag{6.5}$$

同理可证

$$(a\wedge b)\wedge c\leqslant a\wedge(b\wedge c) \tag{6.6}$$

由$\leqslant$的反对称性和式(6.5)和式(6.6),所以有 $a\wedge(b\wedge c)=(a\wedge b)\wedge c$。

利用对偶原理可得 $a\vee(b\vee c)=(a\vee b)\vee c$。

(4) 由定理 6.1 的(1)可知 $a\wedge(a\vee b)\leqslant a$;另一方面,由于 $a\leqslant a$,而且有 $a\leqslant a\vee b$,所以 $a\leqslant a\wedge(a\vee b)$,因此有 $a\wedge(a\vee b)=a$。

利用对偶原理可得 $a\wedge(a\vee b)=a$。

从定理 6.2 可以看到,格是带有两个二元运算的代数系统,它的两个运算满足上述 4 个性质,那么满足上述 4 个性质的代数系统 $<L,\wedge,\vee>$ 是否一定是格?回答是肯定的。为了说明这一点,再进一步介绍格的下述性质。

定理 6.3 设 $<L,\leqslant>$ 是一个格。那么对 L 中任意元素 a、b、c,有

(1) $a\leqslant b$ 当且仅当 $a\wedge b=a$ 当且仅当 $a\vee b=b$。

(2) $a\vee(b\wedge c)\leqslant(a\vee b)\wedge(a\vee c)$。

(3) $a\leqslant c$ 当且仅当 $a\vee(b\wedge c)\leqslant(a\vee b)\wedge c$。

证明:

(1) 首先假设 $a\leqslant b$,因为 $a\leqslant a$,所以有 $a\leqslant a\wedge b$,而由定理 6.1 的(1)可知 $a\wedge b\leqslant a$。因此有 $a\wedge b=a$。

再假设 $a=a\wedge b$,则 $a\vee b=(a\wedge b)\vee b=b$(由吸收律),即 $a\vee b=b$。

最后,设 $b=a\vee b$,则由 $a\leqslant a\vee b$ 可得 $a\leqslant b$。

由此证明,(1)中 3 个命题是等价的。

(2) 因为 $a\leqslant a\vee b$,$a\leqslant a\vee c$,故 $a\leqslant(a\vee b)\wedge(a\vee c)$。又因为

$$b\wedge c\leqslant b\leqslant a\vee b,\quad b\wedge c\leqslant c\leqslant a\vee c \tag{6.7}$$

所以有

$$b\wedge c\leqslant(a\vee b)\wedge(a\vee c) \tag{6.8}$$

由式(6.7)和式(6.8)可得

$$a\vee(b\wedge c)\leqslant(a\vee b)\wedge(a\vee c)$$

(3) 设 $a\vee(b\wedge c)\leqslant(a\vee b)\wedge c$。由于

$$a\leqslant a\vee(b\wedge c),\quad (a\vee b)\wedge c\leqslant c$$

因此由 $\leqslant$ 的传递性有 $a\leqslant c$。

反之,设 $a\leqslant c$,则 $a\vee c=c$,代入(2)即得

$$a\vee(b\wedge c)\leqslant(a\vee b)\wedge c$$

定理 6.4 设 L 为一个非空集合,$\vee$ 和 $\wedge$ 为 L 上的两个二元运算,如果 $<L,\wedge,\vee>$ 中运算 $\wedge$ 和 $\vee$ 满足交换律、结合律和吸收律,则 L 存在一种偏序关系 $\leqslant$,使得 $<L,\leqslant>$ 是一个格。

证明:先证幂等性成立。

由吸收律知

$$a\wedge a=a\wedge(a\vee(a\wedge b))=a$$
$$a\vee a=a\vee(a\wedge(a\vee b))=a$$

下证 $\leqslant$ 是一个偏序关系。

先定义 L 上的 $\leqslant$ 关系如下:对任意 $a,b\in L$,$a\leqslant b$ 当且仅当 $a\wedge b=a$。

(1) 证 $\leqslant$ 为 L 上的偏序关系。

① 因为 $a\wedge a=a$,故 $a\leqslant a$。自反性得证。

② 设 $a\leqslant b$，$b\leqslant a$，则 $a\wedge b=a$，$b\wedge a=b$。由于 $a\wedge b=b\wedge a$，故 $a=b$。反对称性得证。

③ 设 $a\leqslant b$，$b\leqslant c$，则 $a\wedge b=a$，$b\wedge c=b$，于是

$$a \wedge c = (a \wedge b) \wedge c = a \wedge (b \wedge c) = a \wedge b = a$$

故 $a\leqslant c$。传递性得证。

所以，$\leqslant$为 L 上的偏序关系。

(2) 可证 $a\leqslant b$ 当且仅当 $a\vee b=b$。

设 $a\leqslant b$，那么 $a\wedge b=a$，从而$(a\wedge b)\vee b=a\vee b$，由吸收律即得 $b=a\vee b$。反之，设 $a\vee b=b$，那么 $a\wedge(a\vee b)=a\wedge b$，由吸收律可知 $a=a\wedge b$，即 $a\leqslant b$。

(3) 下面证明在这个偏序关系下，对任意 $a,b\in L$，$a\vee b$ 为$\{a,b\}$的上确界，即有 $a\vee b=\mathrm{LUB}\{a,b\}$。

由吸收律有 $a\wedge(a\vee b)=a$，所以有 $a\leqslant a\vee b$。同理，因为 $b\wedge(a\vee b)=b$，所以 $b\leqslant a\vee b$，故 $a\vee b$ 为$\{a,b\}$的一个上界。

设 c 为$\{a,b\}$任一上界，即 $a\leqslant c$，$b\leqslant c$，那么，$a\vee c=c$，$b\vee c=c$，于是

$$(a \vee c) \vee (b \vee c) = c \vee c$$

亦即 $a\vee b\vee c=c$，故 $a\vee b\leqslant c$。这表明 $a\vee b$ 为$\{a,b\}$的上确界。

(4) 下面证明在这个偏序关系下，对任意 $a,b\in L$，$a\wedge b$ 为$\{a,b\}$的下确界，即有 $a\wedge b=\mathrm{GLB}\{a,b\}$。

由吸收律及结合律有$(a\wedge b)\wedge a=a\wedge a\wedge b=a\wedge b$，所以 $a\wedge b\leqslant a$。

同理有$(a\wedge b)\wedge b=a\wedge(b\wedge b)=a\wedge b$，所以 $a\wedge b\leqslant b$，故 $a\wedge b$ 为$\{a,b\}$的一个下界。

设 c 为$\{a,b\}$任一下界，即 $c\leqslant a$ 且 $c\leqslant b$，由$\leqslant$的定义知 $a\wedge c=c$，$b\wedge c=c$，于是

$$c \wedge (a \wedge b) = (c \wedge a) \wedge b = c \wedge b = c$$

所以 $c\leqslant a\wedge b$，即 $a\wedge b$ 为$\{a,b\}$的下确界。

因此$<L,\leqslant>$是格。

例 6.3 $<P(S),\cap,\cup>$是一个代数系统，$P(S)$是集合 S 的幂集，因为$\cap$和$\cup$满足可交换、可结合并满足吸收律，所以$<P(S),\cap,\cup>$是格。事实上，该格对应的偏序关系就是 S 的子集之间的包含关系。

定义 6.2 设$<L,\wedge,\vee>$是一个格，设非空集合 S 且 $S\subseteq L$，若对任意的 $a,b\in S$，有 $a\wedge b\in S$，$a\vee b\in S$，则称$<S,\wedge,\vee>$是$<L,\wedge,\vee>$的**子格**。

显然，子格必是格。而格的某个子集构成格，却不一定是子格。请读者思考为什么。

例 6.4 设$<L,\leqslant>$是一个格，其中 $L=\{a,b,c,d,e\}$，其哈斯图如图 6.3 所示。$S_1=\{a,b,c,d\}$，$S_2=\{a,b,c,e\}$，则$<S_1,\leqslant>$是$<L,\leqslant>$的一个子格，$<S_2,\leqslant>$不是$<L,\leqslant>$的一个子格，因为 $b\wedge c=d\notin S_2$，$<S_2,\leqslant>$不是格。类似群的同态，也可以定义格的同态。

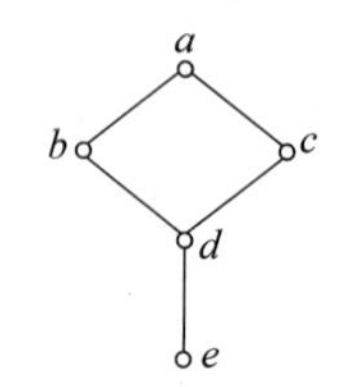

图 6.3 例 6.4 的哈斯图

定义 6.3 设$<L,*,☆>$和$<S,\wedge,\vee>$是两个格，存在映射 $f:L\to S$，$a,b\in L$ 满足 $f(a*b)=f(a)\wedge f(b)$，称 f 是**交同态**；若满足 $f(a☆b)=f(a)\vee f(b)$，称 f 是**并同态**。若 f 既是交同态又是并同态，称 f 为**格同态**。若 f 是双射，则称 f 为**格同构**。

定义 6.4 设$<L,*,☆>$,$<S,\wedge,\vee>$是两个格,其中$\leqslant_1$和$\leqslant_2$分别为格L和S上的偏序关系,存在映射$f:L\to S$,$a,b\in L$,若$a\leqslant_1 b\Rightarrow f(a)\leqslant_2 f(b)$,称$f$是**序同态**。若$f$是双射,则称$f$是**序同构**。

下面介绍格同态的定理。

定理 6.5 设f是格$<L,\leqslant_1>$到格$<S,\leqslant_2>$的格同态,则f是序同态。即同态是保序的。

证明:因为$a\leqslant_1 b$,所以$a*b=a\Rightarrow f(a*b)=f(a)\Rightarrow f(a)\wedge f(b)=f(a)$。因此,$f(a)\leqslant_2 f(b)$。

例 6.5 设$<L,\leqslant>$,$<S,\leqslant>$是格,其中$L=\{a,b,c,d\}$,$S=\{e,g,h\}$,如图6.4所示。

作映射$f:L\to S$,$f(b)=f(c)=g$,$f(a)=e$,$f(d)=h$,显然f满足序同态。但$f(b*c)=f(a)$,$f(b)\wedge f(c)=g\neq f(a)$,所以不满足交同态,因此$f$不是格同态。

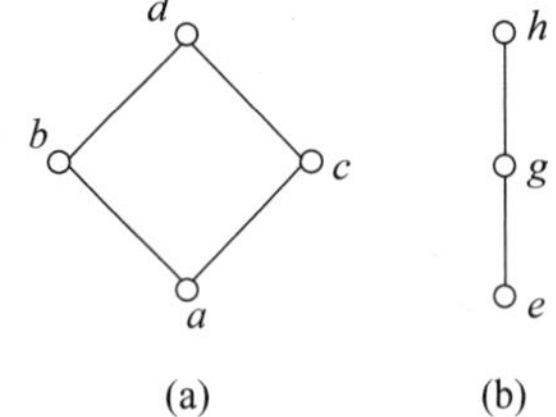

图 6.4 例 6.5 的哈斯图

定理 6.6 映射f是格$<L,\leqslant_1>$到格$<S,\leqslant_2>$的格同构的充分必要条件是$a,b\in L$,有$a\leqslant_1 b\Leftrightarrow f(a)\leqslant_2 f(b)$。

证明:设映射f是格$<L,\leqslant_1>$到格$<S,\leqslant_2>$的格同构。由定理6.5可知$a,b\in L$,有$a\leqslant_1 b\Rightarrow f(a)\leqslant_2 f(b)$。反之,

$$
\begin{aligned}
&f(a)\leqslant_2 f(b)\\
&\quad\Rightarrow f(a)\wedge f(b)=f(a)\\
&\quad\Rightarrow f(a*b)=f(a)\\
&\quad\Rightarrow a*b=a \quad (f\text{ 是双射})\\
&\quad\Rightarrow a\leqslant_1 b
\end{aligned}
$$

设$a,b\in L$,有$a\leqslant_1 b\Rightarrow f(a)\leqslant_2 f(b)$。设$a*b=c$,要证$f(c)$是$f(a)$和$f(b)$的最大下界,可根据

$$c\leqslant_1 a\Rightarrow f(c)\leqslant_2 f(a)$$
$$c\leqslant_1 b\Rightarrow f(c)\leqslant_2 f(b)$$

所以$f(c)$是$f(a)$和$f(b)$的一个下界。再设x是$f(a)$和$f(b)$的任意下界,因为f是满射,所以有$d\in L$,使$x=f(d)$且

$$f(d)\leqslant_2 f(a)\Rightarrow d\leqslant_1 a,\quad f(d)\leqslant_2 f(b)\Rightarrow d\leqslant_1 b$$

所以$d\leqslant_1(a*b)$,即$d\leqslant_1 c\Rightarrow f(d)\leqslant_2 f(c)$。因此$f(c)$是$f(a)$和$f(b)$的最大下界,即$f(c)=f(a*b)=f(a)\wedge f(b)$。类似可证$f(a☆b)=f(a)\vee f(b)$。所以$f$是$<L,\leqslant_1>$到$<S,\leqslant_2>$的格同构。

6.2 特 殊 格

本节讨论几个特殊的格。

定义 6.5 若格$<L,\wedge,\vee>$满足分配律,即对任意$a,b,c\in L$,有

$$a \wedge (b \vee c) = (a \wedge b) \vee (a \wedge c) \tag{6.9}$$

$$a \vee (b \wedge c) = (a \vee b) \wedge (a \vee c) \tag{6.10}$$

则 L 称为**分配格**。

注意到，上述两个分配等式中有一个成立，则另一个必成立。如式(6.9)成立，则

$$\begin{aligned}(a \vee b) \wedge (a \vee c) &= ((a \vee b) \wedge a) \vee ((a \vee b) \wedge c)\\ &= a \vee ((a \vee b) \wedge c)\\ &= a \vee ((a \wedge c) \vee (b \wedge c))\\ &= (a \vee (a \wedge c)) \vee (b \wedge c)\\ &= a \vee (b \wedge c)\end{aligned}$$

例 6.6 设 S 是一个集合，则 $<P(S), \cap, \cup>$ 构成格，而集合中求并 $\cup$ 与求交 $\cap$ 这两种运算满足分配律，所以 $<P(S), \cap, \cup>$ 是分配格。并不是所有的格都是分配格。

例 6.7 如图 6.5 所示的哈斯图中的格不是分配格。在图中，有

$$a \vee (b \wedge c) = a \vee e = a$$

$$(a \vee b) \wedge (a \vee c) = d \wedge d = d$$

所以图中的格不是分配格。

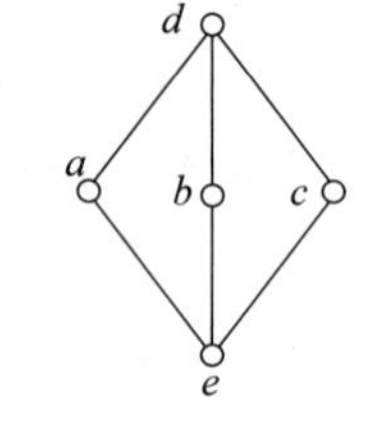

图 6.5 例 6.7 的哈斯图

分配格有以下性质。

定理 6.7 设 $<L, \wedge, \vee>$ 为分配格，那么对 L 中任意元素 a、b、c，若 $c \wedge a = c \wedge b$ 并且 $c \vee a = c \vee b$，则 $a = b$。

证明：因为 $(c \wedge a) \vee b = (c \wedge b) \vee b = b$　　(由 $c \wedge a = c \wedge b$)

$$\begin{aligned}(c \wedge a) \vee b &= (c \vee b) \wedge (a \vee b)\\ &= (c \vee a) \wedge (a \vee b) &&(\text{由 } c \vee a = c \vee b)\\ &= a \vee (c \wedge b)\\ &= a \vee (c \wedge a) &&(\text{由 } c \wedge a = c \wedge b)\\ &= a\end{aligned}$$

所以 $a = b$。

定理 6.8 若 $<L, \leqslant>$ 是链，则 $<L, \leqslant>$ 是分配格。

证明：设 $<L, \leqslant>$ 是链，则 $<L, \leqslant>$ 是全序集，对于该集合中任意的 a、b、c 三个元素，分情况讨论：

(1) $b \leqslant a, c \leqslant a$，此时 $a \wedge (b \vee c) = b \vee c$，同时 $(a \wedge b) \vee (a \wedge c) = b \vee c$。

(2) $a \leqslant b, a \leqslant c$，此时 $a \wedge (b \vee c) = a$，同时 $(a \wedge b) \vee (a \wedge c) = a$。

因此无论任何情况，皆有 $a \wedge (b \vee c) = (a \wedge b) \vee (a \wedge c)$。所以 $<L, \leqslant>$ 是分配格。

定义 6.6 如果格 $<L, \wedge, \vee>$ 满足：对任意元素 $a, b, c \in L$，有

$$a \leqslant c \Rightarrow a \vee (b \wedge c) = (a \vee b) \wedge c$$

则 L 称为**模格**。

定理 6.9 格 $<L, \wedge, \vee>$ 为模格的充分必要条件是：对 L 中任意元素 a、b、c，若 $b \leqslant a, a \wedge c = b \wedge c, a \vee c = b \vee c$，则 $a = b$。

证明：先证必要性。

设$<L,\wedge,\vee>$为模格，且$b\leqslant a, a\wedge c=b\wedge c, a\vee c=b\vee c$，那么，

$$
\begin{aligned}
a &= a \vee (a \wedge c) \\
&= a \vee (b \wedge c) \\
&= b \wedge (a \vee c) \\
&= b \wedge (b \vee c) \\
&= b
\end{aligned}
$$

再证充分性。

为证$<L,\wedge,\vee>$为模格，设$b\leqslant a$，需证$a\wedge(b\vee c)=b\vee(a\wedge c)$。首先，据定理6.5之(3)，由$b\leqslant a$可知

$$b \vee (c \wedge a) \leqslant (b \vee c) \wedge a \tag{6.11}$$

由此

$$
\begin{aligned}
a \wedge c &= (a \wedge c) \wedge c \\
&\leqslant (b \vee (c \wedge a)) \wedge c \\
&\leqslant ((b \vee c) \wedge a) \wedge c \quad (\text{由式}(6.11)) \\
&= ((b \vee c) \wedge c) \wedge a \\
&= c \wedge a
\end{aligned}
$$

于是

$$(b \vee (c \wedge a)) \wedge c = ((b \vee c) \wedge a) \wedge c = c \wedge a \tag{6.12}$$

仿此也可推得(请读者完成)

$$(b \vee (a \wedge c)) \vee c = (a \wedge (b \vee c)) \vee c = b \vee c \tag{6.13}$$

因此，根据题设及式(6.11)、式(6.12)和式(6.13)得出

$$a \wedge (b \vee c) = b \vee (a \wedge c)$$

这表明L满足模性条件，故$<L,\vee,\wedge>$为模格得证。

定理6.10 格L是模格的充分必要条件是它不含有同构于五角格的子格。

该定理的证明比较复杂，在这里不作证明。

例6.8 如图6.6所示的五角格不是模格。因为$0\leqslant c\leqslant b\leqslant 1$，而$c\vee(a\wedge b)=c,(c\vee a)\wedge b=b$。

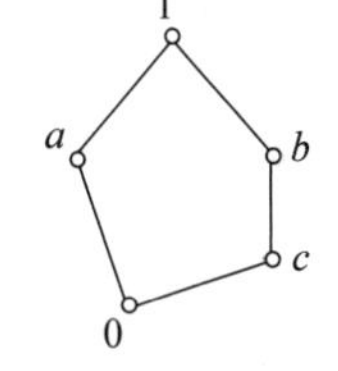

图6.6 例6.8的哈斯图

定理6.11 设$<L,\wedge,\vee>$为分配格，则它一定是模格。

证明：对于任意的$a,b,c\in L$，若$a\leqslant b$，则$a\wedge b=a$，并有

$$b \wedge (a \vee c) = (b \wedge a) \vee (b \wedge c) = a \vee (b \wedge c)$$

因此，$<L,\wedge,\vee>$是模格。

定义6.7 如果在格$<L,\leqslant>$中存在一个元素$a\in L$，使得对任意$x\in L$均有$a\leqslant x$(或$x\leqslant a$)，则称a为格的**全下界**(或**全上界**)(相应于偏序集中的最小元或最大元)，且记全下界为0，全上界为1。

全下界(全上界)有如下性质。

定理6.12 全下(上)界如果存在，则必唯一。

证明：设1与$1'$均是全上界，则因为1是全上界，所以$1'\leqslant 1$；又因为$1'$是全上界，所以$1\leqslant 1'$。由$\leqslant$的反对称性，所以$1=1'$。类似可证全下界唯一。

例 6.9 在格$<P(S),\cap,\cup>$中,S是全上界,$\varnothing$是全下界。

定义 6.8 如果$<L,\wedge,\vee>$中既有全上界 1 又有全下界 0,称 0、1 为格 L 的**界**,并称格 L 为**有界格**。

不难看出,任何有限格必是有界格。而对于无限格,有的是有界格,有的不是有界格。有界格有如下性质。

定理 6.13 设$<L,\leqslant>$是有界格,则 $a\in L$,有

$$a \wedge 0 = 0, \quad a \wedge 1 = a, \quad a \vee 0 = a, \quad a \vee 1 = 1$$

此定理的证明留作练习。

下面讨论补格。

定义 6.9 设$<L,\wedge,\vee>$为有界格,a 为 L 中任意元素,如果存在元素 $b\in L$,使 $a\vee b=1$,$a\wedge b=0$,则称 b 是 a 的**补元**或**补**。

补元有下列性质:

(1) 补元是相互的,即若 b 是 a 的补,那么 a 也是 b 的补。

(2) 并非有界格中每个元素都有补元,而补元也不一定唯一。

(3) 全下界 0 与全上界 1 互为补元且唯一。

例 6.10 考察图 6.7 中哈斯图所示的格中元素的补。

图(a)中除 0、1 之外 a、b、c 均没有补元。

图(b)中 a 的补元是 b,b 的补元是 a。

图(c)中元素 a、b、c 两两互为补元,但不唯一。

图(d)中除 0、1 之外没有元素有补元。事实上,多于两个元素的链除 0、1 之外没有元素有补元。

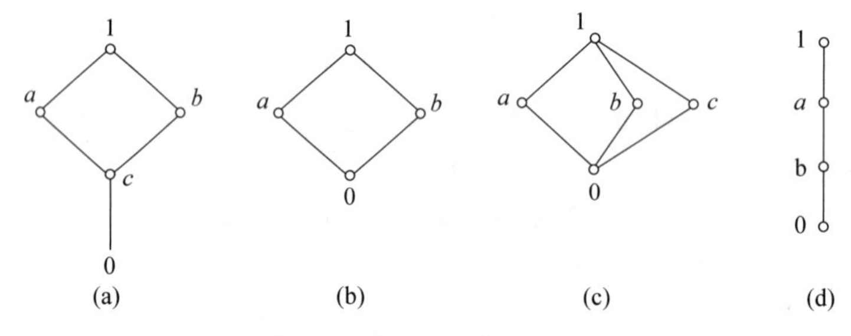

图 6.7 例 6.10 的哈斯图

在有界格中,显然 0 是 1 的唯一补元,同时 1 是 0 的唯一补元。

定义 6.10 如果有界格$<L,\vee,\wedge>$中每个元素都至少有一个补元,则称 L 为**补格**。

例 6.10 中(b)、(c)均是补格,(a)、(d)不是补格。多于两个元素的链都不是补格。

定理 6.14 若$<L,\wedge,\vee>$是有补分配格,则 $a\in L$,其补元是唯一的。因此,可用 a' 来表示 a 的补元。

证明:采用反证法。若存在 a 为 L 中一元素,有两个补元 b、c,且 $b\neq c$,则

$$a \vee b = a \vee c = 1, \quad a \wedge b = a \wedge c = 0$$

由定理 6.7 有 $b=c$,与前面矛盾。因此 a 只有唯一补元 a'。

定理 6.15 若 $<L,\wedge,\vee>$ 是有补分配格，则 $a\in L$，有 $a''=(a')'=a$。

证明：$a''\wedge a'=0$，$a''\vee a'=1$，由补元唯一可得 $a''=a$。

定理 6.16(德·摩根律) 设 $<L,\vee,\wedge>$ 是有补分配格，则对 L 中任意元素 a、b，有

(1) $(a\wedge b)'=a'\vee b'$

(2) $(a\vee b)'=a'\wedge b'$

证明：

(1) 由于

$$(a\wedge b)\wedge(a'\vee b')=((a\wedge b)\wedge a')\vee((a\wedge b)\wedge b')=0$$

$$(a\wedge b)\vee(a'\vee b')=(a\vee a'\vee b')\wedge(b\vee a'\vee b')=1$$

因此 $a'\vee b'$ 为 $a\wedge b$ 的补元。由补元的唯一性得知：

$$(a\wedge b)'=a'\vee b'$$

同样可证(2)，其证明留作练习。

定理 6.17 对有补分配格的任何元素 a、b，有 $a\leqslant b\Leftrightarrow a\wedge b'=0\Leftrightarrow a'\vee b=1$。

证明：若 $a\leqslant b$，则有 $a\vee b=b$，所以 $a\wedge b'=(a\wedge b')\vee(b\wedge b')=(a\vee b)\wedge b'=b\wedge b'=0$。

若 $a\wedge b'=0$，则其对偶式 $a'\vee b=1$ 必成立。

若 $a'\vee b=1$，则

$$a\vee b=(a\vee b)\wedge 1=(a\vee b)\wedge(a'\vee b)=(a\wedge a')\vee b=0\vee b=b$$

6.3 布尔代数

定义 6.11 设 B 是至少有两个元素的有补分配格，则称 B 是**布尔代数**。

例 6.11 $<\{0,1\},\wedge,\vee,'>$ 是一个布尔代数。

例 6.12 $S\neq\varnothing$，则 $<P(S),\cap,\cup,\backsim>$ 是一个布尔代数。其中 $\cap$ 表示集合的交运算，$\cup$ 表示集合的并运算，$\backsim$ 表示集合的为一元求补集的运算(这里的全集是 S)。

布尔代数通常用有序对 $<B,\wedge,\vee,',0,1>$ 来表示。其中 $'$ 为一元求补运算，0 和 1 分别为全下界和全上界。为此介绍布尔代数的另一个等价定义。

定义 6.12 $<B,\wedge,\vee,'>$ 是代数系统，B 中至少有两个二元元素，$\wedge$ 和 $\vee$ 是 B 上二元运算，$'$ 是一元运算，若 $\wedge$ 和 $\vee$ 满足：

(1) 交换律。

(2) 分配律。

(3) 同一律。存在 $0,1\in B$，对 $a\in B$，有 $a\wedge 1=a$，$a\vee 0=a$。

(4) 补元律。对 B 中每一元素 a，均存在元素 a'，使 $a\wedge a'=0$，$a\vee a'=1$，则称 $<B,\wedge,\vee,'>$ 是**布尔代数**。

为证定义 6.11 与定义 6.12 等价，只需证 B 是格，进而由定义 6.12(2)、(3)、(4)可断定 B 为有补分配格。要证 B 是格，据定义 6.2，只要证 B 满足交换律(已有)、结合律和吸收律。

下证 B 满足吸收律。先证 $a\in B$，有 $a\wedge 0=0$。

$$\begin{aligned} a\wedge 0&=(a\wedge 0)\vee 0 &&\text{(同一律)}\\ &=(a\wedge 0)\vee(a\wedge a') &&\text{(补元律)}\end{aligned}$$

$$=a\wedge(0\vee a') \quad \text{(分配律)}$$
$$=a\wedge a' \quad \text{(同一律)}$$
$$=0 \quad \text{(补元律)}$$

因为 $a,b\in B$，

$$a\wedge(a\vee b)=(a\vee 0)\wedge(a\vee b) \quad \text{(同一律)}$$
$$=a\vee(0\wedge b) \quad \text{(分配律)}$$
$$=a\vee 0$$
$$=a \quad \text{(同一律)}$$

类似可证 $a\vee(a\wedge b)=a$。

因此 B 满足吸收律。前面已证明由吸收律可推出满足幂等律。

再证 B 满足结合律。因为 $a,b,c\in B$，可如下证明 $a\wedge(b\wedge c)=(a\wedge b)\wedge c$，从而对偶地可证 $a\vee(b\vee c)=(a\vee b)\vee c$。

令

$$X=a\wedge(b\wedge c),\quad Y=(a\wedge b)\wedge c$$

那么

$$a\vee X=a\vee(a\wedge(b\wedge c))=a \quad \text{(吸收律)}$$
$$a\vee Y=a\vee((a\wedge b)\wedge c)$$
$$=(a\vee(a\wedge b))\wedge(a\vee(a\wedge c)) \quad \text{(分配律)}$$
$$=a\wedge a=a \quad \text{(幂等律)}$$

故

$$a\vee X=a\vee Y \tag{6.14}$$

$$a'\vee X=a'\vee(a\wedge(b\wedge c))$$
$$=(a'\vee a)\wedge(a'\vee(b\wedge c)) \quad \text{(分配律)}$$
$$=1\wedge(a'\vee(b\wedge c)) \quad \text{(补元律)}$$
$$=(a'\vee(b\wedge c)) \quad \text{(同一律)}$$
$$=(a'\vee b)\wedge(a'\vee c) \quad \text{(分配律)}$$
$$a'\vee Y=a'\vee((a\wedge b)\wedge c)$$
$$=(a'\vee(a\wedge b))\wedge(a'\vee c) \quad \text{(分配律)}$$
$$=((a'\vee a)\wedge(a'\vee b))\wedge(a'\vee c) \quad \text{(分配律)}$$
$$=(1\wedge(a'\vee b))\wedge(a'\vee c) \quad \text{(补元律)}$$
$$=(a'\vee b)\wedge(a'\vee c) \quad \text{(同一律)}$$

故

$$a'\vee X=a'\vee Y \tag{6.15}$$

由式(6.14)和式(6.15)得

$$(a\vee X)\wedge(a'\vee X)=(a\vee Y)\wedge(a'\vee Y)$$
$$(a\wedge a')\vee X=(a\wedge a')\vee \quad \text{(Y 分配律)}$$
$$0\vee X=0\vee Y \quad \text{(补元律)}$$
$$X=Y \quad \text{(同一律)}$$

故 $a\wedge(b\wedge c)=(a\wedge b)\wedge c$ 得证。

例 6.13 $<P,\wedge,\vee,\neg,0,1>$为布尔代数。这里 P 为命题公式集，$\wedge$、$\vee$ 和 $\neg$ 为合取、析取和否定的真值运算，0 和 1 分别为假命题和真命题。

定义 6.13 设$<B,\wedge,\vee,',0,1>$是布尔代数，$S\subseteq B$，若 S 含有 0、1，且在运算 $\wedge$、$\vee$、$'$下是封闭的，则称 S 是 B 的子布尔代数，记作$<S,\wedge,\vee,',0,1>$。

例 6.14

(1) 对任何布尔代数$<B,\vee,\wedge,',0,1>$恒有子布尔代数$<B,\vee,\wedge,',0,1>$和$<\{0,1\},\vee,\wedge,',0,1>$，它们被称为 B 的平凡子布尔代数。

(2) 图 6.8 给出的布尔代数 $S1=\{1,a,f,0\}$是子布尔代数，$S2=\{1,a,c,e\}$不是子布尔代数，因为 0 不在 $S2$ 中。

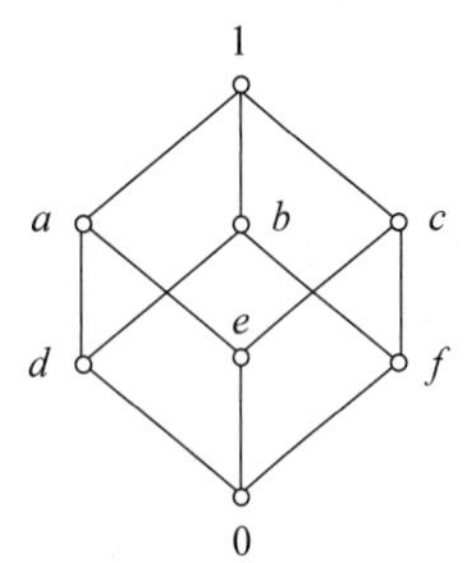

图 6.8 例 6.14 的哈斯图

关于子布尔代数除了定义外还有如下判别定理。

定理 6.18 设$<B,\wedge,\vee,',0,1>$是布尔代数，$S\subseteq B$ 且 $S\neq\varnothing$，若对 $\forall a,b\in S$，$a\vee b\in S$，$a'\in S$，则 S 是 B 的子布尔代数，记作$<S,\wedge,\vee,',0,1>$。

证明：若 $a,b\in S$，则 $a',b'\in S$，$(a'\vee b')'=a\wedge b\in S$。

因为 $S\neq\varnothing$，所以存在 $a\in S$，因此 $a'\in S$，所以 $a\wedge a'=0\in S$ 和 $a\vee a'=1\in S$。

定义 6.14 设$<B,\wedge,\vee,',0,1>$和$<B^*,\cap,\cup,\backsim,0,1>$是两个布尔代数，若存在映射 $f:B\to B^*$ 满足，对任何元素 $a,b\in B$，有

$$f(a\wedge b)=f(a)\cap f(b) \tag{6.16}$$

$$f(a\vee b)=f(a)\cup f(b) \tag{6.17}$$

$$f(a')=\backsim(f(a)) \tag{6.18}$$

则称 f 是$<B,\wedge,\vee,',0,1>$到$<B^*,\cap,\cup,\backsim,0,1>$的**布尔同态**。若 f 是双射，则称 f 是$<B,\wedge,\vee,',0,1>$到$<B^*,\cap,\cup,\backsim,0,1>$的**布尔同构**。

下面讨论有限布尔代数的表示定理。

定义 6.15 设 B 是布尔代数，如果 a 是元素 0 的一个覆盖，则称 a 是该布尔代数的一个**原子**。

例如图 6.8 中 d、e、f 均是原子。实际上，在布尔代数中，原子是 $B-\{0\}$的极小元，因为原子与 0 之间不存在其他元素。

关于布尔代数的原子有以下性质。

定理 6.19 设$<B,\wedge,\vee,',0,1>$是布尔代数，B 中的元素 a 是原子的充分必要条件是 $a\neq 0$ 且对 B 中任何元素 x 有

$$x\wedge a=a \quad 或 \quad x\wedge a=0 \tag{6.19}$$

证明：先证必要性。设 a 是原子，显然 $a\neq 0$。另设 $x\wedge a\neq a$。由于 $x\wedge a\leqslant a$，故 $0\leqslant x\wedge a$，$x\wedge a\leqslant a$。据原子的定义，有 $x\wedge a=0$。

再证充分性。设 $a\neq 0$，且对任意 $x\in B$，有 $x\wedge a=a$ 或 $x\wedge a=0$ 成立。若 a 不是原子，那么必有 $b\in B$，使 $0\leqslant b\leqslant a$。于是，$b\wedge a=b$。

因为 $b\neq 0$，$b\neq a$，故 $b\wedge a=b$ 与式(6.19)矛盾。因此 a 只能是原子。

定理 6.20 设 a、b 为布尔代数 $<B,\vee,\wedge,',0,1>$ 中的任意两个原子，则 $a=b$ 或 $a\wedge b=0$。

证明：分两种情况来证明。

(1) 若 a、b 是原子且 $a\wedge b\neq 0$，则

$$0<a\wedge b\leqslant a \quad (\text{因为 } a \text{ 是原子，所以 } a=a\wedge b)$$

$$0<a\wedge b\leqslant b \quad (\text{因为 } b \text{ 是原子，所以 } b=a\wedge b)$$

故 $a=b$。

(2) 若 a、b 是原子且 $a\neq b$，由原子的性质可知：$a\wedge b\neq a$，$a\wedge b\neq b$（否则 $a\leqslant b$ 或 $b\leqslant a$）。用反证法，若 $a\wedge b\neq 0$，则

$$0<a\wedge b<a,\quad 0<a\wedge b<b$$

这与 a、b 为原子矛盾，故 $a\wedge b=0$。

定义 6.16 设 B 是布尔代数，$b\in B$，定义集合 $A(b)=\{a\mid a\in B, a \text{ 是原子且 } a\leqslant b\}$。

例如，图 6.8 中 $A(b)=\{d,f\}$，$A(c)=\{e,f\}$，$A(0)=\varnothing$，$A(1)=\{d,e,f\}$。

引理 1 设 $<B,\vee,\wedge,',0,1>$ 是一个有限布尔代数，则对于 B 中任一非零元素 b，恒有一个原子 $a\in B$，使 $a\leqslant b$。

证明：$b\in B$ 且 $b\neq 0$。

若 b 为原子，有 $b\leqslant b$，则命题已得证。

若 b 不是原子，则必有 $b_1\in B$，$0<b_1<b$。

若 b_1 不是原子，存在 b_2 使 $0<b_2<b_1<b$，对 b_2 重复上面的讨论。因为 B 有限，这一过程必将中止，上述过程中产生的元素序列满足

$$0<\cdots<b_2<b_1<b$$

即存在 b_r 为原子且 $0<b_r<b$，否则此序列无限长。引理 1 得证。

引理 2 设 $<B,\vee,\wedge,',0,1>$ 是一个有限布尔代数，b 为 B 中任一非零元素，设 $A(b)=\{a_1,a_2,\cdots,a_m\}$，则 $b=a_1\vee a_2\vee\cdots\vee a_m=\bigvee\limits_{a\in A(b)} a$，且表达式唯一。

证明：令 $c=a_1\vee a_2\vee\cdots\vee a_m$。要证 $b=c$。

由于 $a_i\leqslant b(i=1,2,\cdots,m)$，因为 c 是 $A(b)$ 中的最小上界，所以 $c\leqslant b$。

欲证 $b\leqslant c$。据定理 6.17，只要证 $b\wedge c'=0$。

用反证法，设 $b\wedge c'\neq 0$，从而存在原子 a 使得 $0\leqslant a\leqslant b\wedge c'$，所以有 $a\leqslant b$，$a\leqslant c'$。

由于 $a\leqslant b$，a 是原子，因此 a 为 $a_1,a_2,\cdots,a_m$ 之一，故 $a\leqslant c$。

所以 $a\leqslant c\wedge c'=0$，与 a 是原子矛盾。因此 $b\wedge c'=0$，即 $b\leqslant c$。$b=c=a_1\vee a_2\vee\cdots\vee a_m$ 得证。

下证唯一性。

设 b 也可表示为 $b=\bigvee\limits_{a\in S} a$，$S=\{b_1,b_2,\cdots,b_j\}$，其中 b_1、b_2、$\cdots$、b_j 是原子。需证 $S=A(b)$。

若 $q\in S$，有 $q\leqslant b$，所以 $q\in A(b)$，因此 $S\subseteq A(b)$。

若 $q\in A(b)$，有

$$qb,q=q\wedge b=q\wedge\bigvee_{a\in S} a\in Sa=\bigvee_{a\in S} a\in S(q\wedge a)$$

由定理 6.20 知，存在 $a_0\in S$，使 $q=a_0$，所以 $q\in S$。故 $S=A(b)$，引理 2 得证。

定理 6.21 若 a 是原子，则 $a\leqslant b\vee c$ 的充分必要条件是 $a\leqslant b$ 或 $a\leqslant c$。

证明：先证必要性。

若 a 是原子，且 $a\leqslant b\vee c$，不妨设 $x\leqslant b$，因为 a 是原子，由定理 6.20 有 $a\wedge b=0$。

因为 $a\leqslant b\vee c$，所以有 $a=a\wedge(b\vee c)=(a\wedge b)\vee(a\wedge c)=(a\wedge c)$，故 $a\leqslant c$，得证。

充分性显然。

定理 6.22 设 $<B,\vee,\wedge,',0,1>$ 为有限布尔代数，令 $A=\{a|a\in B$ 且 a 是原子$\}$，则 B 同构于布尔代数 $<P(A),\cup,\cap,\backsim,\varnothing,A>$。

证明：构造映射 $f:B\to P(A)$，使得对任意 $b\in B$，$f(b)=A(b)$。

(1) 证明 f 为一个单射。若 $f(b)=f(c)$，有 $A(b)=A(c)$。由引理 2 得 $b=\bigvee\limits_{a\in A(b)} a\in A(b)$，$c=\bigvee\limits_{a\in A(c)} a\in A(c)a$，所以 $b=c$，故 f 是单射。

(2) 证明 f 是满射。$S\in P(A)$，则 $S\subseteq A$。

令 $b=\bigvee\limits_{a\in S} a\in Sa$，由引理 2 得 $b=\bigvee\limits_{a\in S} a\in A(b)a$。

由唯一性有 $S=A(b)=f(b)$。若 $S=\varnothing=A(b)=f(b)$。所以 f 为满射得证。

(3) 接着要证明 f 保持运算，即 f 满足式(6.16)、式(6.17)和式(6.18)。

设 b、c 为 B 中任意两个元素且 $b\neq 0,c\neq 0$。对任意的原子 x，$x\in A(b\wedge c)\Leftrightarrow x\leqslant b\wedge c\Leftrightarrow x\leqslant b$ 且 $x\leqslant c\Leftrightarrow x\in A(b)$ 且 $x\in A(c)\Leftrightarrow x\in A(b)\cap A(c)$，所以 $A(b\wedge c)=A(b)\cap A(c)$，即 $f(b\wedge c)=f(b)\cap f(c)$。

对任意的原子 x，$x\in A(b\vee c)\Leftrightarrow x\leqslant b\vee c\Leftrightarrow x\leqslant b$ 或 $x\leqslant c\Leftrightarrow x\in A(b)$ 或 $x\in A(c)\Leftrightarrow x\in A(b)\cup A(c)$，所以 $A(b\vee c)=A(b)\cup A(c)$，即 $f(b\vee c)=f(b)\cup f(c)$。

$b\in B$，且 $b\neq 0$，对任意的原子 x，$x\in A(b')\Leftrightarrow x\wedge b=0\Leftrightarrow x\wedge b\neq x\Leftrightarrow x\leqslant b\Leftrightarrow x,A(b)\Leftrightarrow x\in\backsim A(b)$，所以 $A(b')=\backsim A(b)$，即 $f(b')=\backsim(f(b))$，定理得证。

本定理有如下推论。

推论 1 若有限布尔代数有 n 个原子，则它有 2^n 个元素。

推论 2 任何具有 2^n 个元素的布尔代数互相同构。

注意：这一定理对无限布尔代数不能成立。

根据这一定理，有限布尔代数的基数都是 2 的幂。同时在同构的意义上对于任何 2^n，n 为自然数，仅存在一个 2^n 元的布尔代数，如图 6.9 中的哈斯图所示的一元、二元、四元和八元的布尔代数。

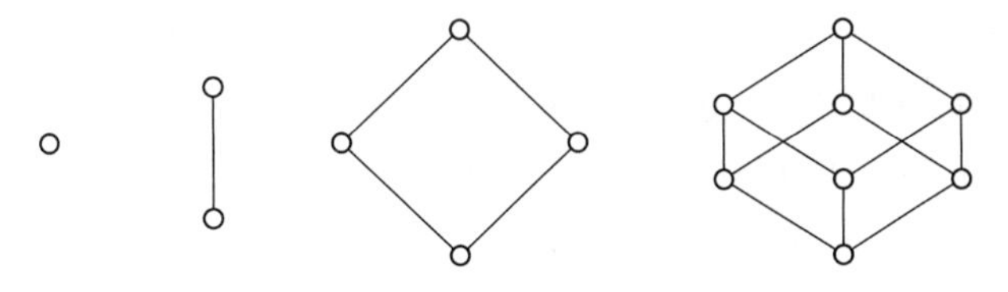

图 6.9 有限布尔代数和同构

6.4 本章小结

本章从前面讨论过的偏序集出发，介绍了格的概念，并进一步引出了布尔代数。格和布尔代数在计算机基础理论和数字电路等领域有着广泛的应用。

6.1 节回顾了偏序集的概念，并在此基础上给出了格的定义：如果偏序集中的任何两个元素都存在上确界和下确界，则它称为格。接着证明了格的上确界和下确界运算满足幂等律、交换律、结合律和吸收律。然后研究了格上的同态和同构。

6.2 节研究了几种特殊的格，其中满足分配律的称为分配格，满足模性条件的称为模格，每个元素都存在逆元的称为补格。

6.3 节在格的基础上引出了布尔代数的概念：至少有两个元素的有补分配格称为布尔代数。它的另一个等价定义是：有两个二元运算且满足交换律、分配律、同一律和补元律的代数系统。此外，布尔代数还满足双重否定律和德·摩根律。

通过本章的学习，我们应能判断指定的偏序集是否构成格，判断指定的格是否为分配格，并进一步能够判断布尔代数并证明布尔代数的等式。

习　题

1. 给定代数结构 $<F,\wedge,\vee,'>$，其中 $F=\{f\mid f:\mathbf{N}\to\{0,1\}\}$，对于任意 $f,g\in F$，

$$f'(n)=1\Leftrightarrow f(n)=0$$

$$(f\vee g)(n)=1\Leftrightarrow f(n)=1\quad 或者\quad g(n)=1$$

$$(f\vee g)(n)=1\Leftrightarrow f(n)=1\quad 且\quad g(n)=1$$

试证：$<A,+,\times,'>$ 是布尔代数。

2. 给定代数结构 $<\{\varnothing,\{a,b\},\{c,d\},S\},\cup,\cap,'>$，其中 $S=\{a,b,c,d\}$，证明该代数结构是布尔代数，并给出 $<P(S),\cup,\cap,'>$ 的所有其他子代数。

3. 给定布尔代数 $<S,\oplus,\odot,',0,1>$，且 $a,b,c\in S$。试证：

(1) $a\oplus(a'\odot b)=a\oplus b$

(2) $a\odot(a'\oplus b)=a\odot b$

(3) $(a\odot b)\oplus(a\odot b')=a$

(4) $(a\odot b\odot c)\oplus(a\odot b)=a\odot b$

4. 给定布尔代数 $<S,\oplus,\odot,',0,1>$，且 $a,b,c\in S$。试证：

(1) $a=b\Leftrightarrow(a\odot b')\oplus(a'\odot b)=0$

(2) $a=0\Leftrightarrow(a\odot b')\oplus(a'\odot b)=b$

(3) $(a\oplus b')\odot(b\oplus c')\odot(c\oplus a')=(a'\oplus b)\odot(b'\oplus c)\odot(c'\oplus a)$

(4) $(a\oplus b)\odot(a'\oplus c)=(a\odot c)\oplus(a'\odot b)=(a\odot c)\oplus(a'\odot b)\oplus(b\odot c)$

(5) $a\leqslant c\Rightarrow a\oplus(b\odot c)=(a\oplus b)\odot c$

5. 给定布尔代数 $<S,\oplus,\odot,',0,1>$，且 $a,b\in S$。定义二元运算 $+$ 和 $*$ 为

$$a+b=(a\odot b')\oplus(a'\odot b)$$

$$a*b=a\odot b$$

试证：$<S,+,\cdot>$ 是含幺元布尔环。

6. 给定两个布尔代数 $U=<A,\oplus,\odot,',0,1>$ 和 $V=<B,\vee,\wedge,\neg,\alpha,\beta>$。试证：若存在映射 $f:A\to B$，对任意元 $a,b\in A$，有

$$f(a \oplus b) = f(a) \vee f(b)$$
$$f(a') = \neg f(a)$$

或者

$$f(a \odot b) = f(a) \wedge f(b)$$
$$f(a') = \neg f(a)$$

7. 给定布尔代数 $V = \langle S, \oplus, \odot, ', 0, 1 \rangle$，且 $a \in S, a \neq 0$。对任意元 $x \in S$，若 $x \leqslant a$，则 $x = a$ 或 $x = 0$，称 a 是 V 的次小元。试证：a 是次小元 $\Leftrightarrow a$ 是原子。
8. 给定布尔代数 $V = \langle \{\varnothing, A, B, S\}, \cup, \cap, -, \varnothing, S \rangle$，其中 $S = \{a, b, c, d\}$，$A = \{a, b\}$，$B = \{c, d\}$。试求 V 的原子集合 M。试画出 V 的哈斯图，并画出同构 V 的布尔代数 $\langle P(M), \cup, \cap, -, \varnothing, M \rangle$ 的哈斯图。

第7章 chapter 7

图　论

本章要点

- 图的基本定义
- 通路和回路
- 图的矩阵表示方法
- 欧拉图、哈密尔顿图、平面图和对偶图
- 树和生成树
- 有向树及其应用

本章学习目标

- 图的定义，相关概念术语及性质
- 通路和回路的概念及判断图的连通性
- 图的几种表示方法
- 各种特殊图的定义、判断及其性质和应用
- 树的概念，生成树和有向树的性质及其应用

1736年，伟大的瑞士数学家莱昂哈德·欧拉利用图论的基本思想解决了著名的哥尼斯堡(Königsberg)七桥问题，这一问题的解决标志着图论作为一门科学的诞生。在本章中讨论图论的基本思想和方法，并由此介绍图这种描述事物之间复杂关系的数学原型。

图可以用来解决许多领域的问题。例如，可以用图来确定能否在印刷电路板上画出不相交的电路；用图可以区别分子式相同但结构不同的两种化合物；用计算机网络的图模型可以确定两台计算机是否由通信链路所连接；用带权图可以解决诸如寻找交通网络里两个城市之间最短通路的问题；还可以用图来安排考试和分配电视台的频道。

7.1 图的基本概念

7.1.1 图的定义

我们的周围充满了图。有影视图、广告图和各种函数图等。此外，还有导游路线图、系统图与流程图。本章要讨论的图，严格说来应该叫做“线图”，因为它们是由“点”和

"线"组成的图形,它们将"关系"、"连接"和"顺序"等概念变成模型。

例 7.1 现有 a、b、c、d 共 4 个篮球队进行友谊比赛。为了表示 4 个队之间比赛的情况,作出图 7.1 所示的图形。在图中 4 个小圆圈分别表示这 4 个篮球队,称为顶点(或结点)。如果两队进行过比赛,则在表示该队的两个顶点之间用一条线连接起来,称为边。这样利用一个图形就可以使各队之间的比赛情况一目了然。

如果图 7.1 中的 4 个结点 a、b、c、d 分别表示 4 个人,当某两个人互相认识时,则将其对应点之间用边连接起来,这时的图可以反映这 4 个人之间的认识关系。

这种用图形来表示事物之间的某种关系的方法我们也曾经使用过。显然这里所用的"图"与零件图、装配图、函数图和影视图不相同,在这种图形中有两类对象,一种是"点",一种是"线"。"点"是代表某种确定的事物,它们的位置只有相对的意义,我们感兴趣的是顶点与顶点之间是否有线(即边)连接,至于顶点与顶点之间的几何距离则无关紧要。对它们进行数学抽象,就得到以下作为数学概念的图的定义。

定义 7.1 一个**图** G 由一个三元组确定,即 $G=<V(G),E(G),\varphi_G>$,其中,$V(G)$是点的有限非空集合,称为 G 的**顶点集**,其元素称为**顶点**(或**结点**、**点**);$E(G)$是一个边的集合,称为 G 的**边集**,其元素称为**边**(或**弧**);φ_G 是从边集合 E 到顶点无序偶(有序偶)集合上的函数。也就是说,φ_G 的定义域是 E,值域是一个顶点无序偶(有序偶)集合。

例 7.2 设 $G=<V,E,\varphi_G>$,其中,$V(G)=\{a,b,c,d\}$,$E(G)=\{e_1,e_2,e_3,e_4,e_5,e_6,e_7\}$,$\varphi_G(e_1)=(a,b)$,$\varphi_G(e_2)=(a,c)$,$\varphi_G(e_3)=(b,d)$,$\varphi_G(e_4)=(b,c)$,$\varphi_G(e_5)=(c,d)$,$\varphi_G(e_6)=(a,d)$,$\varphi_G(e_7)=(b,b)$,则图 G 可用图 7.2 表示。

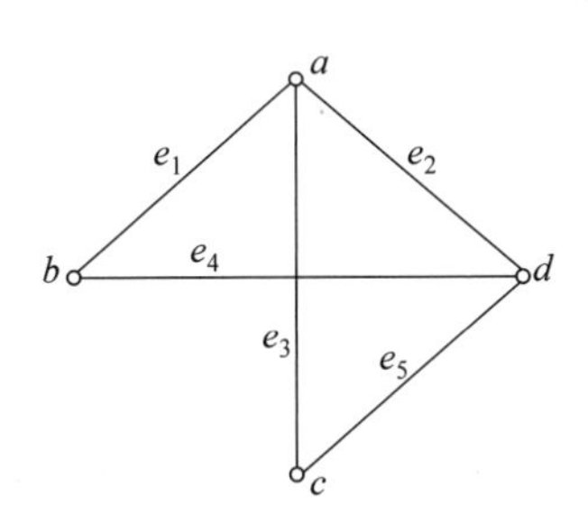

图 7.1 例 7.1 用图

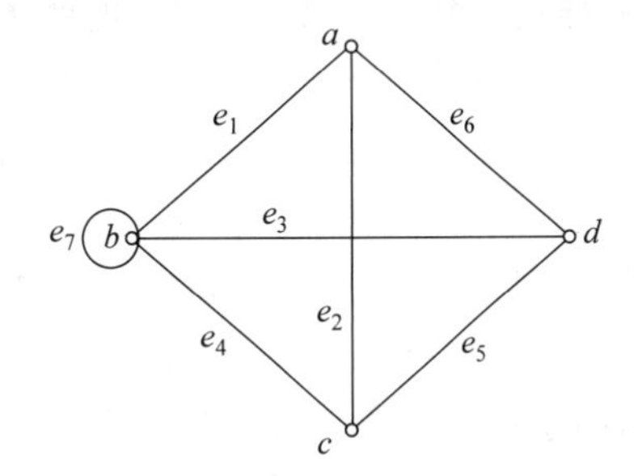

图 7.2 例 7.2 用图

在这个例子中,函数 φ_G 的值均是由顶点组成的无序偶对,用(x,y)这样的形式来表示。实际上,由顶点组成的序偶也可以是有序的,这就涉及下面所要介绍的无向图与有向图之间的区别。

7.1.2 无向图和有向图

定义 7.2 若边 e_i 对应的 $\varphi_G(e_i)$值为无序偶(v_j,v_k),其中,v_j 和 v_k 是 V 中的 2 个顶点,则称边 e_i 为**无向边**;若边 e'_i 对应的 $\varphi_G(e_i)$值为有序偶$<v'_j,v'_k>$,其中,v'_j,v'_k 是 V 中的 2 个顶点,则称边 e'_i 为**有向边**,其中 v'_j 称为边 e'_i 的**起始顶点**,v'_k 称为边 e'_i 的**终止顶点**。每一条边都是无向边的图称为**无向图**;每一条边都是有向边的图称为**有向图**。如果一个图里既有有向边又有无向边,就称为**混合图**。

例 7.3 如图 7.3 所示。

图 7.3(a)即为无向图,$G=<V_1,E_1,\varphi_{G_1}>$,其中 $V_1=\{v_1,v_2,v_3,v_4\}$,$E_1=\{e_1,e_2,e_3,e_4\}$,$\varphi_{G_1}(e_1)=(v_1,v_2)$,$\varphi_{G_1}(e_2)=(v_2,v_4)$,$\varphi_{G_1}(e_3)=(v_2,v_3)$,$\varphi_{G_1}(e_4)=(v_3,v_4)$。

图 7.3(b)即为有向图,$G=<V_2,E_2,\varphi_{G_2}>$,其中 $V_2=\{v_1,v_2,v_3,v_4\}$,$E_2=\{e_1,e_2,e_3,e_4,e_5\}$,$\varphi_{G_2}(e_1)=<v_2,v_1>$,$\varphi_{G_2}(e_2)=<v_4,v_1>$,$\varphi_{G_2}(e_3)=<v_2,v_4>$,$\varphi_{G_2}(e_4)=<v_4,v_2>$,$\varphi_{G_2}(e_5)=<v_3,v_2>$。

图 7.3(c)即为混合图。$G=<V_3,E_3,\varphi_{G_3}>$,其中 $V_3=\{v_1,v_2,v_3,v_4\}$,$E_3=\{e_1,e_2,e_3,e_4,e_5\}$,$\varphi_{G_3}(e_1)=<v_2,v_1>$,$\varphi_{G_3}(e_2)=<v_4,v_1>$,$\varphi_{G_3}(e_3)=<v_2,v_4>$,$\varphi_{G_3}(e_4)=(v_4,v_2)$,$\varphi_{G_3}(e_5)=(v_3,v_2)$。

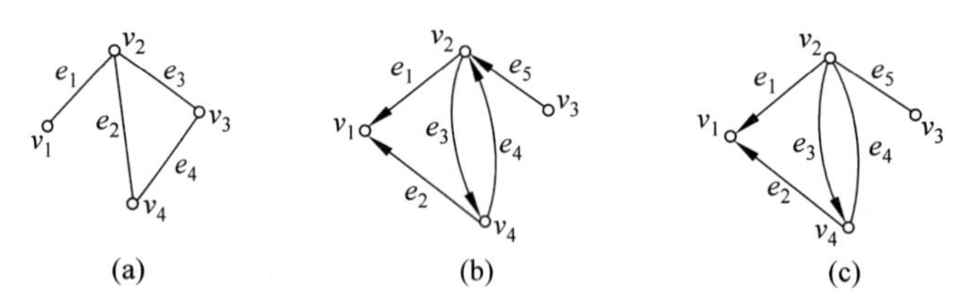

图 7.3 例 7.3 用图

在有向图中,有向边又叫做**弧**,如果一条弧 e 是从顶点 a 指向顶点 b 的,就把 a 叫做弧 e 的**始点**,b 叫做弧 e 的**终点**,统称为弧 e 的**端点**。称 e 是**关联于**顶点 a 和 b 的,顶点 a 和顶点 b 是**邻接的**。下面列出了另外一些有关图的术语。

邻接边:关联于同一个顶点的两条边。

环:关联同一个顶点的一条边((v,v)或$<v,v>$)。

孤立顶点:没有边与之关联的顶点。

零图:顶点集 V 非空但边集 E 为空集的图。

平凡图:仅由一个孤立顶点构成的图。

***n* 阶图**:含有 n 个顶点的图。

简单图:任何两个顶点间不多于一条边(对于有向图,任何两个顶点间不多于一条同方向弧),并且任何顶点无环。

多重图:两个顶点间多于一条边(对于有向图,两个顶点间多于一条同向弧)。

平行边或平行弧:连接两个顶点之间的多条边或弧。

在实际应用中,简单图是讨论得最多的一种图,本书所涉及的大部分都是简单图。对于简单图,可以把它的表示方法简化为 $G=<V,E>$,其中,V 是非空顶点集,E 是连接顶点的边集。例如,例 7.3 中的图 7.3(a)可表示为 $G=<V,E>=<\{e_1,e_2,e_3,e_4\},\{(v_1,v_2),(v_2,v_4),(v_2,v_3),(v_3,v_4)\}>$,图 7.3(b)可表示为 $G=<V,E>=<\{e_1,e_2,e_3,e_4,e_5\},\{<v_2,v_1>,<v_4,v_1>,<v_2,v_4>,<v_4,v_2>,<v_3,v_2>\}>$,图 7.3(c)可表示为 $G=<V,E>=<\{e_1,e_2,e_3,e_4,e_5\},\{<v_2,v_1>,<v_4,v_1>,<v_2,v_4>,(v_4,v_2),(v_3,v_2)\}>$。接下来经常会看到这种表示方法表示的图。

例 7.4 在图 7.4 中,G_1 是 5 阶简单图,e_1 关联于顶点 v_1 和 v_2,v_1 和 v_2 是边 e_1 的顶点,顶点 v_1 和顶点 v_2 是邻接的,边 e_1 和边 e_2 是邻接边;G_2 是 5 阶多重图,边 e_5 和边 e_6

是平行边，重数为2，其中点 v_3 是孤立顶点，边 e_7 是环；G_3 是平凡图。

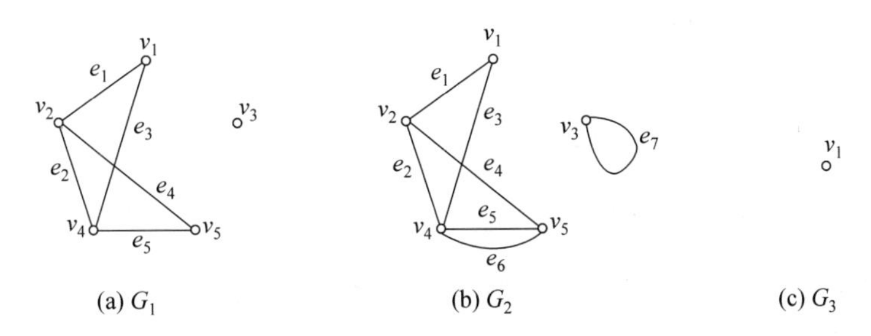

图 7.4　例 7.4 用图

定义 7.3　设 $G=<V,E>$ 为无向简单图，若 G 中任何顶点与其余的所有顶点相邻，则称 G 为**无向完全图**，若 G 的点个数为 n，则称 G 为 ***n* 阶无向完全图**，记作 K_n。

设 $G=<V,E>$ 为有向简单图，若对于任意的顶点 $u,v\in V$，既有有向边 $<u,v>$，又有有向边 $<v,u>$，则称 G 为**有向完全图**，若 G 的边数为 n，则称 G 为 ***n* 阶有向完全图**。

以后，凡是出现 K_n 均指 n 阶无向完全图。如图 7.5(a)所示即为 5 阶完全无向图，图 7.5(b)所示即为 3 阶完全有向图。

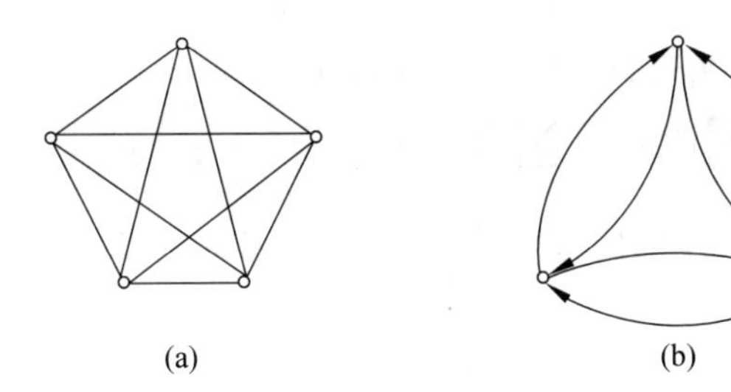

图 7.5　5 阶完全无向图和 3 阶完全有向图

7.1.3　顶点度数和握手定理

在图论中，常常需要关心图中有多少条边与某一顶点关联，这就引出了图的一个重要概念——顶点的度。

定义 7.4　在有向图中，对于任何顶点 v，以 v 为始点的边的条数称为顶点 v 的**出度**，记为 $\deg^+(v)$，或简记为 $d^+(v)$；以 v 为终点的边的条数称为顶点 v 的**入度**，记为 $\deg^-(v)$，或简记为 $d^-(v)$；顶点 v 的出度和入度之和称为顶点 v 的**度数**，记为 $\deg(v)$，或简记为 $d(v)$。在无向图中，顶点 v 的度数就是与顶点 v 相关联的边的条数，也记为 $\deg(v)$。若 v 点有环，规定该点因环而增加 2 度。孤立顶点的度数为零。

此外，对于无向图 $G=<V,E>$，记：

图 G 的最大度 $\Delta(G)=\max\{d(v)\mid v\in V(G)\}$；

图 G 的最小度 $\delta(G)=\min\{d(v)\mid v\in V(G)\}$。

例如，图 7.6 中的 $\deg^+(v_1)=2$，$\deg^-(v_1)=1$，$\deg(v_1)=3$，$\deg^+(v_6)=1$，$\deg^-(v_6)=2$，$\deg(v_6)=3$。图 7.7 中的 $\deg(v_1)=3$，$\deg(v_2)=4$，$\deg(v_3)=2$，$\Delta(G)=4$，$\delta(G)=2$。

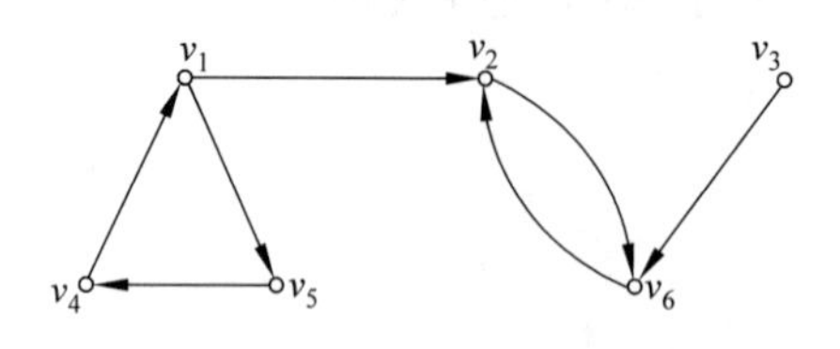

图 7.6　有向图的度

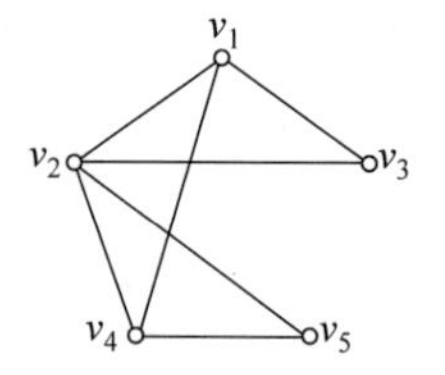

图 7.7　无向图的度

有了度的概念,就可以讨论顶点度数和边数之间的关系了。对于整个图,下面这个定理给出了顶点度数与边数之间的关系。这也是图论中的一个重要定理。

定理 7.1　设图 $G=\langle V,E\rangle$ 为无向图或有向图,则 G 中顶点度数的之和等于边数的两倍,即

$$\sum_{v\in V}\deg(v)=|2E|$$

证明:因为在任一图中,每一条边均关联着两个顶点(或二点重合于一点),所以在计算度数时都要计算两次,故顶点的度数的之和等于边数的二倍。

该定理是图论中的基本定理,通常也称为**握手定理**。此定理有一个重要推论。

推论　在任何图(有向图或无向图)中,度数为奇数的顶点的数目为偶数。

证明:设 $V_1=\{v|d(v)\text{为奇数}\}$,$V_2=V-V_1$,则

$$\sum_{v\in V_1}d(v)+\sum_{v\in V_2}d(v)=\sum_{v\in V}d(v)=2m$$

因为 $\sum_{v\in V_2}d(v)$ 是偶数,$\sum_{v\in V}d(v)$ 也是偶数,$\sum_{v\in V_1}d(v)$ 必是偶数。而每个 $d(v)$ 为奇数,故 $|V_1|$ 是偶数。

对有向图来说,还有下面的定理。

定理 7.2　设图 $D=\langle V,E\rangle$ 为有向图,$|E|=m$,则该有向图所有顶点的出度之和与所有顶点的入度之和相等,均等于该图的边数。即

$$\sum_{v\in V}d^+(v)=\sum_{v\in V}d^-(v)=m$$

证明请读者自己完成。

以上两个定理及推论都非常重要,希望记住它们并能灵活运用。

设 $V=\{v_1,v_2,\cdots,v_n\}$ 为图 G 的顶点集,称 $(d(v_1),d(v_2),\cdots,d(v_n))$ 为 G 的**度数序列**。如图 7.7 中所示的无向图的度数序列为(3,4,2,3,2)。

例 7.5

(1) (5,2,3,1),(3,3,2,5,3)能成为无向图的度数序列吗? 为什么?

(2) 已知无向图 G 中有 10 条边和 4 个 3 度顶点,其余顶点的度数都小于等于 2,问 G 中至少有多少个顶点? 为什么?

解:

(1) 由于第 1 个序列中,度数为奇数的顶点个数为 3 个,是奇数。第 2 个序列中度数为奇数的顶点个数为 4,为偶数。故由握手定理的推论可知第 1 个序列不能成为无向图的度数序列,而第 2 个序列可以成为无向图的度数序列。

(2) 图中边数 $m=10$,由握手定理可知,G 中各顶点度数之和为 10 的 2 倍,即 20,其中,4 个 3 度顶点占去了 12 度。还剩 8 度,由题意,剩下顶点的度数均小于等于 2,故如果剩下顶点度数都为 2,则还必须要 4 个顶点来占这 8 度,所以 G 至少应该有 8 个顶点,其中有 4 个 3 度顶点和 4 个 2 度顶点。

7.1.4 子图和补图

为了深入研究图的性质与图的局部性质,需要引入两个非常重要的概念——子图和补图。

所谓子图,简单地说,就是从原来的图中适当地去掉一些弧(边)和顶点后所形成的图。子图的所有边和顶点都必须包含于原来的图中。其完整定义如下。

定义 7.5 设有图 $G=\langle V,E\rangle$ 和图 $G'=\langle V',E'\rangle$。

(1) 若 $V'\subseteq V$,$E'\subseteq E$,则称 G' 是 G 的**子图**。

(2) 若 G' 是 G 的子图,且 $E'\neq E$,则称 G' 是 G 的**真子图**。

(3) 若 $V'=V$,$E'\subseteq E$,则称 G' 是 G 的**生成子图**。

(4) 若 $V'\subseteq V$,且 $V'\neq\varnothing$,以 V' 为顶点集,以两个端点均在 V' 中的全体边为边集的 G 的子图称为 $\boldsymbol{V'}$**导出的导出子图**。

(5) 若 $E'\subseteq E$,且 $E'\neq\varnothing$,以 E' 为边集,以 E' 中边关联的顶点的全体为顶点集的 G 的子图称为 $\boldsymbol{E'}$**导出的导出子图**。

注意,每个图都是本身的子图。

例 7.6 图 7.8(a)给出了图 G 以及它的真子图 G_1 和生成子图 G_2。而在图 7.8(b)中 G_1、G_2、G_3 均是 G 的真子图,其中 G_1 是 G 的由边集 $E_1=\{e_1,e_2,e_3,e_4\}$ 导出的子图 $G[E_1]$;G_2 是 G 的生成子图;G_3 是 G 的由顶点集 $V_3=\{a,d,e\}$ 导出的导出子图 $G[V_3]$,同时也是由边集 $E_3=\{e_4,e_5\}$ 导出的导出子图 $G[E_3]$。

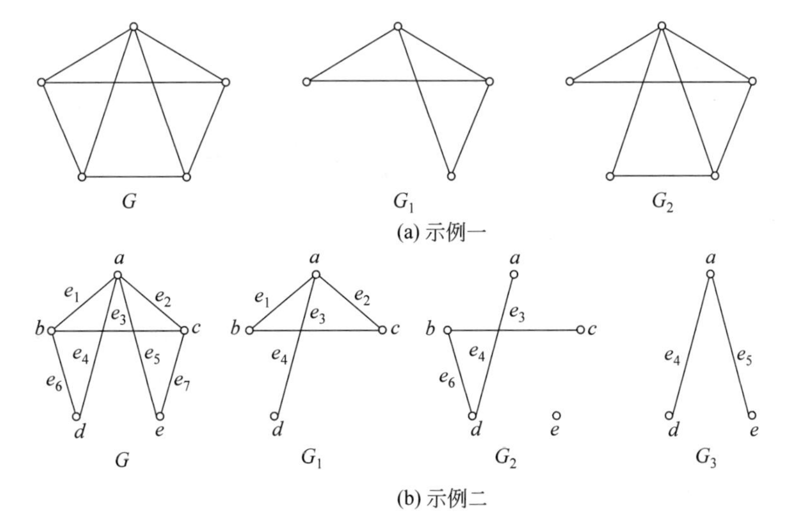

图 7.8 无向图的子图

定义 7.6 设$G=<V,E>$是n阶无向简单图，以V为顶点集有n个顶点，图$H=<V,E'>$也有同样的顶点，而E'是由n个顶点的完全图的边删去E所得，则图H称为图G的**补图**，记为$\bar{G}$。

有向简单图的补图可类似定义。

例 7.7 在图 7.9 中，(a)是(b)的补图，当然(b)也是(a)的补图，就是说，(a)、(b)互为补图。同样，图 7.10 中(a)、(b)互为补图。

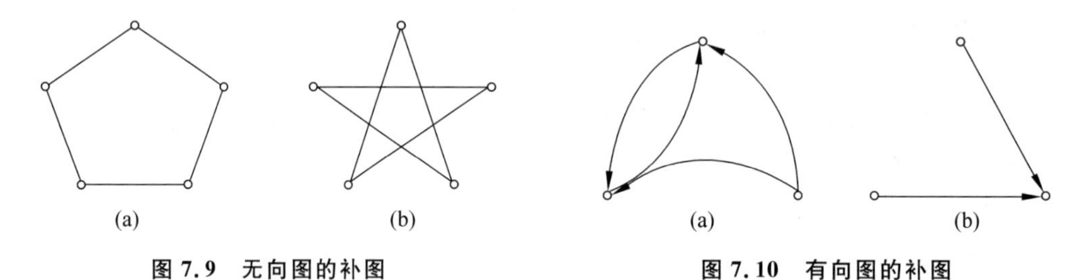

图 7.9 无向图的补图　　图 7.10 有向图的补图

7.1.5 图的同构

由于在图论中研究图的时候顶点的位置和边的几何形状是无关紧要的，因此表面上完全不同的图形可能表示的是同一个图。为了判断不同的图形是否反映同一个图形的性质，下面给出图的同构的概念。

定义 7.7 设有两个图$G_1=<V_1,E_1>$和$G_2=<V_2,E_2>$，如果存在着双射$f:V_1\to V_2$，使得$(v_i,v_j)\in E_1$当且仅当$(f(v_i),f(v_j))\in E_2$（或者$<v_i,v_j>\in E_1$当且仅当$<f(v_i),f(v_j)>\in E_2$），则称图G_1与G_2**同构**，记作$G_1\cong G_2$。

例 7.8 图 7.11 中$G_1\cong G_2$，其中$f:V_1\to V_2$，$f(v_i)=u_i(i=1,2,\cdots,6)$。$G_3\cong G_4$，其中$f:V_3\to V_4$，$f(v_1)=u_3$，$f(v_2)=u_1$，$f(v_3)=u_2$。

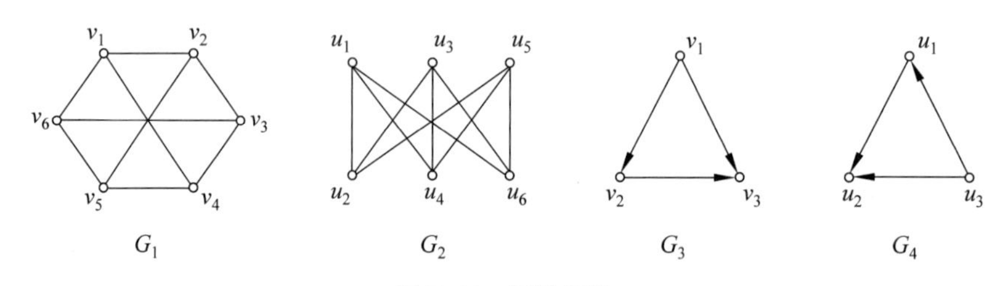

图 7.11 图的同构

定理 7.3 两个同构的图必定满足 3 个条件：顶点数相同，边数相同，度数相同。

注意，定理 7.3 所描述的只是二图同构的必要条件而非充分条件，如图 7.12 中的(a)、(b)满足上述 3 个条件，但仔细观察两个图可以看出，对于(a)中的任一顶点，与该点邻接的 3 个顶点间彼此均不邻接，如顶点a，与其相邻接的顶点有 3 个，分别是b、c、f，这 3 个顶点彼此之间均是互不相邻的。而对于(b)中的任一顶点，与该点邻接的 3 个顶点中有两个是邻接点，如顶点a，与其相邻接的顶点有 3 个，分别是b、c、f，这 3 个顶点中可以看到c和f是相邻的。所以它们是不同构的。

对于(c)、(d),如果从度最大的为3的顶点看,(c)中为b顶点,该点到其余顶点最远是f,隔了2个顶点,而(d)中,度为3的顶点为c顶点,该点到其余顶点最远的是a和f,隔了1个顶点,显然,(c)和(d)是不同构的。不过,(c)和(e)却是同构的,读者可以思考一下为什么。

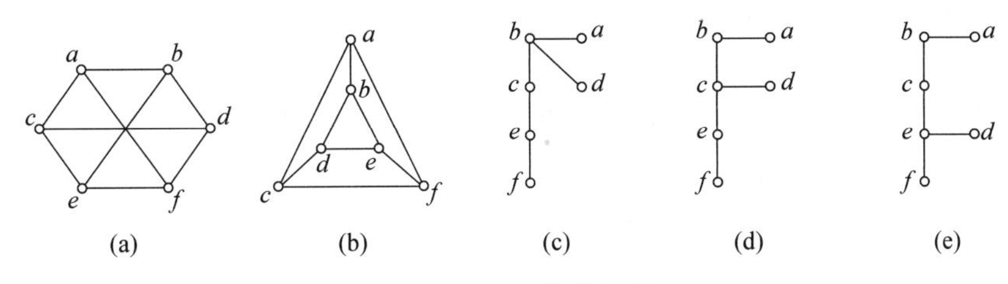

图7.12 不同构的图例

到目前为止,判断两图同构还只能从定义出发,判断过程中千万不要将定理7.3给出的两图同构的必要条件当成充分条件。

7.2 通路与回路

7.2.1 通路与回路的定义

在无向图(或有向图)的研究中,常常考虑从一个顶点出发,沿着一些边(或弧)连续移动而达到另一个指定顶点,这种依次由顶点和边(或弧)组成的序列便形成了通路的概念。

定义7.8 给定图$G=\langle V, E\rangle$。设$v_0,v_1,\cdots,v_k\in V,e_1,e_2,\cdots,e_k\in E$,其中$e_i$是关联于顶点$v_{i-1}$和$v_i$的边,称交替序列$v_0e_1v_1e_2\cdots e_kv_k$为连接$v_0$到$v_k$的**通路**。$v_0$和$v_k$分别称为此通路的**起点**与**终点**。

通路中边的数目k称作通路的**长度**。

由定义可知,一条通路即是G的一个子图,且通路允许经过的边重复,因此根据不同要求通路可以作如下的划分。

简单路径:顶点可重复但边不可重复的通路。

基本路径:顶点不可重复的通路。

回路:如果路径的始点v_0和终点v_n相重合,即$v_0=v_n$,则此路径称为回路。

简单回路:边不重复的回路(顶点数大于等于3)。

基本回路:顶点不可重复(仅起点、终点重复)的回路。

例7.9 在图7.13中:

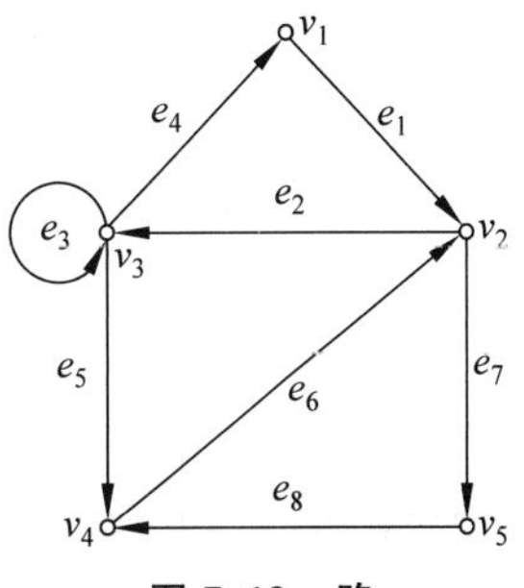

图7.13 路

(1) $P_1=(v_1e_1v_2e_7v_5)$是一条基本路径,也是一条简单路径。

(2) $P_2=(v_2e_2v_3e_3v_3e_4v_1e_1v_2)$是一条简单路径但非基本路径。因为顶点$v_3$经过了2次。

(3) $P_3=(v_4e_6v_2e_7v_5e_8v_4)$是一条回路。

(4) $P_4=(v_2e_7v_5e_8v_4e_6v_2)$是一条基本回路,也是一条简

单回路。

由定义可知，基本路径必是简单路径，基本回路必是简单回路，反之则均不真。非简单路径称为**复杂路径**。在应用中，常常只用边的序列表示通路，如例 7.9 中 $P_4=(v_2e_7v_5e_8v_4e_6v_2)$可表示为 $e_7e_8e_6$；对于简单图，因为指定 2 个顶点，则这 2 个顶点之间只能有一条边相连，所以简单图亦可用顶点序列表示通路，这样更方便。

一个图的通路和回路有下面的定理和推论中给出的性质。证明从略。

定理 7.4 在一个 n 阶图中，若从顶点 v_i 到 $v_j(v_i\neq v_j)$存在通路，则从 v_i 到 v_j 存在长度小于等于 $n-1$ 的通路。

推论 在一个 n 阶图中，若从顶点 v_i 到 $v_j(v_i\neq v_j)$存在通路，则从 v_i 到 v_j 存在长度小于等于 $n-1$ 的基本路径。

定理 7.5 在一个 n 阶图中，如果存在顶点 v_i 到自身的回路，则从 v_i 到自身存在长度小于等于 n 的回路。

推论 在一个 n 阶图中，如果顶点 v_i 到自身存在一条简单回路，则从 v_i 到自身存在长度小于等于 n 的基本回路。

7.2.2 无向连通图

定义 7.9 在无向图 G 中，若顶点 v_i 与 v_j 之间存在通路(当然从顶点 v_j 到 v_i 之间也存在通路)，则称 v_i 与 v_j 是**连通的**。**规定任何顶点到自身都是连通的**。

例如，在图 7.14 的无向图 G_1 中，v_1 和 v_4，v_3 和 v_5 等都是连通的。但 v_1 和 v_2 就是不连通的。

设 v_i、v_j 是无向图 G 中任意两个顶点，若 v_i 和 v_j 是连通的，则称 v_i 与 v_j 之间长度最短的通路为 v_i 与 v_j 之间的**短程线**，短程线的长度称为 v_i 与 v_j 之间的**距离**，记作 $d(v_i,v_j)$，显然有，$d(v_i,v_j)=d(v_j,v_i)$。

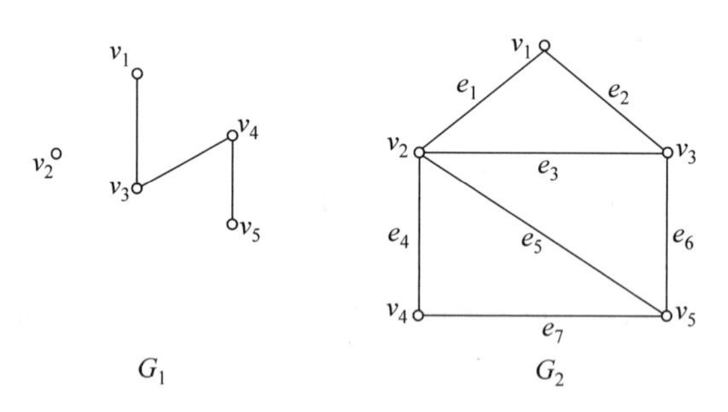

图 7.14 无向图的连通性

在图 7.14 的无向图 G_2 中，v_1 与 v_4 之间的短程线为$(v_1e_1v_2e_4v_4)$，$d(v_1,v_4)=2$，v_2 与 v_5 之间的短程线为$(v_2e_5v_5)$，$d(v_2,v_5)=1$。

定义 7.10 若无向图 G 是平凡图，或 G 中任意二顶点都是连通的，则称 G 为**连通图**；否则，称 G 为**非连通图**。

例如，图 7.14 中 G_1 为非连通图，G_2 则为连通图；图 7.15 中 G_1 为连通图，G_2 则为非连通图。

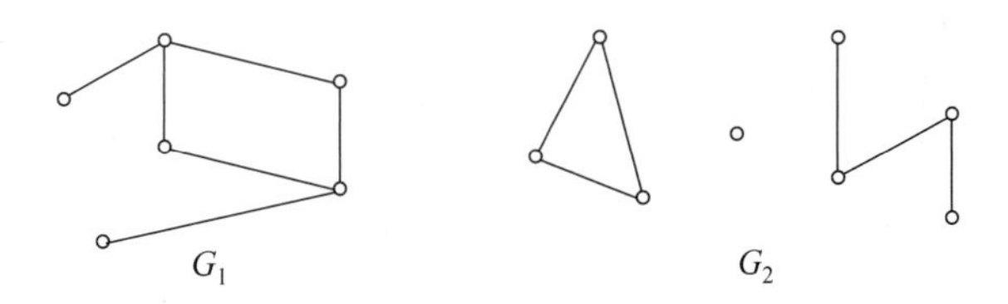

图 7.15 连通图和非连通图

7.2.3 点割集和割点

关于图的连通性，有两个重要的概念，这就是点割集和边割集。下面分别予以介绍。

设 $G=\langle V,E\rangle$ 是一个无向图，如果在 G 的顶点集 V 上定义一个二元关系 R：

$$R=\{\langle u,v\rangle \mid u,v\in V \text{ 且 } u \text{ 与 } v \text{ 是连通的}\}$$

容易证明，R 是自反的、对称的和传递的，即 R 是一个等价关系，于是 R 可将 V 划分成若干个非空子集：$V_1,V_2,\cdots,V_k$，由它们导出的子图 $G[V_1],G[V_2],\cdots,G[V_k]$ 称为 G 的**连通分支**，其连通分支的个数记作 $W(G)$。

显然，G 是连通图，当且仅当 $W(G)=1$。如图 7.15 中 G_1 的连通分支数 $W(G)=1$，G_2 的连通分支数 $W(G_2)=3$

定义 7.11 设无向图 $G=\langle V,E\rangle$，若存在顶点集 $V'\subset V$，使得 G 删除 V'（将 V' 中顶点及其关联的边都删除）后，所得子图 $G-V'$ 不连通（即连通分支数满足 $W(G-V')>W(G)$），而对于删除 V' 的任何真子集 V'' 后，均有 $G-V''$ 仍连通（即 $W(G-V'')=W(G)$），则称 V' 是 G 的一个**点割集**。如果 G 的某个点割集中只有一个顶点，则称该点为**割点**。

例如，图 7.16 中 $\{f,g\}$、$\{d,g\}$、$\{a,c,d\}$ 和 $\{b,e\}$ 等均是点割集，且不存在割点；$\{b,e,f\}$ 不是点割集，因为它的真子集 $\{b,e\}$ 已经是点割集。

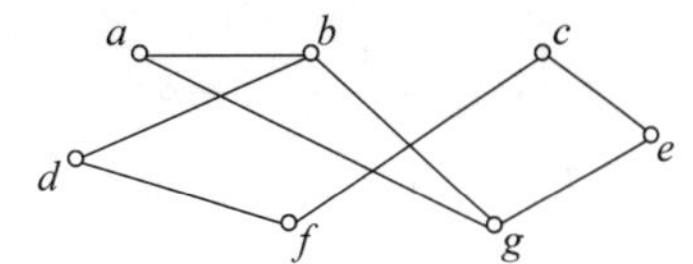

图 7.16 点割集例

7.2.4 边割集和割边

定义 7.12 设无向图 $G=\langle V,E\rangle$，若存在边集子集 $E'\subset E$，使得 G 删除 E'（将 E' 中的边从 G 中全删除）后不连通（即所得子图的连通分支数与 G 的连通分支数满足 $W(G-E')>W(G)$），而若删除 E' 的任何真子集 E'' 后，均有 $G-E''$ 连通（即 $W(G-E'')=W(G)$），则称 E' 是 G 的一个**边割集**。如果 G 的某个边割集中只有一条边，则称该边为**割边**或**桥**。

例如，图 7.16 中 $\{(c,f),(e,g)\}$ 和 $\{(d,f),(e,g)\}$ 等均是边割集，且不存在割边；$\{(c,f),(e,g),(c,e)\}$ 不是边割集，因为它的真子集 $\{(c,f),(e,g)\}$ 已经是边割集。

7.2.5 连通分图

定义 7.13 在一个有向图 G 中，若从顶点 v_i 到 v_j 存在通路，则称 v_i **可达** v_j。规定 v_i 到自身总是可达的。若 v_i 可达 v_j，同时 v_j 可达 v_i，则称 v_i 与 v_j **相互可达**。

设 v_i 和 v_j 为有向图 G 中任意两点，若 v_i 可达 v_j，则称从 v_i 到 v_j 长度最短的通路为 v_i 到 v_j 的**短程线**，短程线的长度称为 v_i 到 v_j 的**距离**，记作 $d<v_i,v_j>$；若不可达，规定 $d<v_i,v_j>=\infty$。

$d<v_i,v_j>$具有下面的性质：

(1) $d<v_i,v_j>\geqslant 0$，当 $v_i=v_j$ 时，不等式的等号成立。

(2) 满足三角不等式，即

$$d<v_i,v_j>+d<v_j,v_k>\geqslant d<v_i,v_k>$$

注意，即使 v_i 与 v_j 是相互可达的，也可能 $d<v_i,v_j>\neq d<v_j,v_i>$。

例如，在图 7.17 中，v_1 可达 v_2，v_1 到 v_2 的距离为 $d<v_1,v_2>=1$，v_2 可达 v_1，v_2 到 v_1 的距离为 $d<v_2,v_1>=2$，所以 v_1 和 v_2 相互可达。v_5 可达 v_2，但 v_2 不可达 v_5。

定义 7.14 设 G 是一个有向图，如果略去 G 中各有向边的方向后所得无向图 G' 是连通图，则称有向图 G 是**连通图**，或称 G 是**弱连通图**。若 G 中任意两个顶点至少一个到另一个可达，则称 G 是**单侧连通图**。若 G 中任何一对顶点都是相互可达的，则称 G 是**强连通图**。

例如，在图 7.18 中，(a)是强连通图，(b)是单侧连通图，(c)是弱连通图。

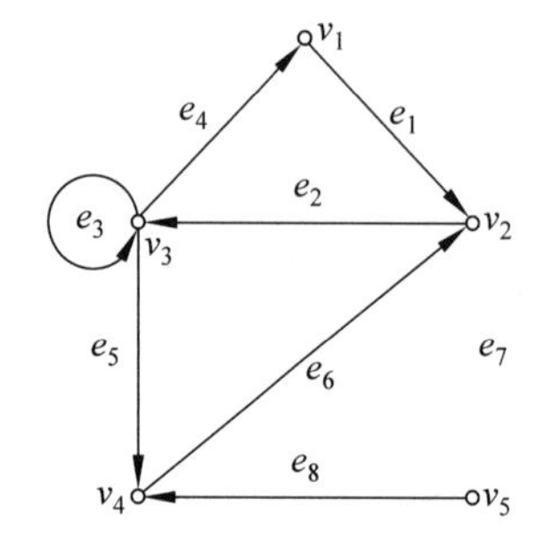

图 7.17 有向图的连通性

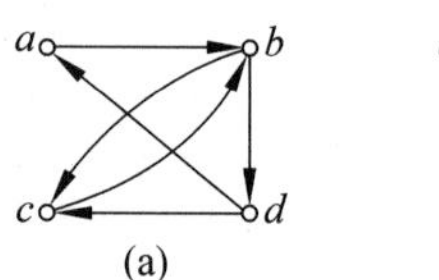

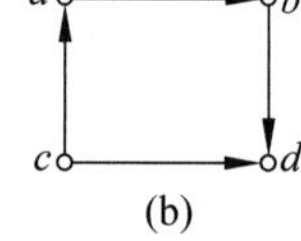

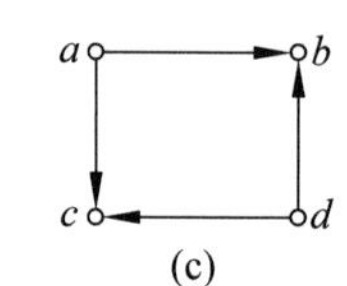

图 7.18 强连通图、单侧连通图及弱连通图

注意，强连通图一定是单侧连通图，单侧连通图一定是弱连通图。反之则不成立。下面这个定理给出了判断一个有向简单图是否强连通图或者是否单侧连通图的方法。

定理 7.6 一个有向图是强连通的，当且仅当该图中有一条回路，它至少包含每个顶点一次；一个有向图是单侧连通的，当且仅当它有一条经过每一顶点的路。

证明：设 G 中有一条回路，它至少包含每个顶点一次，则在此路上 G 的任意两个顶点都是相互可达的，G 是强连通图。反之，若 G 是强连通图，则任意两个顶点是相互可达的，因此必可作一条回路经过 G 中所有顶点。否则会出现一条回路不包含某个顶点 v，这样 v 就与回路上的顶点不是相互可达的，与假设 G 是强连通图矛盾。类似可以证明定理的后半部分。

例如，图 7.18 中，(a)有一条经过每个顶点的回路 $abdcbda$，故而(a)是强连通的。(b)有一条经过每一顶点的通路 $cabd$，但是没有回路，所以(b)是单侧连通的。

再看下面这个例子。

图 7.19 所示的有向图 $G=<V,E>$是一个单侧连通图，但不是强连通的。但是该有向

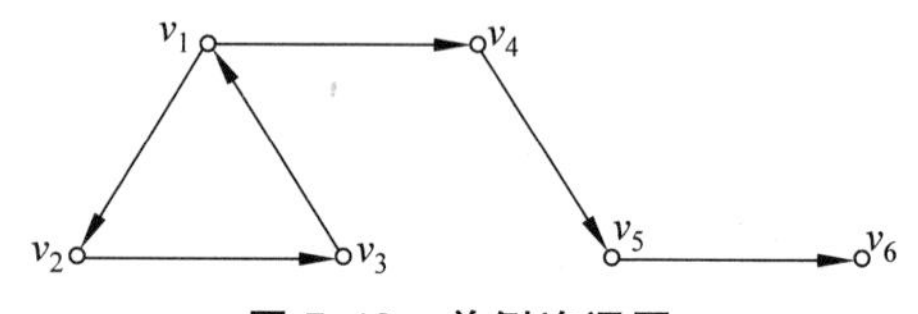

图 7.19 单侧连通图

图的某些部分(子图)可能是强连通的。例如,取 V 的子集 $V'=\{v_1\}$ 做成一个零图 $G'=<\{v_1\},\varnothing>$,显然,由于顶点 v_1 到自身是可达的,所以图 G' 是图 G 的一个强连通子图。但是否还存在一个包含该子图,而且是 G 的"更大"的子图也是强连通的呢?实际上取 V 的子集 $V''=\{v_1,v_2,v_3\}$ 以及同时关联于 V'' 中的点的 3 条边(即 $E''=\{<v_1,v_2>,<v_2,v_3>,<v_3,v_1>\}$)组成的子图 $G''=<V'',E''>(G'\subseteq G'')$ 就是一个满足条件的"更大"的强连通子图。再往下讨论,发现 G 中已不再存在其他同时包含 G'' 而自己又是强连通的子图了。像 G'' 这样的子图称为**强分图**,其定义如下。

定义 7.15 在有向图 $G=<V,E>$ 中,存在一个点集 V 的子集 $V'\subseteq V$,如果 V' 导出的子图 G' 是强连通的,若有 G 的子图 G'' 满足 $G''\subseteq G, G'\subseteq G''$ 且也是强连通的,则必有 $G'=G''$,那么 G' 称为图 G 的**强连通分图**,简称**强分图**。

类似于强连通分图的定义,还可以定义**单侧连通分图**和**弱连通分图**。实际上,在简单有向图 G 中,G 的强分图就是具有极大强连通性的子图,G 的单侧连通分图就是具有极大单侧连通性的子图,G 的弱分图就是具有极大弱连通性的子图。这里定义中"极大"的含义是:对该子图再加入其他顶点,它便不再具有强连通性。

例 7.10 在图 7.20 中,有:

强分图:$\{v_1,v_2,v_3\}$,$\{v_4\}$,$\{v_5\}$,$\{v_6\}$ 和 $\{v_7\}$ 等点集各自导出的子图。

单侧分图:$\{v_1,v_2,v_3,v_4,v_5\}$,$\{v_5,v_6\}$ 和 $\{v_7\}$ 等点集各自导出的子图。

弱分图:$\{v_1,v_2,v_3,v_4,v_5,v_6\}$ 和 $\{v_7\}$ 等点集各自导出的子图。

对于无向图而言,由于其连通性是对称的(总是双向的),所以对无向图就把它的最大连通子图叫做连通分图。

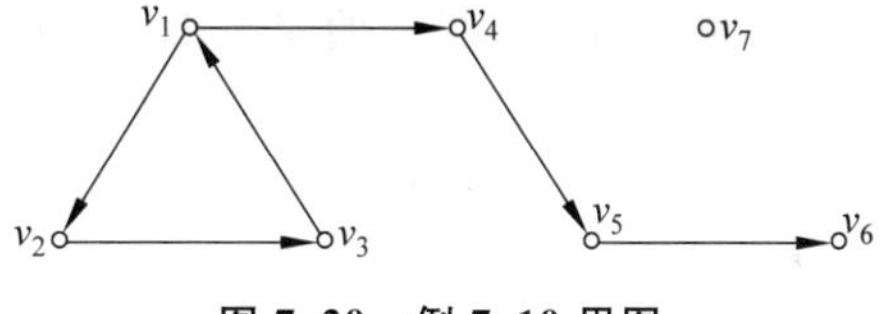

图 7.20 例 7.10 用图

对于强分图,有如下的定理。

定理 7.7 有向图 $G=<V,E>$ 中,每个顶点在且仅在一个强分图中。

证明:在顶点集 V 中定义一个二元关系 R:

$$R=\{<u,v>\mid u \text{ 与 } v \text{ 同在一个强分图中}\}$$

显然,R 是自反的、对称的和传递的,即 R 是一个等价关系。因此构成 V 的划分,由于 V 的每个划分块构成的导出子图是一个强分图,所以每个顶点在且仅在一个强分图中。

下面介绍有向图的连通性在计算机系统中的一个应用。

在多道程序的计算机系统中,在同一时间内几个程序要穿插执行,各程序对资源(指CPU、内存、外存、输入输出设备和编译程序等)的请求可能出现冲突。如果用顶点来表示资源,若有一程序 p_1 占有资源 r_1,而对资源 r_2 提出申请,则用从 r_1 引向 r_2 的有向边表示,并标定边 $<r_1,r_2>$ 为 p_1,那么任一瞬间计算机资源的状态图就是由顶点集 $\{r_1,r_2,\cdots,r_n\}$ 和边集 $\{p_1,p_2,\cdots,p_m\}$ 构成的有向图 G,图 G 的强分图反映一种死锁现象。例如,下面这种情况就是最简单的死锁现象:程序 p_1 占有 r_1,对 r_2 提出申请;p_2 占有 r_2,对 r_3 提出申请;而 p_3 占有 r_3,对 r_1 提出申请,在这种情况下,结果只能是"你等我,我等你",互相等待,p_1 和 p_2 将长期得不到执行,这就是死锁现象。这是操作系统要避免出现的事件。可用有向图来模拟对资源的请求，从而便于检出和纠正“死锁”状态。

设 $A_t=\{p_1,p_2,p_3,p_4\}$ 是 t 时刻运行的程序集合，$R_t=\{r_1,r_2,r_3,r_4\}$ 是 t 时刻所需的资源集合。

p_1 据有资源 r_4 且请求 r_1。

p_2 据有资源 r_1 且请求 r_2、r_3 和 r_4。

p_3 据有资源 r_3 且请求资源 r_4。

p_4 据有资源 r_2 且请求资源 r_3。

于是可画出如图 7.21 所示的资源分配图。

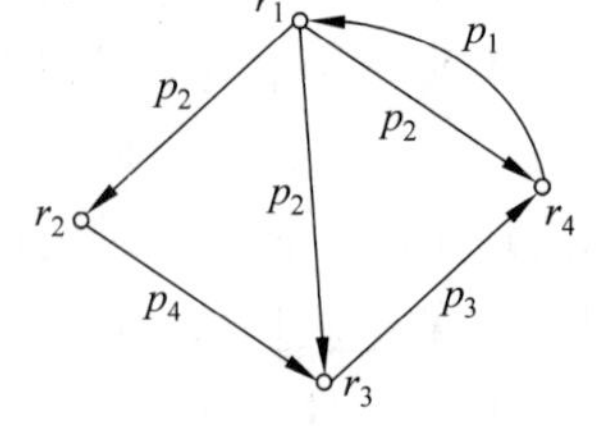

图 7.21　资源分配图

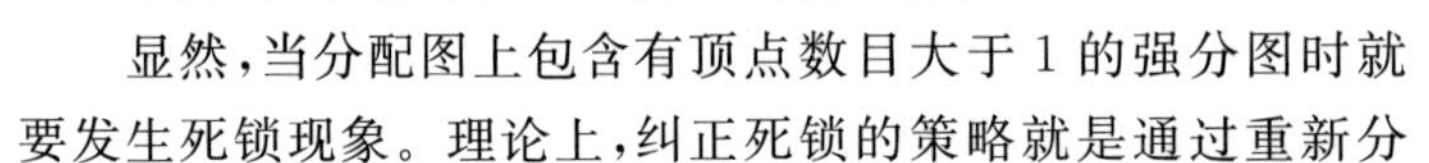

显然，当分配图上包含有顶点数目大于 1 的强分图时就要发生死锁现象。理论上，纠正死锁的策略就是通过重新分配资源以使分配图不含强分图的方法。图 7.21 表示一个死锁状态，因它本身是一个强连通分图。

7.3　图的矩阵表示

给定一个图 $G=\langle V,E\rangle$，可以用数学定义来描述，也可以用图形表示，使用图形表示法很容易把图的结构展现出来，而且这种表示直观明了。但是这种表示在顶点与边的数目很多的时候是不方便的。显然，这限制了图的利用。本节提供另一种图的表示法——图的矩阵表示法。它不仅克服了图形表示法的不足，而且这种表示方法使得我们能把图用矩阵存储在计算机中，利用矩阵的运算还可以了解到它的一些有关性质，以达到研究图的目的。

由于矩阵的行列有固定的顺序，因此在用矩阵表示图之前，必须将图的顶点和边（如果需要）编号。本节主要讨论图的关联矩阵、有向图的邻接矩阵和有向图的可达矩阵。

7.3.1　邻接矩阵和关联矩阵

定义 7.16　设 $G=\langle V,E\rangle$ 是一个图，$V=\{a_1,a_2,\cdots,a_n\}$，构造一个矩阵 $\mathbf{A}(G)$：

$$\mathbf{A}(G)=(a_{ij})_{n\times n}$$

其中 a_{ij} 是顶点 v_i 邻接到顶点 v_j 的边的条数，称 $\mathbf{A}(G)$ 为图 G 的**邻接矩阵**。

例 7.11　如图 7.22 所示的图 G，其邻接矩阵 $\mathbf{A}$ 为

$$\mathbf{A}=\begin{bmatrix}0&1&1&1&1\\1&0&1&0&0\\1&1&0&1&0\\1&0&1&0&2\\1&0&0&2&0\end{bmatrix}$$

从这个例子可以看出，由于对于无向图，如果顶点 v_i 与 v_j 邻接，则 v_j 与 v_i 也是邻接的，故无向图的邻接矩阵定是关于对角线对称的。且在这个例子中，是按 v_1、v_2、v_3、v_4、v_5 的顺序排列来写邻接矩阵的。

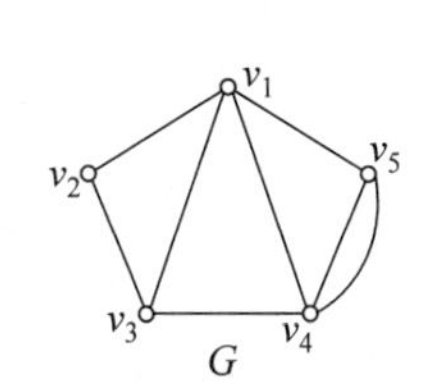

图 7.22 例 7.11 用图

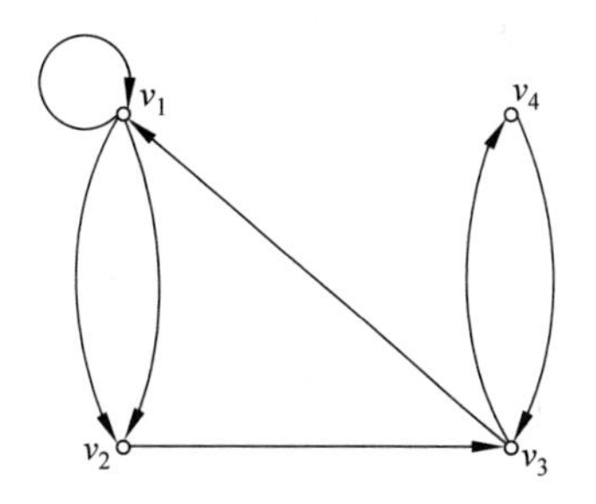

图 7.23 例 7.12 用图

例 7.12 如图 7.23 所示的图 G，其邻接矩阵 $\mathbf{A}$ 为

$$\mathbf{A}=\begin{bmatrix}1 & 2 & 0 & 0\\ 0 & 0 & 1 & 0\\ 1 & 0 & 0 & 1\\ 0 & 0 & 1 & 0\end{bmatrix}$$

可见有向图的矩阵未必是关于对角线对称的。

给出了图 G 的邻接矩阵，就等于给出了图 G 的全部信息。图的性质可以由矩阵 $\mathbf{A}$ 通过运算而获得。

这里有几个特殊的图的矩阵实例。例如，零图的邻接矩阵的元素全为零，称为零矩阵。每一顶点都有自回路而无其他边的图的邻接矩阵是单位矩阵。设有向图 $G=\langle V,E\rangle$ 的邻接矩阵是 $\mathbf{A}$，则 G 的补图 $\overline{G}$ 的邻接矩阵是 $\mathbf{A}$ 的转置矩阵，记为 $\mathbf{A}^{\mathrm{T}}$。

对于有向图的邻接矩阵，可以总结出下面的性质：

(1) $\sum\limits_{j=1}^{n} a_{ij} = d^{+}(v_i)$

即矩阵第 i 行的和等于顶点 v_i 的出度，于是有

$$\sum_{i=1}^{n}\sum_{j=1}^{n} a_{ij} = \sum_{i=1}^{n} d^{+}(v_i) = m$$

(2) $\sum\limits_{i=1}^{n} a_{ij} = d^{-}(v_i)$

即矩阵第 j 列的和等于顶点 v_i 的入度，于是有

$$\sum_{i=1}^{n}\sum_{j=1}^{n} a_{ij} = \sum_{j=1}^{n}\sum_{i=1}^{n} a_{ij} = \sum_{j=1}^{n} d^{-}(v_i) = m$$

(3) 由(1)和(2)不难看出，$\mathbf{A}(G)$ 中所有元素的和为 G 中边的总数，也可看成是 G 中长度为 1 的通路数，而 $\sum\limits_{i=1}^{n} a_{ii}$ 为 G 中环的总数，即 G 中长度为 1 的回路数。

那么 G 中长度大于等于 2 的通路数和回路数应如何计算呢？为此，考虑 $\mathbf{A}^{l}(G)$（简记为 $\mathbf{A}^{l}$），这里 $\mathbf{A}^{l} = (a_{ij}^{(l)})_{n\times n}$，$a_{ij}^{(l)} = \sum\limits_{k-1}^{n} a_{ik}^{(l-1)} \times a_{kj}$。则 $a_{ij}^{(l)}$ 为顶点 v_i 到 v_j 长度为 l 的通路数，而 $a_{ii}^{(l)}$ 为顶点 v_i 到自身的长度为 l 的回路数。$\mathbf{A}^{l}$ 中所有元素之和为 G 中长度为 l 的总通路数，而 $\mathbf{A}^{l}$ 中对角线上元素之和为 G 中各顶点的长度为 l 的总回路数。

例 7.13 考虑例 7.12 中图 7.23 的邻接矩阵。计算 $\boldsymbol{A}^2$、$\boldsymbol{A}^3$ 和 $\boldsymbol{A}^4$，有

$$\boldsymbol{A}=\begin{bmatrix}1&2&0&0\\0&0&1&0\\1&0&0&1\\0&0&1&0\end{bmatrix}\quad \boldsymbol{A}^2=\begin{bmatrix}1&2&2&0\\1&0&0&1\\1&2&1&0\\1&0&0&1\end{bmatrix}\quad \boldsymbol{A}^3=\begin{bmatrix}3&2&2&2\\1&2&1&0\\2&2&2&1\\1&2&1&0\end{bmatrix}\quad \boldsymbol{A}^4=\begin{bmatrix}5&6&4&2\\2&2&2&1\\4&4&3&2\\2&2&2&1\end{bmatrix}$$

观察各个矩阵的第 1 行第 3 列元素可以发现，$a_{13}=0$，$a_{13}^{(2)}=2$，$a_{13}^{(3)}=2$，$a_{13}^{(4)}=4$，于是可得，G 中 v_1 到 v_3 长度为 1 的通路有 0 条，长度为 2 的通路有 2 条，长度为 3 的通路也有 2 条，长度为 4 的通路有 4 条。观察各矩阵第 1 行第 1 列的元素可以发现，$a_{11}=1$，$a_{11}^{(2)}=1$，$a_{11}^{(3)}=3$，$a_{11}^{(4)}=5$，由此可得，G 中 v_1 到自身的长度为 1 的回路有 1 条，长度为 2 的回路也有 1 条，长度为 3 的回路有 3 条，长度为 4 的回路则有 5 条。对 $\boldsymbol{A}^2$，该矩阵所有元素之和为 13，对角线上的元素之和为 3，故可得，G 中长度为 2 的通路总数为 13 条，其中有 3 条是回路。

从上面的分析，可以得到下面的定理。

定理 7.8 设 $\boldsymbol{A}$ 是有向图 G 的邻接矩阵，$V=\{v_1,v_2,\cdots,v_n\}$，则 $\boldsymbol{A}^l(l\geqslant 1)$ 中元素 $a_{ij}^{(l)}$ 为顶点 v_i 到 v_j 长度为 l 的通路数，而 $a_{ii}^{(l)}$ 为顶点 v_i 到自身的长度为 l 的回路数。$\boldsymbol{A}^l$ 中所有元素之和为 G 中长度为 l 的总通路数，而 $\boldsymbol{A}^l$ 中对角线上元素之和为 G 中各顶点的长度为 l 的总回路数。

若再令矩阵

$\boldsymbol{B}_1=\boldsymbol{A}$

$\boldsymbol{B}_2=\boldsymbol{A}+\boldsymbol{A}^2$

$\vdots$

$\boldsymbol{B}_r=\boldsymbol{A}+\boldsymbol{A}^2+\cdots+\boldsymbol{A}^r$

则上面的定理还有如下的推论。

推论 设 $\boldsymbol{B}_r=\boldsymbol{A}+\boldsymbol{A}^2+\cdots+\boldsymbol{A}^r(r\geqslant 1)$，则 $\boldsymbol{B}_r$ 中元素 $b_{ij}^{(r)}$ 为 G 中顶点 v_i 到 v_j 长度小于等于 r 的通路数，$\boldsymbol{B}_r$ 中所有元素之和为 G 中长度小于等于 r 的通路总数，其中 $\boldsymbol{B}_r$ 中对角线上元素之和为 G 中长度小于等于 r 的回路总数。

无向图的邻接矩阵的性质基本与有向图邻接矩阵的性质相同。

定义 7.17 设无向图 $G=\langle V,E\rangle$，$V=\{v_1,v_2,\cdots,v_n\}$，$E=\{e_1,e_2,\cdots,e_n\}$，令 m_{ij} 为顶点 v_i 与边 e_j 的关联次数，则称 $(m_{ij})_{n\times m}$ 为 G 的**关联矩阵**。记为 $M(G)$。

显然 m_{ij} 的可能取值有 3 种，即 0（v_i 与边 e_j 不关联）、1（v_i 与边 e_j 关联 1 次）和 2（v_i 与边 e_j 关联 2 次，即 e_j 是端点 v_i 的环）。

例 7.14 图 7.24 的关联矩阵为

$$\boldsymbol{M}(G)=\begin{bmatrix}1&1&1&0&0\\0&1&1&1&0\\1&0&0&1&2\\0&0&0&0&0\end{bmatrix}$$

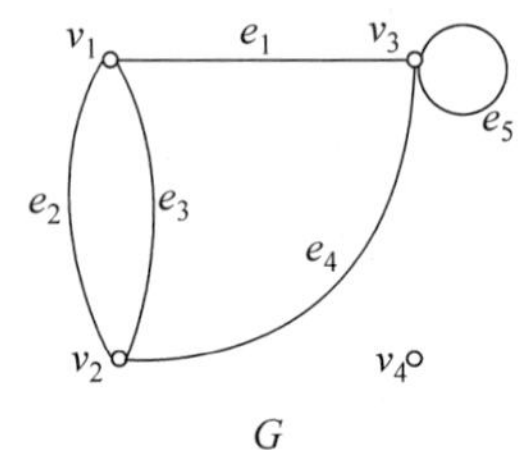

图 7.24 例 7.14 用图

从这个例子可以看出无向图的关联矩阵具有如下性质：

(1) $\sum_{i=1}^{n} m_{ij} = 2 \quad (j = 1,2,\cdots,m)$

这说明 $\boldsymbol{M}(G)$ 中，每条边都关联两个顶点(环关联的顶点重合)。

(2) $\sum_{j=1}^{n} m_{ij} = d(v_i)$

即表示第 i 行元素之和为 v_i 的度数。

(3) $\sum_{j=1}^{n} \sum_{i=1}^{n} m_{ij} = 2m$

这正是握手定理的内容。

(4) 当且仅当 v_i 是孤立点时，$\sum_{j=1}^{n} m_{ij} = 0$ 。

(5) 若第 j 列与第 k 列相同，则说明 e_j 与 e_k 为平行边。

下面讨论有向图的关联矩阵。

在定义有向图的关联矩阵前，需要特别提出，一个有向图能表示成关联矩阵，要求该有向图不能有环存在。

定义 7.18 设有向图 $G=\langle V,E\rangle$，$V=\{v_1,v_2,\cdots,v_n\}$，$E=\{e_1,e_2,\cdots,e_m\}$，令

$$m_{ij}=\begin{cases}1, & v_i \text{ 为 } e_j \text{ 的始点} \\ 0, & v_i \text{ 与 } e_j \text{ 不关联} \\ -1, & v_i \text{ 为 } e_j \text{ 的终点}\end{cases}$$

则称 $(m_{ij})_{n\times m}$ 为有向图 G 的**关联矩阵**，记作 $\boldsymbol{M}(G)$。

例 7.15 图 7.25 的关联矩阵为

$$\boldsymbol{M}(G)=\begin{bmatrix} 1 & 0 & -1 & 0 & 0 & 0 \\ -1 & -1 & 0 & 1 & 0 & 0 \\ 0 & 0 & 0 & -1 & 1 & -1 \\ 0 & 1 & 1 & 0 & -1 & 1 \end{bmatrix}$$

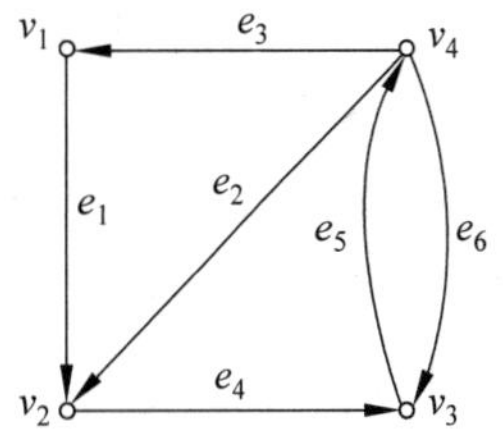

图 7.25 例 7.15 用图

由这个例子可以看出下面有向图的关联矩阵的性质。

(1) $\sum_{i=1}^{n} m_{ij} = 0 \quad (j = 1,2,\cdots,m)$

从而有

$$\sum_{j=1}^{m} \sum_{i=1}^{n} m_{ij} = 0$$

即 $\boldsymbol{M}(G)$ 中所有元素的代数和为 0。

(2) 每一行中 1 的数目是该点的出度，−1 的数目是该点的入度。

(3) 二列相同，当且仅当对应的边是平行边(同向)。

(4) 全为 0 的行对应孤立顶点。

7.3.2 可达矩阵

对于有向图，还可以讨论它的可达性矩阵。

定义 7.19 设 $G=(V,E)$ 是一个有 n 个顶点的有向图，则 n 阶方阵 $\boldsymbol{P}=(p_{ij})_{n\times n}$ 称为

图 G 的**可达性矩阵**。记作 $\boldsymbol{P}(G)$，简记为 $\boldsymbol{P}$，其中

$$p_{ij}=\begin{cases}1, & v_i \text{ 到 } v_j \text{ 可达}\\ 0, & v_i \text{ 到 } v_j \text{ 不可达}\end{cases}$$

根据可达性矩阵的定义，可知图中任意两个顶点之间是否至少存在一条通路以及是否存在回路。可达性矩阵不能给出图的完整信息，但是由于其简便，在应用上还是重要的。例如，例 7.15 所给的图的可达性矩阵是

$$\boldsymbol{P}(G)=\begin{bmatrix}1&1&1&1\\1&1&1&1\\1&1&1&1\\1&1&1&1\end{bmatrix}$$

可达性矩阵具有如下性质：

(1) $p_{ii}=1$，这是因为规定任何顶点自身可达。

(2) 所有元素均为 1 的可达性矩阵对应强连通图。如果经过初等行列变换后，$\boldsymbol{P}(G)$ 可变形为

$$\begin{bmatrix}\boldsymbol{P}(G_1) & & & \\ & \boldsymbol{P}(G_2) & & \\ & & \ddots & \\ & & & \boldsymbol{P}(G_l)\end{bmatrix}$$

主对角线上的分块矩阵 $\boldsymbol{P}(G_i)$ $(i=1,2,\cdots,l)$ 元素均为 1，则每个 G_i 是 G 的一个强分图。

(3) 可达矩阵可通过计算邻接矩阵得到，令

$$\boldsymbol{P}=\boldsymbol{E}+\boldsymbol{A}+\boldsymbol{A}^2+\cdots+\boldsymbol{A}^{n-1}=(p_{ij})_{n\times n}$$

其中 $\boldsymbol{E}$ 是单位矩阵。

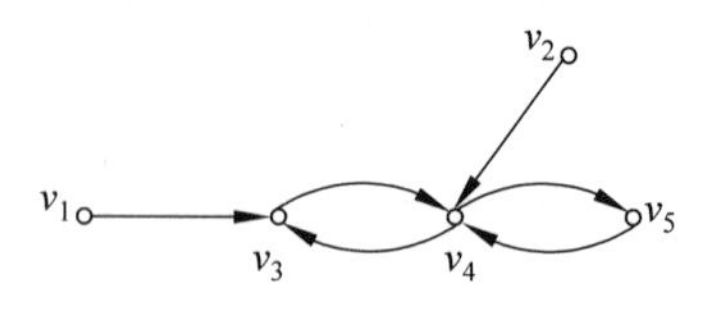

图 7.26 例 7.16 用图

例 7.16 求图 7.26 的可达性矩阵。

解：

$$\boldsymbol{A}=\begin{bmatrix}0&0&1&0&0\\0&0&0&1&0\\0&0&0&1&0\\0&0&1&0&1\\0&0&0&1&0\end{bmatrix}\quad \boldsymbol{A}^2=\begin{bmatrix}0&0&0&1&0\\0&0&1&0&1\\0&0&1&0&1\\0&0&0&1&0\\0&0&1&0&1\end{bmatrix}\quad \boldsymbol{A}^3=\begin{bmatrix}0&0&1&0&1\\0&0&0&1&0\\0&0&0&1&0\\0&0&1&0&1\\0&0&0&1&0\end{bmatrix}$$

$$\boldsymbol{A}^4=\boldsymbol{A}^2,\quad \boldsymbol{A}^5=\boldsymbol{A}^3$$

所以它的可达矩阵为

$$\boldsymbol{P}=\boldsymbol{E}+\boldsymbol{A}+\boldsymbol{A}^2+\boldsymbol{A}^3=\begin{bmatrix}1&0&1&1&1\\0&1&1&1&1\\0&0&1&1&1\\0&0&1&1&1\\0&0&1&1&1\end{bmatrix}$$

7.4 特 殊 图

本节介绍两种特殊的图——欧拉图和哈密尔顿图,这两种图均由现实问题而来,对于解决一系列同类问题具有很重要的作用。

7.4.1 欧拉图

欧拉图的概念是瑞士数学家欧拉(Leonhard Euler)在研究哥尼斯堡(Königsberg)七桥问题时形成的。在当时的哥尼斯堡城,有七座桥将普莱格尔(Pregel)河中的两个小岛与河岸连接起来(见图 7.27(a)),当时那里的居民热衷于一个难题:一个散步者从任何一处陆地出发,怎样才能走遍每座桥一次且仅一次,最后回到出发点?

这个问题似乎不难,谁都想试着解决,但没有人成功。人们的失败使欧拉猜想:也许这样的解是不存在的,1936 年他证明了自己的猜想。

为了证明这个问题无解,欧拉用 A、B、C、D 四个顶点代表陆地,用连接两个顶点的一条弧线代表相应的桥,从而得到一个由四个顶点、七条边组成的图(见图 7.27(b)),七桥问题便归结成:在图 7.27(b)所示的图中,从任何一点出发每条边走一次且仅走一次的通路是否存在。

欧拉指出,从某点出发再回到该点,那么中间经过的顶点总有进入该点的一条边和走出该点的一条边,而且路的起点与终点重合,因此,如果满足条件的通路存在,则图中每个顶点关联的边必为偶数。图 7.27(b)中每个顶点关联的边均是奇数,故七桥问题无解。欧拉阐述七桥问题无解的论文通常被认为是图论这门数学学科的起源。

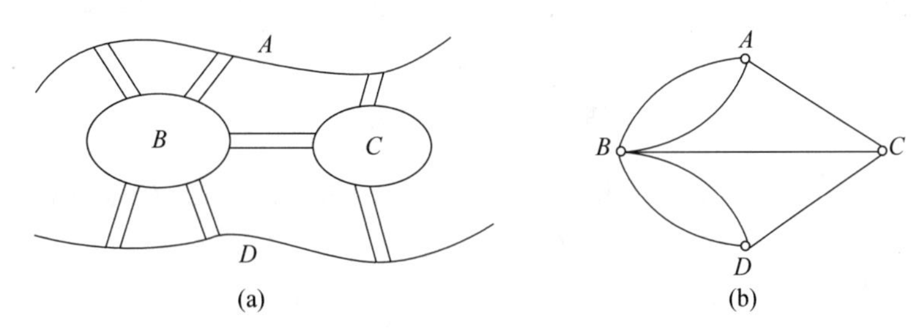

图 7.27 七桥问题图示

定义 7.20 经过一个图中每条边一次且仅一次的通路称为**欧拉通路**,经过每一条边一次且仅一次的回路称为**欧拉回路**。有欧拉通路的图称为**欧拉半图**,有欧拉回路的图称为**欧拉图**。

下面两个定理给出了判断一个图是否存在欧拉通路或欧拉回路的充要条件。

定理 7.9 无向图 G 具有欧拉通路,当且仅当 G 是连通图且有零个或两个奇数度顶点。若无奇数度顶点,则通路为回路;若有两个奇数度顶点,则它们是欧拉通路的端点。

证明:先证必要性。如果图具有欧拉通路,那么顺着这条通路画出的时候,每次碰到一个顶点,都需通过关联于这个顶点的两条边,并且这两条边在以前未画过。因此,除通路的两端点外，图中任何顶点的次数必是偶数。如果欧拉通路的两端点不同，那么它们就是仅有的两个奇数顶点，如果它们是重合的，那么所有顶点都有偶数次数，并且这条欧拉通路成为一条欧拉回路。因此必要性得证。

再证充分性。从两个奇数次数的顶点之一开始(若无奇数次数的顶点，可从任一点开始)构造一条欧拉通路。以每条边最多画一次的方式通过图中的边。对于偶数次数的顶点，通过一条边进入这个顶点，总可通过一条未画过的边离开这个顶点。因此，这样的构造过程一定以到达另一个奇数次数顶点而告终(若无奇数次数的顶点，则以回到原出发点而告终)。如果图中所有边已用这种方法画过，显然，这就是所求的欧拉通路。如果图中不是所有边被画过，去掉已画过的边，得到由剩下的边组成的一个子图，这个子图的顶点次数全是偶数。并且因为原来的图是连通的，因此，这个子图必与已画过的通路在一个点或多个点相接。由这些顶点中的一个开始，再通过边构造通路，因为顶点次数全是偶数，因此，这条通路一定最终回到起点。将这条通路已构造好的通路组合成一条通路。如果必要，这一论证重复下去，直到得到一条通过图中所有边的通路，即欧拉通路。因此充分性得证。

由此定理很容易得出下面的推论，证明从略。

推论 无向图 G 为欧拉图(具有欧拉回路)当且仅当 G 是连通的，且 G 中无奇度顶点。

例 7.17 判断图 7.28 中的 3 个图是否具有欧拉通路和欧拉回路。

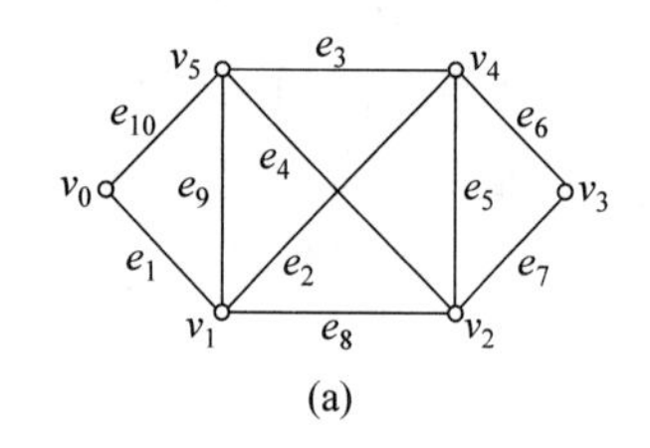

(a)

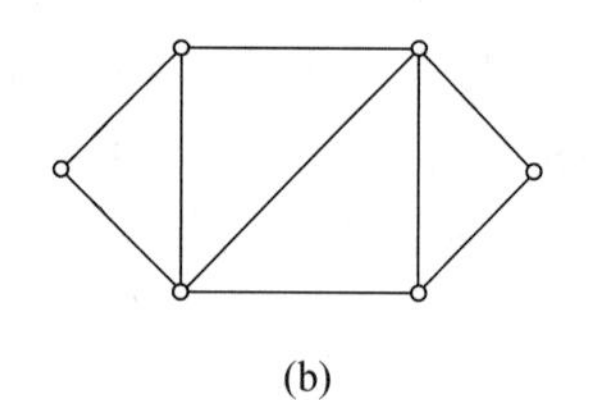
(b)

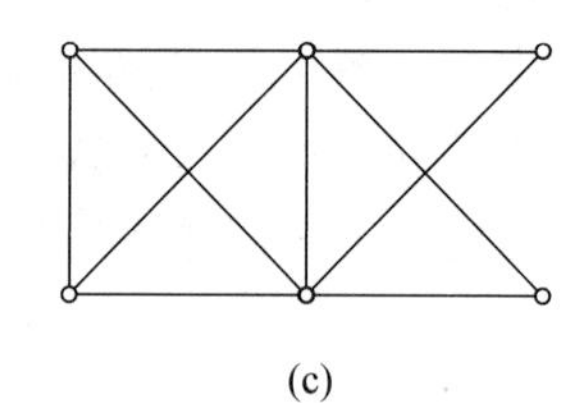
(c)

图 7.28 例 7.17 用图

根据上面的定理及推论，很容易就可以看出，(a)具有欧拉回路，是欧拉图，(b)具有欧拉通路但不具有欧拉回路，(c)则不存在欧拉通路。这里需要强调的是，具有欧拉通路但不具有欧拉回路的图不是欧拉图。

实际上，存在欧拉通路就是解决一笔画问题的充要条件。所谓**一笔画问题**，就是笔不离开纸，每边只能画一次，不允许重复，将图画出。所以一个图能否一笔画出，就是一个图是否具有欧拉通路的问题。

由此也可以轻易得知，哥尼斯堡七桥问题无解。

对于有向图是否具有欧拉通路或欧拉回路，下面的定理给出了判断方法。

定理 7.10 一个有向图 G 具有欧拉通路，当且仅当 G 是连通的，且或者所有顶点的入度等于出度，或者除了两个顶点外，其余顶点的入度均等于出度。这两个特殊的顶点中，一个顶点的出度比入度大 1，为欧拉通路的起点；另一个顶点的出度比入度小 1，为欧拉通路的终点。

推论 一个有向图 G 是欧拉图(具有欧拉回路)，当且仅当 G 是连通的，且所有顶点的入度等于出度。

例 7.18 如图 7.29 所示的 3 个图中，(a)既无欧拉通路也无欧拉回路；(b)中具有欧拉通路，但无欧拉回路；(c)中存在欧拉回路。

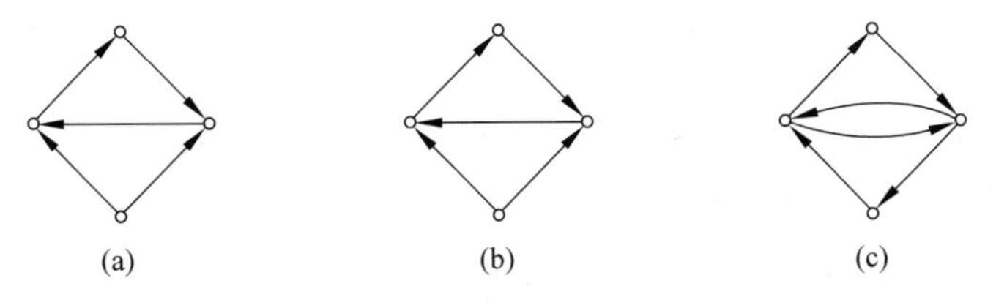

图 7.29 例 7.18 用图

下面这个例子说明了欧拉图在实际问题中的应用。

例 7.19 计算机鼓轮设计问题。

设计旋转鼓轮，要将鼓轮表面分成 16 个扇区，如图 7.30(a)所示，每块扇区用导体(阴影区)或绝缘体(空白区)制成，如图 7.30(b)所示，4 个触点 a、b、c 和 d 与扇区接触时，接触导体输出 1，接触绝缘体输出 0。鼓轮顺时针旋转，触点每转过一个扇区就输出一个二进制信号。问鼓轮上的 16 个扇区应如何安排导体或绝缘体，使得鼓轮旋转一周，触点输出一组不同的二进制信号？

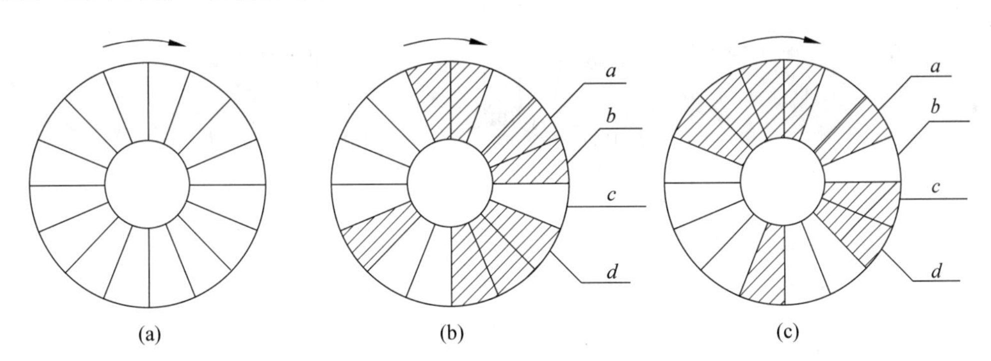

图 7.30 计算机鼓轮设计问题

显然，如图 7.30(b)所示，旋转时得到的信号依次为 0010，1001，0100，0010，…，在这里，0010 出现了两次，所以这个鼓轮是不符合设计要求的。按照题目要求，鼓轮的 16 个位置与触点输出的 16 个 4 位二进制信号应该一一对应，亦即 16 个二进制数排成一个循环序列，使每 4 位接连数字所组成的 16 个 4 位二进制子序列均不相同。这个循环序列通常称为笛波滤恩(DeBruijn)序列。如图 7.30(c)所示，16 个扇区所对应的二进制循环序列正是笛波滤恩序列。

下面分析笛波滤恩序列是怎么推出来的。

若 4 个触点某一位置上输出的是 $b_0b_1b_2b_3$，当鼓轮沿顺时针(当然也可逆时针)方向转到下一个位置上时，只有两种可能的输出：$b_1b_2b_3 0$ 或 $b_1b_2b_3 1$。即上一位置输出的低 3 位等于本次输出的高 3 位。另外，上一位置的值只可能是 $0b_1b_2b_3$ 或 $1b_1b_2b_3$。下面设法构造一个有向图，用来完全描述鼓轮的这种机理。以一条有向边表示一组 4 位二进制码，而关联于同一点的有 4 条边。这 4 条边就是如上面分析时提到的那样，其中射入该顶点的两条边的低 3 位相同，是 $b_1b_2b_3$，另外射出该顶点两边的高 3 位也等于 $b_1b_2b_3$，并以这 3 位来标识该顶点。现在的问题是，若可以构造出这样的有向图，它有 8 个顶点和 16 条边，并且像以上所分析的那样让每一顶点关联 4 条边，那么根据定理 7.8 的推论，的确存在欧拉回路，它通过每一边恰好一次。

图 7.31 给出了这样的一个有向图。其中一条欧拉回路是 1101，1010，0101，1011，0111，1111，1110，1100，1000，0000，0001，0010，0100，1001，0011，0110。于是，将以上序列的最高位依次排列出来是 1101 0111 1000 0100。相应地，鼓轮上的排列设计即如图 7.30(c)所示。

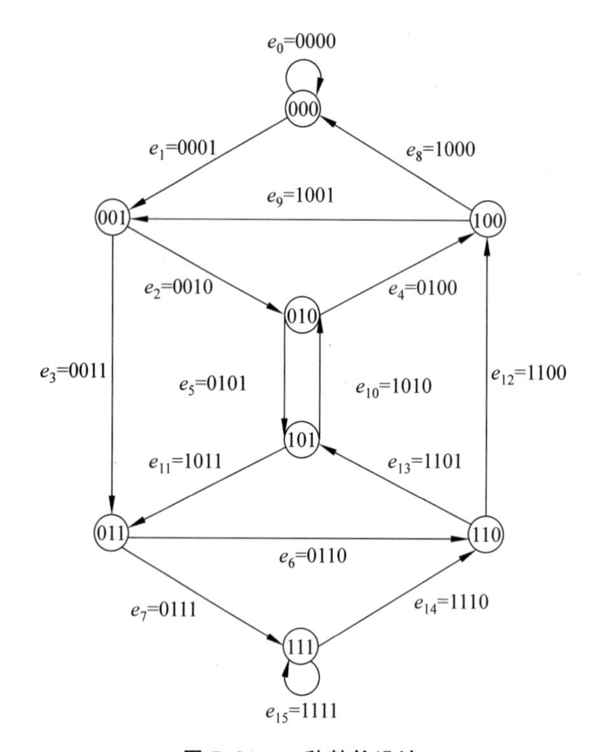

图 7.31 一种鼓轮设计

7.4.2 哈密尔顿图

哈密尔顿图的概念源于 1859 年爱尔兰数学家威廉·哈密尔顿爵士(Sir William Hamilton)提出的一个“周游世界”的游戏。这个游戏把一个正十二面体的 20 个顶点看成是地球上的 20 个城市，棱线看成连接城市的道路，要求游戏者沿着棱线走，寻找一条经过所有顶点(即城市)一次且仅一次的回路，如图 7.32(a)所示。也就是在图 7.32(b)中找一条包含所有顶点的初级回路，图中的粗线所构成的回路就是这个问题的回答。

定义 7.21 若图 G 中有一条经过所有顶点一次且仅一次的通路，则称此通路为**哈密尔顿通路**，称 G 为**哈密尔顿半图**；若图 G 中有一条经过所有顶点一次且仅一次的回路，则称该回路为**哈密尔顿回路**，称 G 为**哈密尔顿图**。

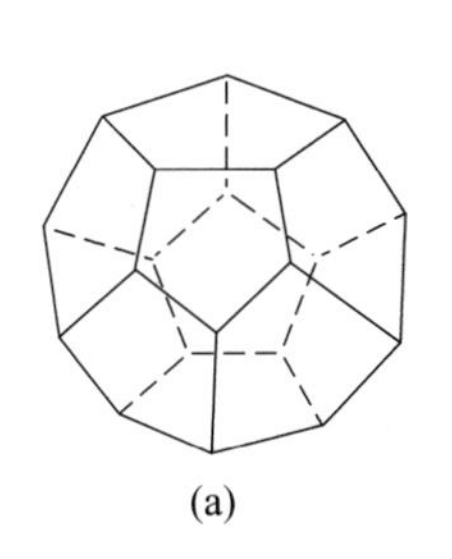
(a)

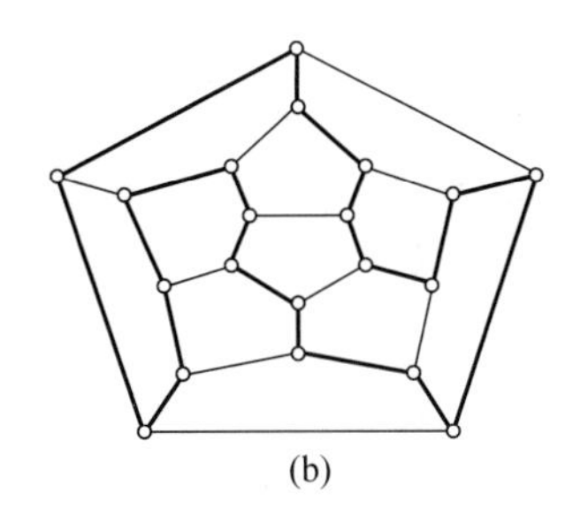
(b)

图 7.32 “周游世界”游戏

例 7.20 在图 7.33 所示的各图中,(a)和(b)中存在哈密尔顿通路。(a)中不存在哈密尔顿回路,所以(a)不是哈密尔顿图。(b)中还存在哈密尔顿回路,所以(b)是哈密尔顿图。至于(c),既无哈密尔顿通路,也无哈密尔顿回路,更不是哈密尔顿图。

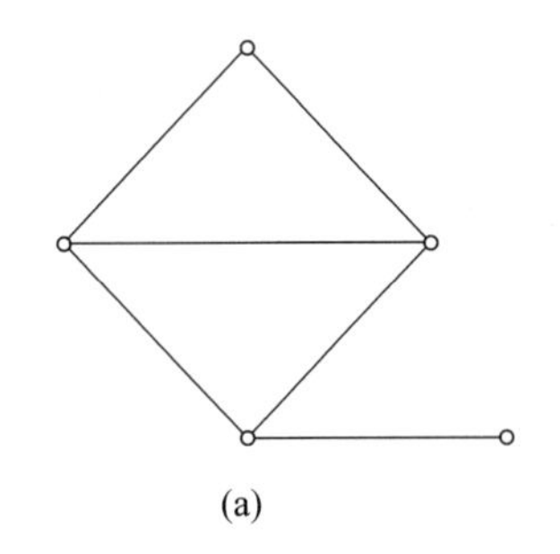
(a)

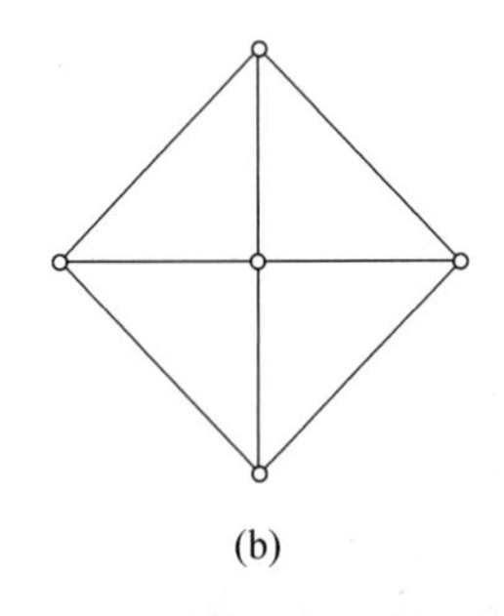
(b)

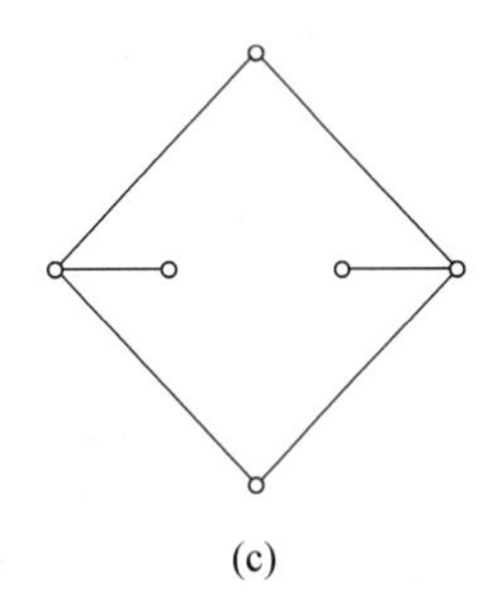
(c)

图 7.33 例 7.20 用图

表面看来,哈密尔顿图与欧拉图有某种对偶性(点与边的对偶性),但实际上,前者的存在性问题比后者难得多。迄今寻找到一个判断哈密尔顿图的切实可用的充分必要条件仍是图论中尚未解决的主要问题之一。人们只是分别给出了一些必要条件和充分条件。

定理 7.11 若 G 是哈密尔顿图,则对于顶点集 V 的每一个非空子集 S,均成立

$$P(G-S)\leqslant|S|$$

其中,$P(G-S)$是 $G-S$ 的连通分支数,$|S|$是 S 中顶点的个数。

证明:设 C 是图 G 中的一条哈密尔顿回路,S 是 V 的任意非空子集,$a_1\in S$,$C-\{a_1\}$是一条初级通路,若再删去 $a_2\in S$,则当 a_1、a_2 邻接时,$P(C-\{a_1,a_2\})=1<2$;而当 a_1、a_2 不邻接时,$P(C-\{a_1,a_2\})=2$,即

$$P(C-\{a_1,a_2\})\leqslant 2=|\{a_1,a_2\}|$$

如此做下去,归纳可证

$$P(C-S)\leqslant|S|$$

因为 $C-S$ 是 $G-S$ 的生成子图,所以

$$P(G-S)\leqslant P(C-S)\leqslant|S|$$

这个定理给出的只是一个无向图是哈密尔顿图的必要条件,亦即哈密尔顿图必满足这个条件,满足这个条件的不一定是哈密尔顿图。然而,不满足这个条件的必定不是哈

密尔顿图。

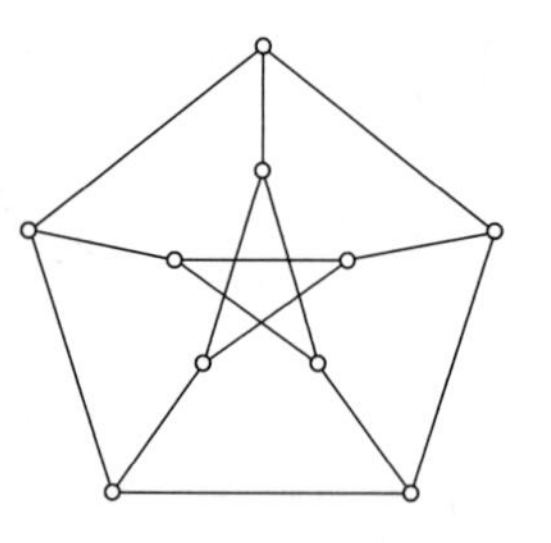
图 7.34　彼得森图

例如，著名的彼得森(Petersen)图(如图 7.34 所示)不是哈密尔顿图，但对任意的 $S\subset V, S\neq\varnothing$，均满足

$$P(C-S)\leqslant|S|$$

例 7.21　设图 7.35 中(a)为 G_1，取 $V_1=\{v\}$，则 $p(G_1-V_1)=2>|V_1|=1$。(b)为 G_1-V_1，由定理可知 G_1 不是哈密尔顿图。(c)为 G_2，取 $V_2=\{a,b,c,d,e,f,g\}$，则 $p(G_2-V_2)=9>|V_2|=7$。(d)为 G_2-V_2，由定理可知 G_2 也不是哈密尔顿图。

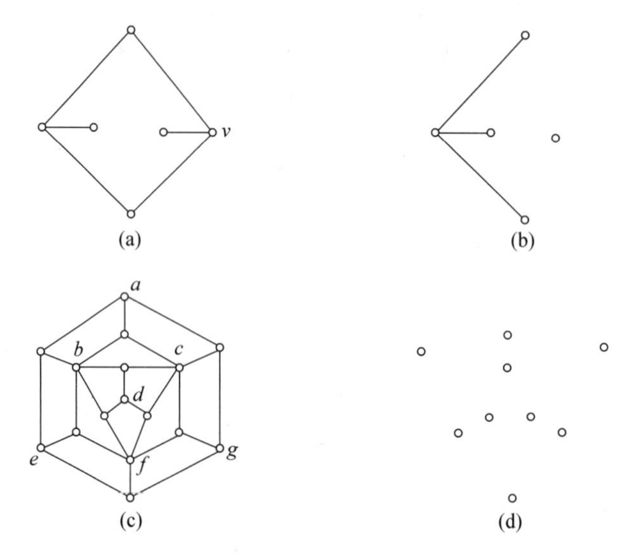

图 7.35　例 7.21 用图

定理 7.12　设 G 是 n 阶无向简单图，如果 G 中任何一对顶点的度数之和都大于等于 $n-1$，则 G 中存在哈密尔顿通路。

推论　设 G 是 $n(n\geqslant 3)$ 阶无向简单图，如果 G 中任何一对顶点的度数之和都大于等于 n，则 G 中存在哈密尔顿回路，即 G 是哈密尔顿图。

该定理的证明比较烦琐，故本书予以从略。需要强调的是，定理及推论给出的是充分条件，而不是存在哈密尔顿通路及回路的必要条件。例如，在长度为 6 的路径(7 个顶点)构成的图中，任何两个顶点度数之和均小于 6，可是图中却存在哈密尔顿通路；又如在六边形图中，任何两个顶点度数之和均为 4，小于 6，但六边形图是哈密尔顿图。

有向图的哈密尔顿通路及回路问题较为复杂，本书不予讨论。

7.5　平　面　图

先从一个简单的例子谈起。一个工厂有 3 个车间和 3 个仓库。为了工作需要，车间与仓库之间将设专用的车道。为避免发生车祸，应尽量减少车道的交叉点，最好是没有交叉点，这是否可能？

如图 7.36(a)所示，A、B、C 是 3 个车间，M、N、P 是 3 座仓库。经过努力表明，要想建造不相交的道路是不可能的，但可以使交叉点最少(如图 7.36(b)所示)。这些实际问题涉及平面图的研究。近年来，由于大规模集成电路的发展，也促进了平面图的研究。

图 7.36(a)所示的图可以记为 $K_{3,3}$，是今后平面图分析中的一种非常重要的图。类似地，m 个顶点中任意一个顶点与其他 n 个顶点均相邻，而前 m 个顶点之间均没有任意两个顶点相邻，后 n 个顶点之间也没有任意两个顶点相邻，这样的图就可记为 $k_{m,n}$。

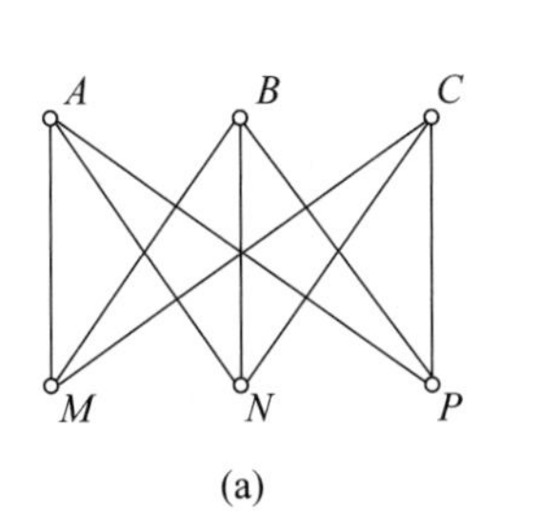

(a)

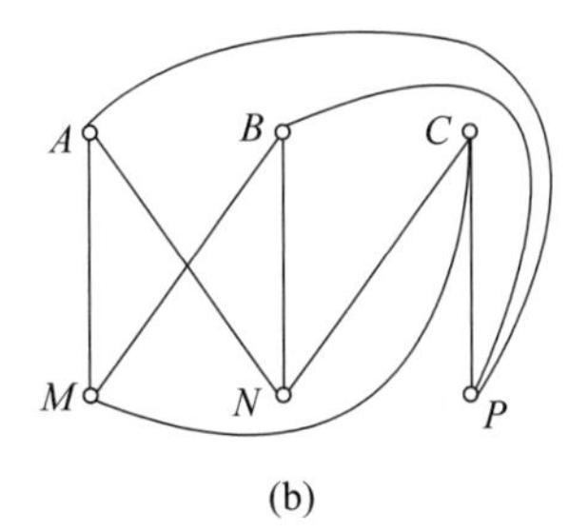

(b)

图 7.36 车间中的铁轨

在图的理论研究和实际中，图的平面化问题具有非常重要的意义。本节讨论平面图理论中的一些基本概念及判别法。若无特殊声明，本节所说图 G 均指无向图。

7.5.1 平面图的定义

定义 7.22 设无向图 $G=\langle V,E\rangle$，如果能把 G 的所有顶点和边画在平面上，使任何两边除公共顶点外没有其他交叉点，则称 G 为**可嵌入平面图**，或称 G 是**可平面图**，可平面图在平面上的一个嵌入称为**平面图**。如果 G 不是可平面图，则称 G 为**非平面图**。

例 7.22 图 7.36(a)所示(即 $K_{3,3}$)为非平面图，而图 7.37(a)、(b)所示的都是平面图的例子((a)为 K_4)。再如 K_5 不是平面图。

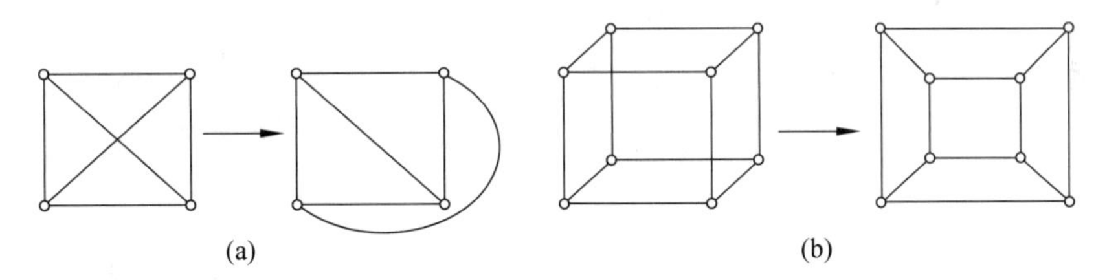
(a) (b)

图 7.37 平面图示例

定义 7.23 设 G 是一个连通的平面图(指 G 的某个平面嵌入)，G 的边将 G 所在的平面划分成若干个区域，每个区域称为 G 的一个**面**。其中面积无限的区域称为**无限面**或**外部面**，常记为 R_0，面积有限的区域称为**有限面**或**内部面**。包围每个面的所有边所构成的回路称为该面的**边界**，边界的长度称为该面的**次数**，面 R 的次数记为 $\deg(R)$。

对于非连通的平面图 G，可以类似地定义它的面、边界和次数。设非连通的平面图 G 有 $k(k\geqslant 2)$ 个连通分支，则 G 的无限面 R_0 的边界由 k 个回路围成。

例 7.23 在图 7.38 中,(a)所示为连通的平面图,共有 3 个面:R_0、R_1 和 R_2。R_1 的边界为基本回路 $v_1v_3v_4v_1$,$\deg(R_1)=3$。R_2 的边界为基本回路 $v_1v_2v_3v_1$,$\deg(R_2)=3$。R_0 的边界为复杂回路 $v_1v_4v_5v_6v_5v_4v_3v_2v_1$,$\deg(R_0)=8$。(b)所示为非连通的平面图,有 2 个连通分支。$\deg(R_1)=3$,$\deg(R_2)=4$,R_0 的边界由 2 个基本回路 $v_1v_2v_3v_1$ 和 $v_4v_5v_6v_7v_4$ 围成,$\deg(R_0)=7$。

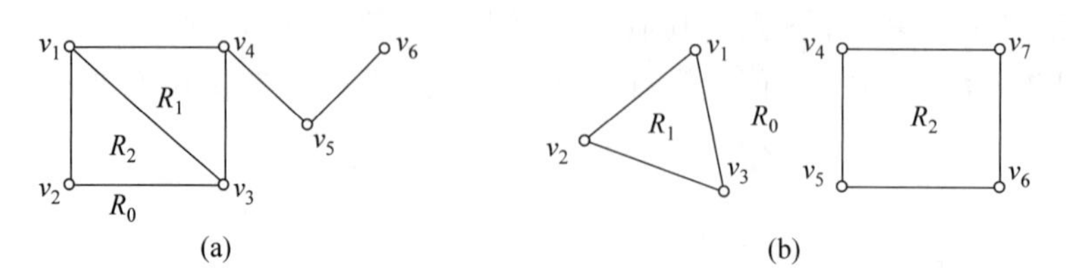

图 7.38 面

例 7.23 显示了无论是连通的平面图还是非连通的平面图,均满足下面这个定理。

定理 7.13 在一个平面图 G 中,所有面的次数之和都等于边数 m 的 2 倍,即

$$\sum_{i=1}^{r}\deg(R_i) = 2m$$

本定理的证明是简单的。G 中每条边无论作为两个面的公共边界,还是作为一个面的边界,在计算总的次数时都计算两次,所以定理中的结论是显然的。

同一个平面图可以有不同形状的平面嵌入,但它们都是同构的。另外,还可以将一个平面嵌入中的某个有限面变换成无限面,无限面变换成有限面,得到不同形状的另一个平面嵌入。

例 7.24 图 7.39 中,(b)和(c)都是(a)的平面嵌入,它们都与(a)同构,但形状不同。在(b)中,$\deg(R_0)=3$;在(c)中,$\deg(R_0)=4$。

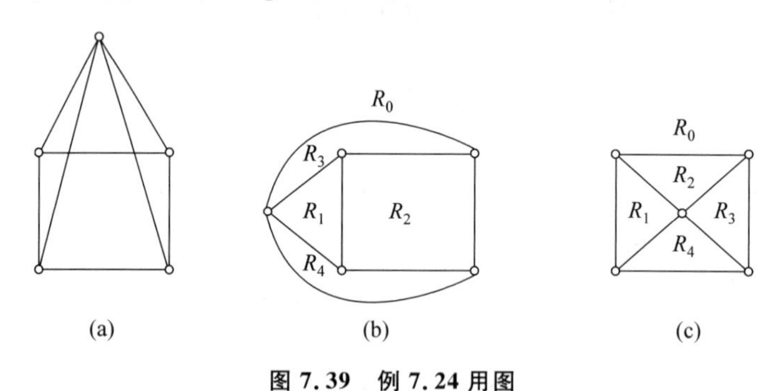

图 7.39 例 7.24 用图

7.5.2 欧拉公式

下面介绍平面图最重要的一个性质——欧拉公式。

定理 7.14 若连通平面图 $G=\langle V,E\rangle$ 中共有 n 个顶点、m 条边和 k 个面,则有

$$n-m+k=2$$

该定理中的公式称为**欧拉公式**,欧拉公式对于空间多面体仍然适用。

证明：对边数进行归纳。

当 $m=0$ 时，这个图只有一个顶点没有边，因此，$n=1,m=0,k=1$，欧拉公式成立。

当 $m=1$ 时，有两种情况：

(1) 这条边是自回路，此时 $n=1,m=1,k=2$。

(2) 这条边不是自回路，此时 $n=2,m=1,k=1$。

显然，这两种情况，欧拉公式都成立。

设 $m=p-1(p\geqslant 2)$ 时欧拉公式成立，现证明 $m=p$ 时欧拉公式也成立。

我们从 p 条边的图 G 中用以下 3 种方法之一随意地取下一条边 e(如图 7.40 所示)。

(1) 如果图有次数为 1 的顶点 v，则删去顶点 v 及其关联边 e，见图 7.40(a)。

(2) 如果图有自回路，则删去一条自回路 e，见图 7.40(b)。

(3) 如果图有简单回路，则删去回路上的一条边 e，见图 7.40(c)。

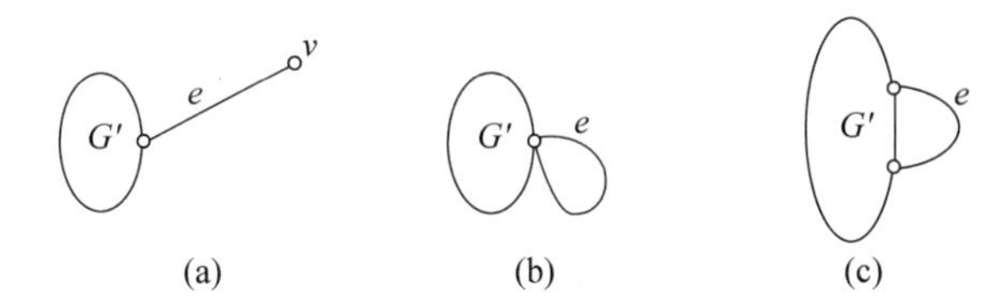

图 7.40 欧拉公式的证明

这 3 种方法总是有一种可以实现的。于是，删去一条边后，可以得到一个具有 $p-1$ 条边的连通平面图 G'，设 G' 有 k 个面和 n 个顶点，于是根据归纳假设有 $n-(p-1)+k=2$。

现在加回删去的边 e，又得到原来的图 G。根据删去的方法不同，加回 e 后，边数、面数和顶点数变化情况如下：

情况(a)：此时增加一条边 e，又增加一顶点 v，面数不变，有

$$顶点数-边数+面数=(n+1)-p+k=n-(p-1)+k=2$$

情况(b)：此时增加一条边 e，又增加一个面，顶点数不变，有

$$顶点数-边数+面数=n-p+k+1=n-(p-1)+k=2$$

情况(c)：与情况(b)相同。

可见不论哪种情况，欧拉公式都成立。证毕。

欧拉公式的推广 对于任意的具有 $p(p\geqslant 1)$ 个连通分支的平面图，有

$$n-m+r=p+1$$

成立。

利用欧拉公式还可以证明以下定理。

定理 7.15 设 G 是连通的平面图且每个面的次数至少为 $l(l\geqslant 3)$，则

$$m\leqslant\frac{l}{l-2}(n-2)$$

证明：由定理 7.12 可知

$$2m=\sum_{i=1}^{r}\deg(R_i)\geqslant l\cdot r$$

再由欧拉公式得

$$r=2+m-n\leqslant\frac{2m}{l}$$

于是有

$$m\leqslant\frac{l}{l-2}(n-2)$$

定理得证。

推论 1 设 G 是(n,m)连通平面简单图$(n\geqslant3)$，则

$$m\leqslant3n-6$$

证明：因为图是简单的，所以，每个面用 3 条或更多条边围成。因此，边数大于或等于 $3k$（k 是面数，这里边数包含重复计算的）；另一方面，因为一条边在至多两个面的边界中，所以各个面总边数小于或等于 $2m$。因此有

$$2m\geqslant3k$$

$$\frac{2}{3}m\geqslant k$$

根据欧拉公式，有

$$n-m+\frac{2}{3}m\geqslant2$$

所以

$$3n-6\geqslant m$$

证毕。

推论 2 极大连通平面图的边数 $m=3n-6$。证明从略。

推论 3 若连通平面简单图 G 不以 K_3 为子图，即 G 是每个面由 4 条或 4 条以上的边围成的连通平面图，则 $m\leqslant2n-4$。

证明：该推论的证明类似于推论 1。因为边数大于或等于 $4k$，各个面总边数小于或等于 $2m$。因此很容易得出

$$\frac{1}{2}m\geqslant k$$

代入欧拉公式，得

$$n-m+\frac{1}{2}\geqslant2$$

$$2n-4\geqslant m$$

证毕。

推论 4 K_5 和 $K_{3,3}$ 是非平面图。

在图 K_5 中，$m=10$，$n=5$，显然不满足推论 1，故 K_5 是非平面图。而 $K_{3,3}$ 中，$m=9$，$n=6$，虽然满足推论 1，但是它不满足推论 3，故也不是平面图。

定理 7.16 在平面简单图 G 中至少有一个顶点 v_0 满足 $d(v_0)\leqslant5$。

证明：不妨设 G 是连通的，否则就其一个连通分支讨论，再推广至全图。用反证法证明。

假设一个平面简单图的所有顶点度数均大于 5，又由欧拉公式推论 1 知 $3n-6\geqslant m$，

所以

$$6n-12 \geqslant 2m=\sum_{v \in V} d(v) \geqslant 6n$$

这是不可能的。因此平面简单图中至少有一个顶点 v_0，其度数 $d(v_0) \leqslant 5$。

证毕。

7.5.3 平面图的判断

接下来讨论平面图的判断问题。

对于一个图是平面图的充分必要条件的研究曾经持续了几十年，直到 1930 年库拉托夫斯基给出了平面图的一个非常简洁的特征，下面先介绍一些预备知识。

在一个无向图 G 的边上，插入一个新的度数为 2 的顶点，使一条边分成两条边，或者对于关联同一个度数为 2 的顶点的两条边，去掉这个 2 度顶点，使两条边变成一条边，如图 7.41(a)和图 7.41(b)所示，这些都不会改变图原有的平面性，如图 7.41(c)和图 7.41(d)所示。图 7.41 所表示的称为“2 度结点内同构”。

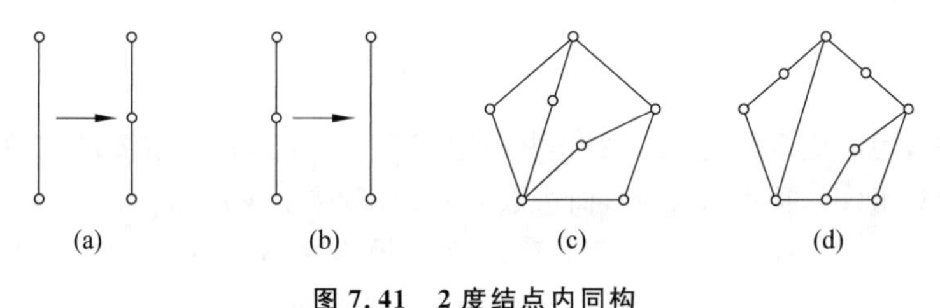

图 7.41　2 度结点内同构

定义 7.24　如果两个图 G_1 和 G_2 同构，或者通过反复插入或删除度数为 2 的顶点后同构，则称 G_1 和 G_2 是 **2 度结点内同构的**。

根据定义，若 G_1 是平面图，而 G_2 与 G_1 在 2 度结点内同构，则 G_2 也是一个平面图。即一个图变成与它同胚的图不会影响图的平面性。

定理 7.17(库拉托夫斯基定理)　一个图是平面图的充分必要条件是它不含与 K_5 或 $K_{3,3}$ 在 2 度顶点内同构的子图。

定理的必要性部分是显然的，但要证明充分性却很烦琐，此处不予证明。K_5 和 $K_{3,3}$ 称为**库拉托夫斯基图**。

例 7.25　证明图 7.42 中的(a)和(d)不是平面图。

证明：(a)是著名的彼得森图，去掉其中的两条边(c,d)和(g,j)后得子图(b)，该子图中，可以看到，c、g、j、d 这 4 个顶点是 2 度顶点，根据 2 度顶点内同构的定义，可以把这 4 个点去掉，然后重新整理，发现剩下的 6 个顶点构成的图刚好是 $K_{3,3}$(见图(c))。显然，(b)和(c)是在 2 度顶点内同构的。因此彼得森图不是平面图。(d)中去掉边(v_1,v_4)、(v_2,v_3)、(v_3,v_5)和(v_4,v_6)后可以得到(d)的子图(e)，而(e)同构于 $K_{3,3}$(f)，所以(d)也不是平面图。

库拉托夫斯基定理虽然简单漂亮，但从上面两个例子来看，该定理实现起来并不容易，特别是顶点数较多的时候，还有许多这方面的研究工作要做。在实际中判断一个图

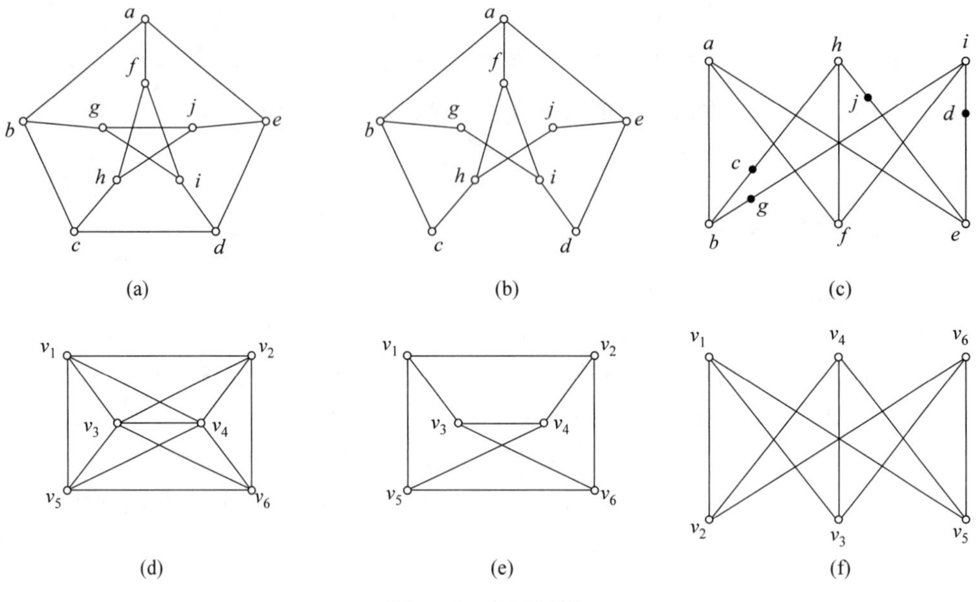

图 7.42 非平面图

是不是平面图，用的更多的是 7.5.2 节中的定理 7.14 及其几个重要的推论。例如上面这个例子中，对于(d)，顶点数 $n=6$，而边数 $m=13$，显然不满足 $m\leqslant 3n-6$，故而一下子就可以判断出(d)不是平面图。当然定理 7.14 及其推论并不是判断平面图的充要条件，有时候单凭它们无法判断，比如(a)的顶点数 $n=10$，边数 $m=15$，满足上面的所有定理和推论，但是它不是平面图。所以对于平面图的判断，可以先考虑定理 7.14 及其推论，在这个条件下无法判断时再考虑库拉托夫斯基定理。

7.6 对偶图与着色

7.6.1 对偶图

平面图有一个很重要的特性，任何平面图都有一个与之对应的平面图，称为它的对偶图。下面给出对偶图的详细定义。

定义 7.25 设平面图 $G=\langle V,E\rangle$ 有 r 个面 $R_1,R_2,\cdots,R_r$，则用下面方法构造的图 $G^*=\langle V^*,E^*\rangle$ 称为 G 的**对偶图**：

(1) $R_i\in G$，在 R_i 内取一顶点 $v_i^*\in V^*$，$i=1,2,\cdots,r$。

(2) $e\in E$。

① 若 e 是 G 中两个不同面 R_i 和 R_j 的公共边，则在 G^* 中画一条与 e 交叉的边 (v_i^*, v_i^*)；

② 若 e 是一个面 R_i 内的边(即 R_i 是桥)，则在 G^* 中画一条与 e 交叉的环 (v_i^*, v_j^*)。

例 7.26 图 7.43(a)中，对 G 作对偶图，G 的边用实线表示，点用空心点表示；G 的对偶图的边用虚线表示，顶点用实心点表示，得出 G 的对偶图(b)；对(b)作对偶图，如(c)所示，用空心点表示其对偶图的顶点，虚线表示其对偶图的边，可以得出(d)。仔细观察可以发现，(d)与原来的图 G 是同构的。

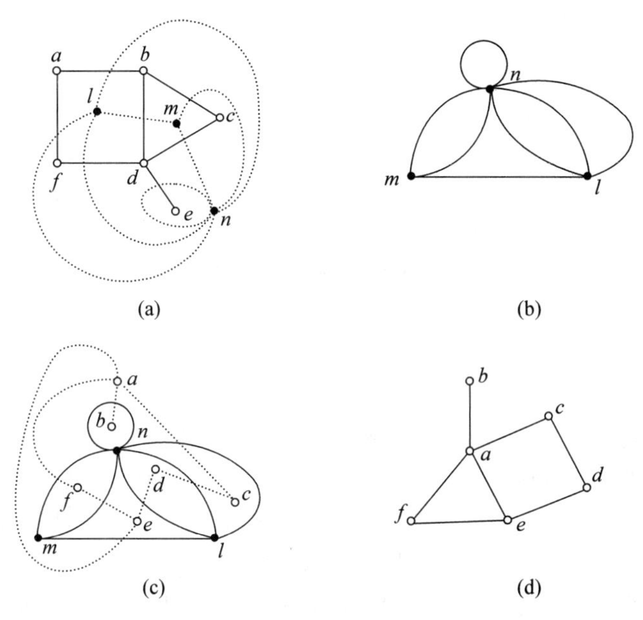

图 7.43 对偶图

从这个例子可以看出来，如果一个图 G 的对偶图是 G'，那么 G' 的对偶图就是 G，所以可以说 G 与 G' 是互为对偶的。

定义 7.26 若平面图 G 与其对偶图 G^* 同构，则称 G 是**自对偶图**。

例如，图 7.44 中实线图所示的 4 阶 3 度正则图就是一个自对偶图。

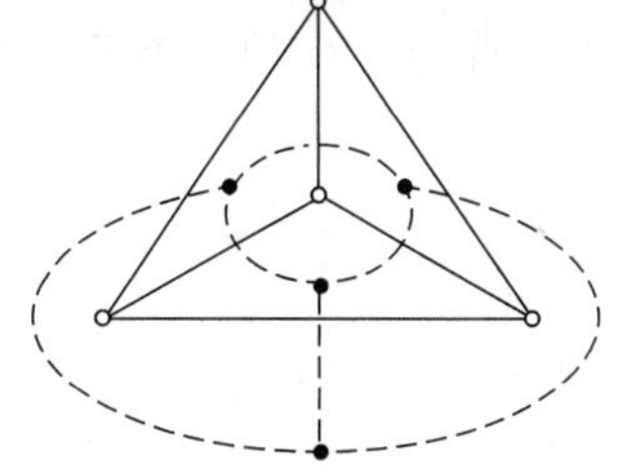

图 7.44 自对偶图

定理 7.18 设 G^* 是连通平面图 G 的对偶图，n^*、m^*、r^* 和 n、m、r 分别是 G^* 和 G 的顶点数、边数和面数，则 $n^*=r, m^*=m, r^*=n$，且 $d(v_i^*)=\deg(R_i), i=1,2,\cdots,r$。

证明：由定义 7.25 对偶图的构造过程可知，$n^*=r, m^*=m$ 和 $d(v_i^*)=\deg(R_i)$ 显然成立，下证 $r^*=n$。因为 G 和 G^* 均是连通的平面图，所以由欧拉公式有

$$n-m+r=2$$

$$n^*-m^*+r^*=2$$

由 $n^*=r, m^*=m$ 可得 $r^*=n$。证毕。

由于平面图 G 的对偶图 G^* 也是平面图，因此同样可对 G^* 求对偶图，记作 G^{**}，如果 G 是连通的，则 G^{**} 与 G 之间有如下关系。

定理 7.19 G 是连通平面图当且仅当 G^{**} 同构于 G。

证明略。

由对偶图的构造过程可知，平面图 G 的任何两个对偶图必同构。但是若平面图 G_1

和 G_2 是同构的，其对偶图 G_1^* 和 G_2^* 未必同构。如图 7.45 中两个平面图 G_1 和 G_2 是同构的，但由于 G_1 中有一个面次数为 5，而 G_2 中没有这样的面，因此 G_1^* 和 G_2^* 不同构。

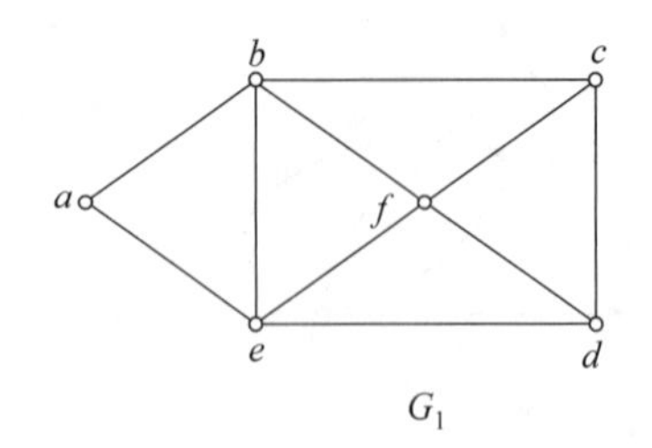

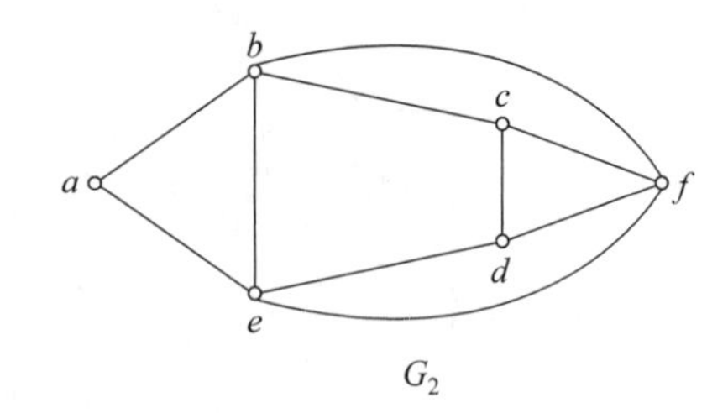

图 7.45 同构的两个平面图，其对偶图未必同构

7.6.2 点着色

1852 年英国青年盖思里(Guthrie)提出地图四色问题：在画地图时，如果规定一条边界分开的两个区域涂不同颜色，那么任何地图能够只用 4 种颜色涂色。这个问题成为数学难题，一百多年来，许多人的证明都失败了。直至 1976 年 6 月美国伊利诺斯大学两位教授阿佩尔(Appel)和海肯(Haken)利用电子计算机计算了 1200 小时，证明了四色问题。这件事曾轰动一时。但是用"通常"证明方法来解决四色问题，至今仍未解决。

地图着色自然是对平面图的面着色，利用对偶图，可将其转化为相对简单的顶点着色问题，即对图中相邻的顶点涂不同的颜色。

定义 7.27 设 G 是一个无自环的图，给 G 的每个顶点指定一种颜色，使相邻顶点颜色不同，称为对 G 的一个**正常着色**。图 G 的顶点可用 k 种颜色正常着色，称 G 是 **k-可着色的**。

使 G 是 k-可着色的数 k 的最小值称为 G 的**色数**，记作 $\chi(G)$。如果 $\chi(G)=k$，则称 G 是 **k-色的**。

设 G 无自环且连通，如果有多重边，则可删去多重边，用一条边代替，因此下面考虑的都是连通简单图。有几类图的色数是很容易确定的，见下面的定理。

定理 7.20

(1) G 是零图当且仅当 $\chi(G)=1$。

(2) 对于完全图 K_n，有 $\chi(K_n)=n$，而 $\chi(\overline{K}_n)=1$。

(3) 对于 n 个顶点构成的回路 C_n，当 n 为偶数时，$\chi(C_n)=2$；当 n 为奇数时，$\chi(C_n)=3$。

到现在还没有一个简单的方法可以确定任一图 G 是 n 色的。但韦尔奇·鲍威尔(Welch Powell)给出了一种对图的着色方法，步骤如下：

(1) 将图 G 中的顶点按度数递减次序排列。

(2) 用第一种颜色对第一个顶点着色，并将与已着色顶点不邻接的顶点也着第一种颜色。

(3) 按排列次序用第二种颜色对未着色的顶点重复(2)。用第三种颜色继续以上做法，直到所有的顶点均着上色为止。

例 7.27 用韦尔奇·鲍威尔法对图 7.46 中的图着色。

解：

(1) 各顶点按度数递减次序排列：c,a,e,f,b,h,g,d。

(2) 对 c 和与 c 不邻接的 e、b 着第一种颜色。

(3) 对 a 和与 a 不邻接的 g、d 着第二种颜色。

(4) 对 f 和与 f 不邻接的 h 着第三种颜色。

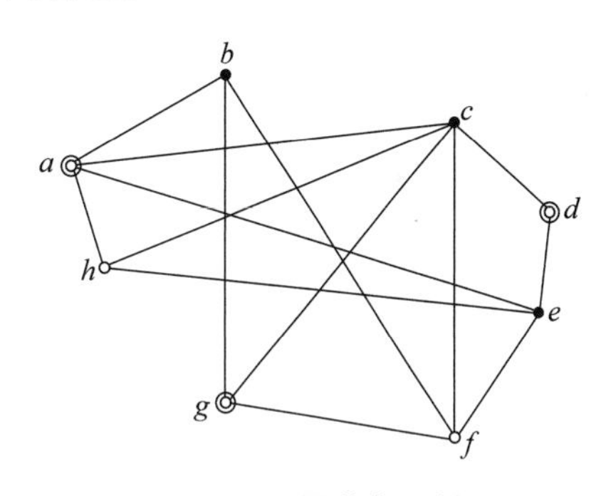

图 7.46 图着色示例

定理 7.21 如果图 G 的顶点的度数最大的为 $\Delta(G)$，则 $\chi(G)\leqslant 1+\Delta(G)$。

证明：施归纳于 G 的顶点度数。

当 $n=2$ 时，G 有一条边，$\Delta(G)=1$，G 是 2-可着色的，所以 $\chi(G)\leqslant 1+\Delta(G)$。假设对于 $n-1$ 个顶点的图，结论成立。

现假设 G 有 n 个顶点，顶点的最大度数为 $\Delta(G)$，如果删去任一顶点 v 及其关联的边，得到 $n-1$ 个顶点的图，它的最大度数至多是 $\Delta(G)$，由归纳假设，该图是 $(1+\Delta(G))$-可着色的，再将 v 及其关联的边加到该图上，使其还原成图 G，顶点 v 的度数至多是 $\Delta(G)$，v 的相邻点最多着上 $\Delta(G)$ 种颜色，然后 v 着上第 $1+\Delta(G)$ 种颜色，因此 G 是 $(1+\Delta(G))$-可着色的，故

$$\chi(G)\leqslant 1+\Delta(G)$$

证毕。

定理 7.19 所给出的色数的上界是很弱的，布鲁克斯(Brooks)在 1941 年证明了这样的结果，使 $\chi(G)=1+\Delta(G)$ 的图只有两类：或是奇回路，或是完全图。这个证明比较烦杂，这里就不给出了。

定理 7.22 任何平面图是 5-可着色的。

证明：可设 G 是简单平面图。施归纳于 G 的顶点数 n。当 $n\leqslant 5$ 时结论显然成立。

假设对所有 $n-1$ 个顶点的平面图是 5-可着色的。现考虑有 n 个顶点的平面图 G，由定理 7.15 可知，在 G 中存在着顶点 v_0，$d(v_0)\leqslant 5$。由归纳假设，$G-v_0$ 是 5-可着色的，在给定了 $G-v_0$ 的一种着色后，将 v_0 及其关联的边加到原图中，得到 G，分两种情况考虑：

(1) 如果 $d(v_0)<5$，则 v_0 的相邻点已着上的颜色小于等于 4 种，所以 v_0 可以着另一种颜色，是 G 是 5-可着色的。

(2) 如果 $d(v_0)=5$，则将 v_0 的邻接点依次记为 $v_1,v_2,\cdots,v_5$，并且对应 v_i 着第 i 色，如图 7.47(a)所示。

设 H_{13} 为 $G-v_0$ 的一个子图，它是由着色 1 和 3 的顶点集导出的子图。如果 v_1 和 v_3 属于 H_{13} 的不同分支，将 v_1 所在分支中着色 1 的顶点与着色 3 的顶点颜色对换，这时 v_1 着色 3，这并不影响 $G-v_0$ 的正常着色。然后将 v_0 着色 1，因此 G 是 5-可着色的。

如果 v_1 和 v_3 属于 H_{13} 的同一分支，则在 G 中存在一条从 v_1 到 v_3 的路，它的所有顶点着色 1 或 3。这条路与路 $v_1v_0v_3$ 一起构成一条回路，如图 7.47(b)所示。它或者把 v_2 围在它里面，或者同时把 v_4 和 v_5 围在它里面。由于 G 是平面图，在上面任一种情况下，

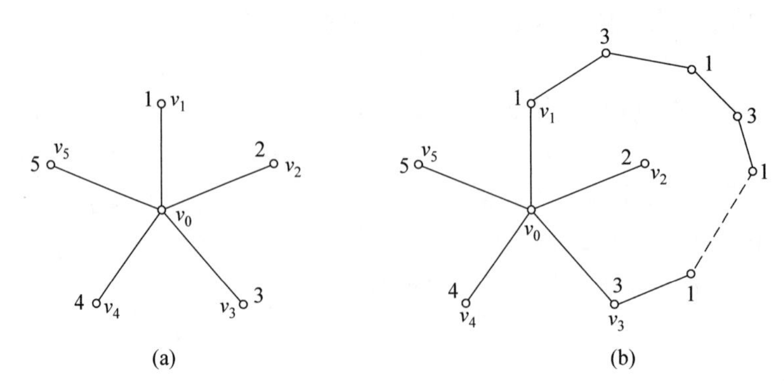

图 7.47 v_0 的 5 个邻接点

都不存在连接 v_2 和 v_4 并且顶点着色 2 或 4 的一条路。

现在设 H_{24} 为 $G-v_0$ 的另一个子图，它是由着色 2 和 4 的顶点导出的子图，则 v_2 和 v_4 属于 H_{24} 的不同分支。于是在 v_2 所在分支中将着色 2 的顶点和着色 4 的顶点颜色对换，v_2 着色 4，这样导出了 $G-v_0$ 的另一种正常着色，然后在 v_0 着色 2，同样可得 G 是 5-可着色的。

所以定理得证。

虽然能给出上述 5 色定理得一般证明，但正如前面所说，对于地图的四色猜想至今不能得到有效证明。

7.7 树与生成树

树是图论中的一个重要概念。早在 1847 年基尔霍夫就用树的理论来研究电网络，1857 年凯莱在计算有机化学中 C_2H_{2n+2} 的同分异构物数目时也用到了树的理论。而树在计算机科学中应用更为广泛。本节介绍树的基本知识，其中谈到的图都假定是简单图，谈到的回路均指简单回路或基本回路。

7.7.1 无向树的概念

定义 7.28 连通而无简单回路的无向图称为**无向树**，简称**树**。树中度数为 1 的顶点称为**树叶**。度数大于 1 的顶点称为**分枝点**或**内部顶点**。

定义 7.29 一个无向图的诸连通分图均是树时，称该无向图为**森林**，树是**森林**。平凡图称为**平凡树**。

由于树无环且无重边（否则有回路），所以树必是简单图。

例如图 7.48 中(a)、(b)所示的都是树，(c)所示的是森林。

定理 7.23 无向图 T 是树，当且仅当下列 5 条之一成立（或者说，这 5 条的任一条都可作为树的定义）。

(1) 无简单回路且 $m=n-1$。这里 m 是边数，n 是顶点数，下同。

(2) 连通且 $m=n-1$。

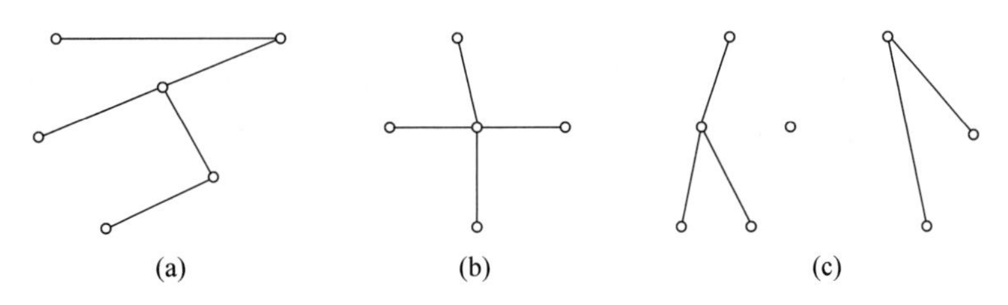

图 7.48 树和森林

(3) 无简单回路，但增加任一新边，得到且仅得到一条基本回路。

(4) 连通但删去任一边，图便不连通($n\geqslant 2$)。

(5) 每一对顶点间有唯一的一条基本路径($n\geqslant 2$)。

证明：

(1) 由树的定义可得。

施归纳于顶点数 n。当 $n=1$ 时，$m=0$，则 $m=n-1$ 成立。

假设当 $n=k$ 时，$m=n-1$ 成立。则当 $n=k+1$ 时，因为树是连通的且无回路，所以至少有一个度数为 1 的顶点 v，从树中删去 v 和与它关联的边，则得到 k 个顶点的树 T'。根据假设它有 $k-1$ 条边，现将 v 和与它关联的边加到 T' 上还原成树 T，则 T 有 $k+1$ 个顶点和 k 条边，边数比顶点数少 1，故 $m=n-1$ 成立。

(2) 由(1)可得。

再用反证法，若图 T 不连通，设 T 有 k 个连通分支 $T_1,T_2,\cdots,T_k(k\geqslant 2)$，其顶点数分别为 $n_1,n_2,\cdots,n_k$，则有

$$\sum_{i=1}^{k} n_i = n$$

边数分别为 $m_1,m_2,\cdots,m_k$，则有

$$\sum_{i=1}^{k} m_i = m$$

因此，有

$$m = \sum_{i=1}^{k} m_i = \sum_{i=1}^{k} (n_i - 1) = n - k < n - 1$$

即 $m<n-1$，这与 $m=n-1$ 矛盾，故 T 是连通的 $m=n-1$ 图。

(3) 由(2)可得。

若 T 是连通图并有 $n-1$ 条边。施归纳于顶点数 n。

当 $n=2$ 时，$m=n-1=1$，所以没有回路，如果增加一条边，只能得到唯一的一个回路。

假设 $n=k$ 时，命题成立。则当 $n=k+1$ 时，因为 T 是连通的并有 $n-1$ 条边，所以每个顶点都有 $d(v)\geqslant 1$，并且至少有一个顶点 v_0，满足 $d(v_0)=1$。否则，如果每个顶点 v 都有 $d(v)\geqslant 2$，那么必然会有总度数 $2m\geqslant 2n$，即 $m\geqslant n$，这与条件 $m=n-1$ 矛盾。因此至少有一个顶点 v_0，满足 $d(v_0)=1$。

删去 v_0 及其关联的边，得到图 T'，由假设知 T' 无回路，现将 v_0 及其关联的边再加到

T',则还原成 T,所以 T 没有回路。

如果在连通图 T 中增加一条新边(v_i,v_j),则(v_i,v_j)与 T 中从 v_i 到 v_j 的一条基本路径构成一个基本回路,且该回路必定是唯一的,否则当删去新边(v_i,v_j)时,T 中必有回路,产生矛盾。

(4) 由(3)可得。

若图 T 不连通,则存在两个顶点 v_i 和 v_j,在 v_i、v_j 之间没有路径,如果增加边(v_i,v_j)不产生回路,这与(3)矛盾,因此 T 连通。因为 T 中无回路,所以删去任意一条边,图必不连通。故图中每一条边均是桥。

(5) 由(4)可得。

由图的连通性可知,任意两个顶点之间都有一条通路,是基本通路。如果这条基本通路不唯一,则 T 中必有回路,删去回路上的任意一条边,图仍连通,与(4)矛盾。故任意两个顶点之间有唯一一条基本回路。

(6) 由(5)可得树的定义。

每对顶点之间有唯一一条基本通路,那么 T 必连通,若有回路,则回路上任意两个顶点之间有两条基本通路,与(5)矛盾。故图连通且无回路,是树。

定理 7.24 任何一棵非平凡树 T 至少有两片树叶。

证明:设 T 是(n,m)图,$n\geqslant 2$,有 k 片树叶,其余顶点度数均大于或等于 2。则

$$\sum_{i=1}^{n} d(v_i) \geqslant 2(n-k)+k = 2n-k$$

而

$$\sum_{i=1}^{n} d(v_i) = 2m = 2(n-k) = 2n-2$$

所以 $2n-2\geqslant 2n-k$,即 $k\geqslant 2$。

例 7.28 T 是一棵树,有两个顶点度数为 2,一个顶点度数为 3,三个顶点度数为 4,T 有几片树叶?

解:设树 T 有 x 片树叶,则 T 的顶点数

$$n=2+1+3+x$$

T 的边数

$$m=n-1=5+x$$

又由握手定理

$$2m = \sum_{i=1}^{n} d(v_i)$$

得

$$2\times(5+x)=2\times 2+3\times 1+4\times 3+x$$

所以 $x=9$,即树 T 有 9 片树叶。

7.7.2 生成树与最小生成树

有一些图,本身不是树,但它的某些子图却是树,其中很重要的一类是生成树。

定义 7.30 若无向图 G 的一个生成子图 T 是树，则称 T 是 G 的一棵**生成树**。生成树 T_G 中的边称为**树枝**。图中其他边称为 T_G 的**弦**。所有这些弦的集合称为 T_G 的**补**。

例如图 7.49 中，(b)至(l)均是(a)的生成树。可以看到，一般情况下，图的生成树不唯一。

由图 7.49 可见，(a)与其他图的区别是(a)中有回路，而它的生成树无回路，因此要在一个连通图 G 中找到一棵生成树，只要不断地从 G 的回路上删去一条边，最后所得无回路的子图就是 G 的一棵生成树。如(a)删掉边 1 和 4 后就得到了生成树(b)，(a)删掉边 1 和 5 后就得到了生成树(c)等等，因为树的边数是根据顶点数确定的，故(a)的所有生成树只需通过删掉 2 条边来确定，(b)至(l)已经把(a)的所有生成树都表示出来了。

实际上，图 7.49(a)的所有生成树中，(b)、(c)、(f)、(i)、(j)、(k)、(l)均是同构的，而(d)、(e)、(g)、(h)也均是同构的(请读者自己思考为什么)。所以(a)的所有不同构的生成树只有 2 个，即(b)和(d)。我们考虑(a)中共有 5 个顶点，其度数序列为(2,2,2,3,3)，所以其生成树必只有 4 条边，生成树的顶点总度数定为 8。由于 5 个顶点的度数均必须大于等于 1，而每个顶点的度数又必须小于等于(a)中该顶点的原有度数，所以最后形成的生成树度数序列只能是(1,1,2,2,2)和(1,1,1,2,3)两种，也就是最后不同构的生成树只能有 2 棵。

下面介绍一个无向图有生成树的充要条件。

定理 7.25 无向图 G 有生成树的充分必要条件是 G 为连通图。

证明：先采用反证法来证明必要性。若 G 不连通，则它的任何生成子图也不连通，因此不可能有生成树，与 G 有生成树矛盾，故 G 是连通图。

再证充分性。设 G 连通，则 G 必有连通的生成子图，令 T 是 G 的含有边数最少的生成子图，于是 T 中必无回路(否则删去回路上的一条边不影响连通性，与 T 含边数最少矛盾)，故 T 是一棵树，即生成树。

证毕。

带权图的生成树是实际应用较多的树。

一个很实际的问题是：假设你是一个设计师，欲架设连接 n 个村镇的电话线，每个村镇设一个交换站。已知由 i 村到 j 村的线路 $e=(v_i,v_j)$ 造价为 $\omega(e)=w_{ij}$，要保证任意两个村镇之间均可通话，请设计一个方案，使总造价最低。这个问题的数学模型为：在已知的带权图上求权最小的生成树。

定义 7.31 设无向连通带权图 $G=<V,E,\omega>$，G 中带权最小的生成树称为 G 的**最小生成树**(或**最优树**)。

回过来看看图 7.49 中(a)的所有生成树，如果把标记在边上的数字看作是该边的权。那么(a)肯定有一个最小生成树。计算(b)至(l)的各树的权，可得这些图的权分别为 16、15、14、15、14、13、14、13、12、12、10，可以看到，(a)的最小生成树是图(l)，其权为 10。

为了方便地寻找任意一个加权连通图的最小生成树，先给出下面这个定理。

定理 7.26 设连通图 G 各边的权均不相同，则回路中权最大的边必不在 G 的最小生成树中。

证明略。

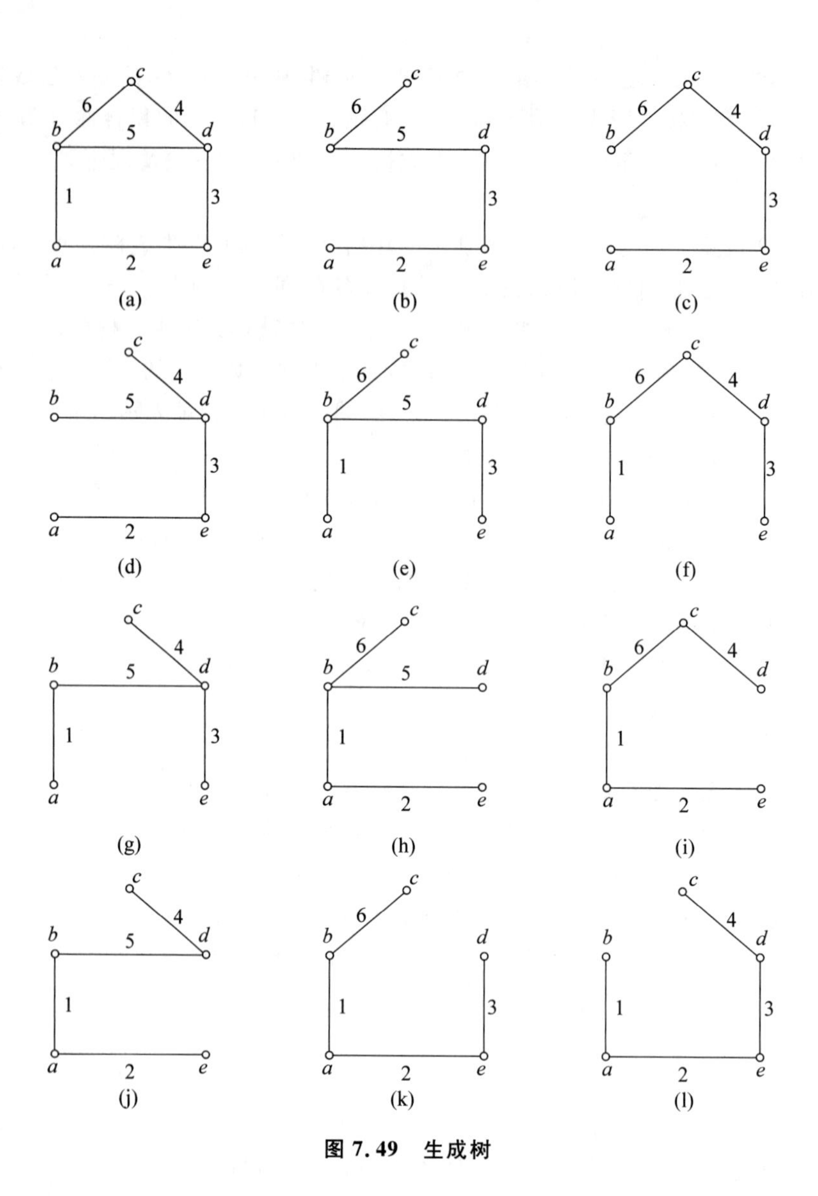

图 7.49 生成树

定理的结论是显然的，由此寻找带权图 G 的最小生成树可以采用破圈法，即在图 G 中不断去掉回路中权最大的边。

求最小生成树的另一个更有效率的算法是克鲁斯卡尔(Kruskal)的避圈法：

(1) 选 $e_1 \in E(G)$，使得 $\omega(e_1)$ 在 G 所有边的权中最小。

(2) 若 $e_1, e_2, \cdots, e_i$ 已选好，则从 $E(G)-\{e_1, e_2, \cdots, e_i\}$ 中选取 e_{i+1}，使得 $G[\{e_1, e_2, \cdots, e_i\}]$ 中没有回路，且 $\omega(e_{i+1})$ 为 $E(G)-\{e_1, e_2, \cdots, e_i\}$ 中所有边的权最小。

(3) 继续进行到选得 e_{n-1} 为止。

以上算法是正确的，理由如下：

(1) 由上述所得边集 $A=\{e_1, e_2, \cdots, e_{n-1}\}$ 所导出的子图 T 是图 G 的生成树。

因为根据算法而得到的子图 T 是在 n 个顶点上有 $n-1$ 条边且无简单回路的图，根据定理 7.23 第(1)条，它是树，另外 T 包含了图 G 的全部顶点，所以 T 是 G 的生成树。

(2) T 是 G 的最小生成树。用反证法。假设 T' 是最小生成树而不是 T，则存在一条边 $e_i \in T'$，但 $e_i \notin T$，将 e_i 加到 T 得到一个基本回路 C，由上述算法知，e_i 是 C 中权最大的边，否则不会排除出 T，但根据定理 7.26，C 中权最大的边 e_i 不应在最小生成树 T' 中，这与 $e_i \in T'$ 矛盾。所以 T 是最小生成树。

下面这个例子详细阐述了克鲁斯卡尔的避圈法在具体问题中的应用。

例 7.29 求图 7.50(a)中有权图的最小生成树。

解：因为图中 $n=8$，所以按算法要执行 $n-1=7$ 次，其过程见图 7.50 中(a)至(h)。

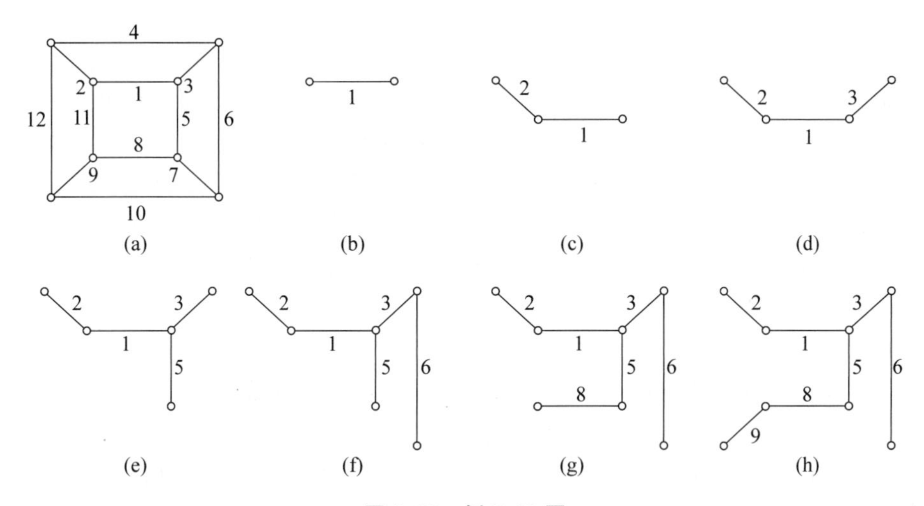

图 7.50 例 7.29 图

在(a)中总共有 12 条边，根据算法，把权最小的边取出来，这样就得到(b)。在(a)中剩下的 11 条边中取权最小的边 2，这样就得到图(c)，同样道理可以继续得到图(d)，有了 3 条边以后，接下来取第 4 条时，如果取权最小的边 4，则会在结果的子图中形成回路，所以不能取边 4，只能取边 5，这样得到的是(e)，如此继续，直到取满 7 条边时，子图已经变成了图(h)的模样，显然这是(a)的生成树，也正是要求的最小生成树。

7.8 有向树及其应用

7.8.1 有向树的概念

定义 7.32 一个有向图 G，如果略去有向边的方向所得无向图为一棵树，则称 G 为**有向树**。

在有向树中，最重要的是根树。

定义 7.33 一棵非平凡的有向树，如果有一个顶点的入度为 0，其余顶点的入度均为 1，则称此有向树为**根树**。入度为 0 的顶点称为**树根**；入度为 1、出度为 0 的顶点称为**树叶**；入度为 1、出度大于 0 的顶点称为**内点**，内点和树根统称为**分支点**。

例如，图 7.51 中的(a)、(b)、(c)均是有向树，但只有(c)是根树。在(c)中，v_0 是树根，v_3、v_5、v_6、v_7 和 v_8 是树叶，而 v_1、v_2 和 v_4 则是内点。

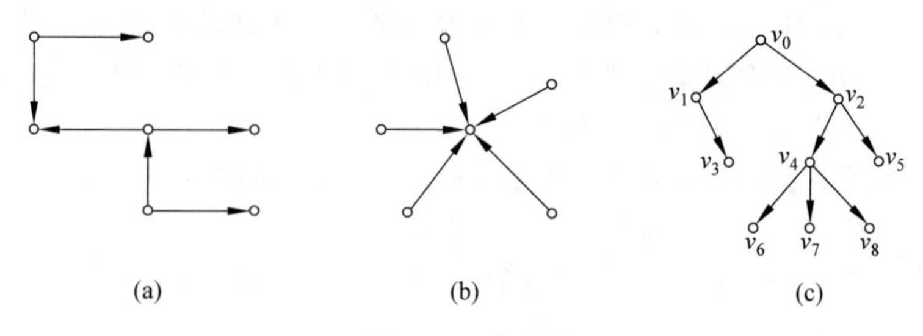

图 7.51　有向树

在根树中，从树根 v_0 到每个顶点 v_i 有唯一一条基本通路，该通路的长度称为点 v_i 的**层数**，记作 $l(v_i)$，其中最大的层数称为**树高**，记作 $h(T)$。

例如，在图(c)中，v_0 的层数为 0，v_1 和 v_2 的层数为 1，v_3、v_4 和 v_5 的层数为 2，v_6、v_7 和 v_8 的层数为 3。该树的树高为 3。习惯上将根树画成树根在上，各边箭头均朝下的形状(如图 7.51(c)所示)，并为方便起见，略去各边上的箭头(如图 7.52 所示)，可以看出，根树上的各个顶点有了层次关系。

一棵根树常常被形象地比作一棵家族树：

(1) 如果顶点 u 邻接到顶点 v，则称 u 为 v 的**父亲**，v 为 u 的**儿子**。

(2) 共有同一个父亲的顶点称为**兄弟**。

(3) 如果顶点 u 可达顶点 v，且 $u \neq v$，则称 u 是 v 的**祖先**，v 是 u 的**后代**。

显然在根树 T 中，所有的内点和树叶均是树根的后代。

定义 7.34　设 T 为一棵根树，a 为 T 中的一个顶点，且 a 不是树根，称 a 及其后代导出的子图 T' 为 T 的**以 a 为根的子树**，简称**根子树**。

例如，图 7.51(c)中，v_3 是 v_1 的儿子，v_1 是 v_3 的父亲，v_4 与 v_5 是兄弟，$T' = G[\{v_2, v_4, v_5, v_6, v_7, v_8\}]$是以 v_2 为根的 T 的根子树。

在现实的家族关系中，兄弟之间是有大小顺序的，为此又引入有序树的概念。

定义 7.35　在根树 T 中，如果每一层的顶点都按一定的次序排列，则称 T 为**有序树**。在画有序树时，常假定每一层的顶点是按从左到右排序的。

例如，图 7.53 中的(a)和(b)表示的是不同的有序树。而如果不考虑同层顶点的次序，则(a)和(b)表示的是同一棵根树。

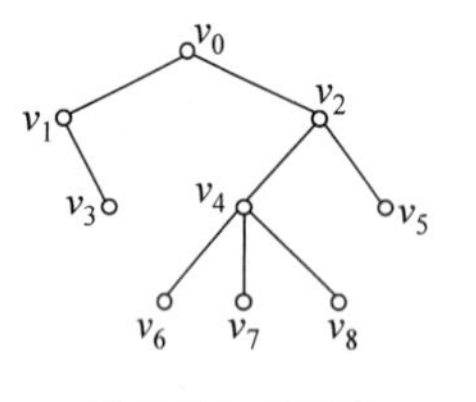

图 7.52　根树

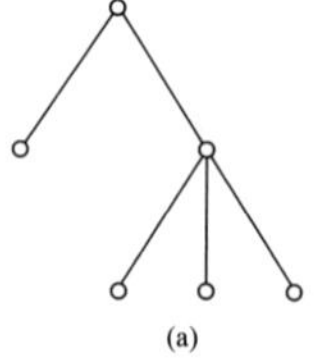

(b)

图 7.53　有序树

根据每个分支点的儿子数以及是否有序可将根树分成若干类。

定义 7.36　设 T 是一棵根树。

(1) 若 T 的每个顶点至多有 m 个儿子,则称 T 为 **m 叉树**。

(2) 若 T 的每个顶点都有 m 个或 0 个儿子,则称 T 为**完全 m 叉树**。

(3) 若 T 是完全 m 叉树,且所有树叶的层数都等于树高,称 T 为**正则 m 叉树**。

例 7.30 图 7.54 中的(a)和(b)可看成相等的有序二叉树,图(c)是完全二元树,图(d)是正则二叉树。

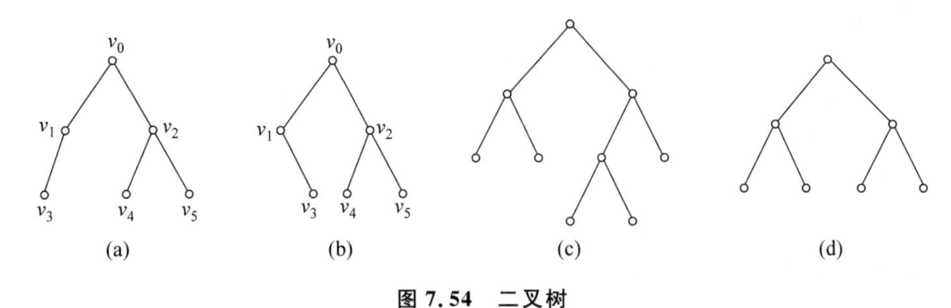

图 7.54 二叉树

在所有的 m 叉树中,二叉树居重要地位,其中完全二叉有序树应用最为广泛。在完全二叉有序树中,以分支点的两个儿子分别作为树根的两棵子树通常称为该分支点的**左子树**和**右子树**。

7.8.2 最优树

定义 7.37 设根树 T 有 t 片树叶 $v_1,v_2,\cdots,v_t$,它们分别带权 $w_1,w_2,\cdots,w_t$,则称 T 为(**叶**)**带权树**,称

$$W(T)=\sum_{i=1}^{t}\omega_i l_i$$

为 T 的**权**,其中 l_i 是 v_i 的层数。

接下来只讨论二叉树。

例 7.31 求图 7.55 中 4 片树叶分别带权 5、6、7、12 的二叉树的权。

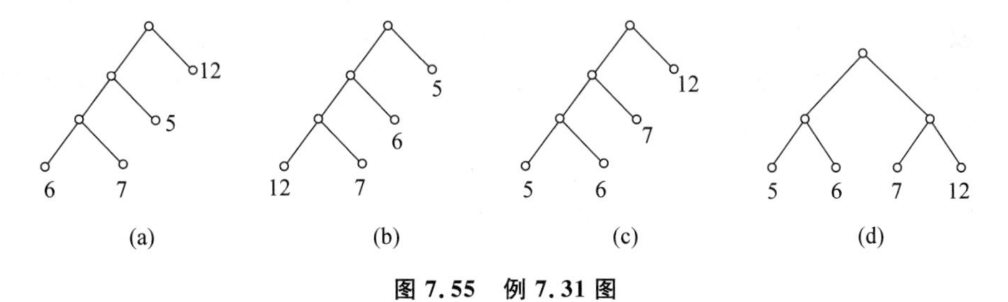

图 7.55 例 7.31 图

解:图 7.55 中(a)、(b)、(c)、(d)对应的二叉树的权分别为

$$W(T_1)=12\times1+5\times2+6\times3+7\times3=61$$

$$W(T_2)=5\times1+6\times2+12\times3+7\times3=74$$

$$W(T_3)=12\times1+7\times2+5\times3+6\times3=59$$

$$W(T_4)=5\times2+6\times2+12\times2+7\times2=60$$

从中可以看到，对于叶带权的二叉树，由于树叶的层数不同，叶权也大小各异，因此树权是不同的，但其中必存在一棵权最小的二叉树。

定义 7.38 在所有叶带权 $w_1, w_2, \cdots, w_t$ 的二叉树中，权最小的二叉树称为**最优二叉树**，简称**最优树**（又称**哈夫曼树**）。

如何寻求最优二叉树？1952 年哈夫曼（Huffman）给出了求最优二叉树的算法。即哈夫曼算法：

令 $S=\{w_1, w_2, \cdots, w_t\}$，$w_1 \leqslant w_2 \leqslant \cdots \leqslant w_t$，$w_i$ 是树叶 v_i 所带的权（$i=1,2,\cdots,t$）。

(1) 在 S 中选取两个最小的权 w_i 和 w_j，使它们对应的顶点 v_i 和 v_j 做兄弟，得到一个分支点 v_r，令其带权 $w_r=w_i+w_j$。

(2) 从 S 中去掉 w_i 和 w_j，再加入 w_r。

(3) 若 S 中只有一个元素，则停止，否则转到(1)。

一般来说，带权 $w_1, w_2, \cdots, w_t$ 的最优二叉树并不唯一。为了证明哈夫曼算法的正确性，先证下面的定理。

定理 7.27 设 T 是一棵带权 $w_1 \leqslant w_2 \leqslant \cdots \leqslant w_t$ 的最优二叉树，则带最小权 w_1 和 w_2 的树叶 v_1 和 v_2 是兄弟，且以它们为儿子的分支点层数最大。

证明：设 v 是 T 中离根最远的分支点，它的两个儿子 v_a 和 v_b 都是树叶，分别带权 w_a 和 w_b，而不是 w_1 和 w_2。并且从根到 v_a 和 v_b 的通路长度分别是 l_a 和 l_b，$l_a=l_b$。故有

$$l_a \geqslant l_1, \quad l_b \geqslant l_2$$

现在将 w_a 和 w_b 分别与 w_1 和 w_2 交换，得一棵新的二叉树，记为 T'，则

$$W(T)=w_1 l_1+w_2 l_2+\cdots+w_a l_a+w_b l_b+\cdots$$

$$W(T')=w_a l_1+w_b l_2+\cdots+w_1 l_a+w_2 l_b+\cdots$$

于是

$$W(T)-W(T')=(w_1-w_a)(l_1-l_a)+(w_2-w_b)(l_2-l_b) \geqslant 0$$

即 $W(T) \geqslant W(T')$，又 T 是带权 $w_1, w_2, \cdots, w_t$ 的最优树，应有 $W(T) \leqslant W(T')$，因此 $W(T)=W(T')$。从而可知是将权 w_1、w_2 与 w_a、w_b 对调得到的最优树，故而 $l_a=l_1$，$l_b=l_2$，即带权 w_1 和 w_2 的树叶是兄弟，且以它们为儿子的分支点层数最大。

定理 7.28（哈夫曼定理） 设 T 是带权 $w_1 \leqslant w_2 \leqslant \cdots \leqslant w_t$ 的最优二叉树，如果将 T 中带权为 w_1 和 w_2 的树叶去掉，并以它们的父亲作树叶，且带权 w_1+w_2，记所得新树为 T'，则 T' 是带权为 $w_1+w_2, w_3, \cdots, w_t$ 的最优树。

证明：由于带权为 w_1 和 w_2 的树叶的层高如果为 l_1，则其父亲的层高为 l_1-1，所以：

$$W(T')=(w_1+w_2)\times(l_1-1)+\cdots$$

$$W(T)=w_1\times l_1+w_2\times l_1+\cdots$$

两式中的…部分相同。所以：

$$W(T)=W(T')+w_1+w_2$$

若 T' 不是最优树，则必有另一棵带权 $w_1+w_2, w_3, \cdots, w_t$ 的最优树 T''。令 T'' 中带权 w_1+w_2 的树叶生出两个儿子，分别带权 w_1 和 w_2，得到新树 $\hat{T}$，则显然有

$$W(\hat{T})=W(T'')+w_1+w_2$$

因为 T'' 是带权 $w_1+w_2,w_3,\cdots,w_t$ 的最优树，故 $W(T'')\leqslant W(T')$。如果 $W(T'')<W(T')$，则必有 $W(\hat{T})<W(T)$，与 T 是带权 $w_1,w_2,w_3\cdots,w_t$ 的最优树矛盾，所以只有 $W(T'')=W(T')$，即 T' 是带权为 $w_1+w_2,w_3,\cdots,w_t$ 的最优树成立。

由哈夫曼定理易知哈夫曼算法的正确性。下面详细解释一个实例来说明哈夫曼算法。

例 7.32 构造一棵带权 1,3,3,4,6,9,10 的最优二叉树，并求其权 $W(T)$。

解：构造过程如图 7.56 中的(a)～(g)所示。

第一步，找出叶权最小的两个对应顶点，构成一个分支，把这两个顶点权的和作为它们父亲的权，如(b)所示。

第二步，此时的权序列为 3,4,4,6,9,10，仍按照算法，找出这个序列中权最小的两个顶点，构成一个分支，把这两个顶点权的和作为它们父亲的权。第二步结束以后，可以看到，新的权序列为 4,6,7,9,10，如(c)所示。

重复上述步骤，直到最后只剩 1 个顶点，这个顶点就作为最优树的根，如(g)所示。

可得

$$W(T)=(1+3)\times4+(3+4+6)\times3+(9+10)\times2=93$$

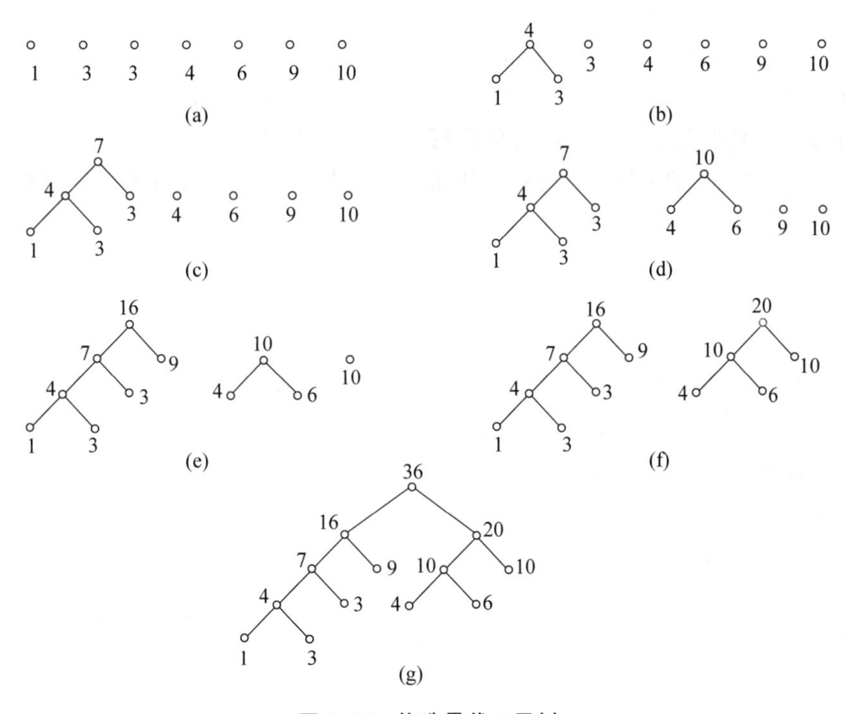

图 7.56 构造最优二叉树

7.8.3 前缀码

利用哈夫曼算法可以产生最佳前缀码，接下来讨论树在前缀码这个实际问题中的应用。

通信中常用二进制码表示字母，4 位二进制码可以表示 $2^4=16$ 个不同字母，因而表示 26 个英文字母必须用 5 位二进制码(5 位二进制码可以表示 $2^5=32$ 个不同字母，显然已足够用来表示 26 个英文字母)，这里所说的码是每个字母的码长均相同，比如均为 5 位，所以叫它等长码，但是有的字母使用频率很高，例如，e 为 13.1%，t 为 10.5%，还有 a、i、r、s 等，而有的英文字母使用频率很低，例如，j、z、q 只使用 0.1%，是否可以用不等长码，频率高的用的码长短些，频率低的码长可略长些，从而使电文的总长会有所降低呢？答案是肯定的。

用不等长的二进制数序列表示 26 个英文字母时，其长度为 1 的二进制数序列最多有 2 个，长度为 2 的二进制数序列最多有 2^2 个，依次类推。由于 $2+2^2+2^3+2^4=30>26$，所以，用长度不超过 4 的二进制数序列就可表达 26 个不同的英文字母。

但不等长码有时会造成二义性。例如，假如字母 a、b、c、d、e 的码给定如下：

a　b　c　d　e

00　110　010　10　01

把集合{00,110,010,10,01}称为码，如收到电文是 010010，就有二义性，理解为 01，00，10 电文应是 ead，如理解为 010，010 就是 cc，造成二义性的原因是字母 e 的码 01 是字母 c 的码 010 的前缀，如把 c 改为 111，则集合{00,110,111,10,01}中没有哪个二进制数序列是另一个二进制数序列的前缀，就不会造成二义性，这种码就称为前缀码。

定义 7.39　设 $a_1a_2\cdots a_n$ 是长度为 n 的符号串，其子串 $a_1,a_1a_2,\cdots,a_1a_2\cdots a_{n-1}$ 分别称为该符号串的长度为 $1,2,\cdots,n-1$ 的**前缀**。

设 $A=\{\beta_1,\beta_2,\cdots,\beta_n\}$ 为一个符号串集合，若 A 中任意两个不同的符号串 β_i 和 β_j 互不为前缀，则称 A 为一组**前缀码**，若符号串中只出现两个符号，则称 A 为**二元前缀码**。

如{0,10,110,1110,1111}是前缀码，{00,001,011}不是前缀码，因为 00 是 001 的前缀。

给定一棵二叉树，对每个分支点引出的左侧的边标记 0，右侧的边标记 1。这样，由树根到每一树叶的通路上，有由各边的标号组成的序列，它是仅含 0 和 1 的二进制数串。显然，任一树叶对应的二进制数串都不是其他树叶对应的二进制数串的前缀。所以，任何一棵二叉树的树叶集合对应一个前缀码。还可证明，任何一个前缀码对应一棵二叉树。下面通过例子来说明。

如图 7.57 所示的二叉树(a)所对应的前缀码为{01,10,11,000,001}，(b)所对应的前缀码为{1,01,000,001}。

例 7.33　给出与前缀码{00,10,11,010,011}对应的二叉树。

解：因为该前缀码中最长序列长为 3，如图 7.58(a)所示作一棵高度为 3 的二叉树。对二叉树对应的前缀码中序列的顶点用方框标记，删去标记顶点的所有后代和边得到所求的二叉树如图 7.58(b)所示。

对 26 个英文字母，设各字母使用的频率分别为 $p_1,p_2,\cdots,p_{26}$，可以求出带权 $p_1,p_2,\cdots,p_{26}$ 的最优树，从而解决最佳编码问题。

例 7.34　假设在通信中，十进制数字出现的频率是

0：20%；1：15%；2：10%；3：10%；4：10%

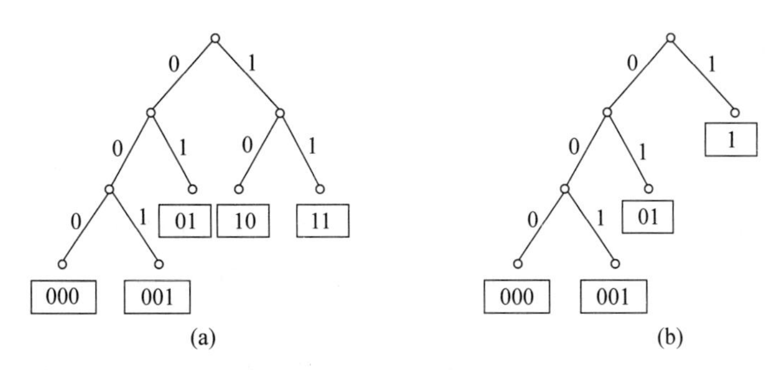

图 7.57 二叉树对应的前缀码

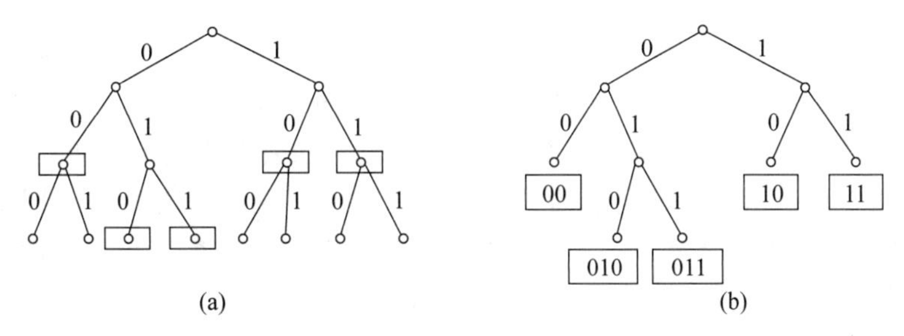

图 7.58 构造前缀码二叉树

5：5%；6：10%；7：5%；8：10%；9：5%

(1) 求传输它们的最佳前缀码。

(2) 用最佳前缀码传输 10 000 个按上述频率出现的数字需要多少个二进制码？

(3) 它比用等长的二进制码传输 10 000 个数字节省多少个二进制码？

解：

(1) 令 i 对应叶权 w_i，$w_i=100i$，则 $w_0=20$，$w_1=15$，$w_2=10$，$w_3=10$，$w_4=10$，$w_5=5$，$w_6=10$，$w_7=5$，$w_8=10$，$w_9=5$。

构造一棵带权 5，5，5，10，10，10，10，10，15，20 的最优二叉树(见图 7.59)，数字与前缀码的对应关系见图右侧。

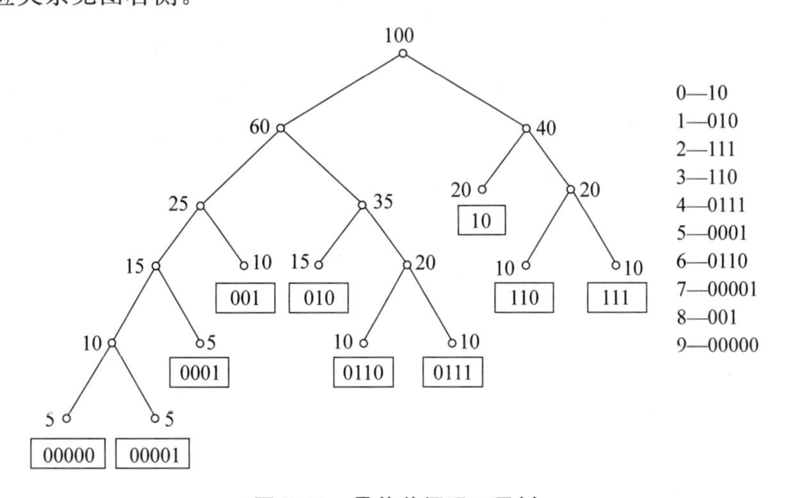

图 7.59 最佳前缀码二叉树

即最佳前缀码为{10,010,111,110,001,0111,0001,0110,00000,00001}。

(2) (2×20%+3×(10%+15%+10%+10%)+4×(5%+10%+10%)+5×(5%+5%))×10 000=32 500

即传输10 000个数字需32 500个二进制码。

(3) 因为用等长码传输10个数字码长为4,即用等长的码传输10 000个数字需40 000个二进制码,故用最佳前缀码传节省了7500个二进制码。

7.9 本章小结

本章讨论了离散数学中的一个重要的内容——图论。图论在计算机技术及其他很多方面均有很重要的应用。

在7.1节,首先从一个实际问题引入了图的概念,并把图这个直观的东西转换成便于数学研究的模型。用关系理论中的二元组概念定义了图。接着给出了图论相关的术语,并引入了图的一个重要概念——度,给出了图论中的第一个定理——握手定理。接着讨论了图的特性,包括子图、补图以及图的同构。

在7.2节,讨论了图中通路和回路的概念,根据这两个概念导出了连通图,并介绍了图的点割集和边割集,引出了有向图中多种连通分图的概念。

为了在计算机中更好地对图进行处理,7.3节介绍了利用矩阵来表示图的方法,这种矩阵表示法使得图能在计算机中得到很好的反映。

7.4节至7.6节分别介绍了几种特殊的图。7.4节介绍了欧拉图和哈密尔顿图。其中,欧拉图通过一个定理可以很方便地进行判断,而哈密尔顿图则尚无法给出判断的充要条件,而只能通过一个充分条件和一个必要条件来大致地了解哈密尔顿图的一些性质。7.5节讨论了平面图,通过平面图的定义给出了它的一个重要性质,即平面图满足的欧拉公式,并最终提出了判定平面图的充要条件,即库拉托夫斯基定理。在7.6节,介绍了对偶图这种特殊的图,并利用对偶图的性质分析了图论中最著名的一个实际问题,即地图的四色着色猜想,讨论了点着色和边着色的相关性质。

在7.7节和7.8节,讨论了树这种非常特殊又非常重要的图。7.7节讨论了无向树及相关术语,并利用最小生成树的理论解决了实际中诸如如何在多个城镇之间建设公路使其能相互到达并总造价为最低这类实际问题。7.8节讨论了有向树,利用最优树的理论和构建方法解决了实际中的前缀码问题。

习　题

一、选择题

1. 设 $D=\langle V,E\rangle$ 为有向图,则有________。

A. $E\subseteq V\times V$　　B. $E\not\subset V\times V$　　C. $V\times V\subset E$　　D. $V\times V=E$

2. 设 $G=\langle V,E\rangle$ 为无环的无向图，$|V|=6$，$|E|=16$，则 G 是________。

A. 完全图　　B. 零图　　C. 简单图　　D. 多重图

3. 含有 5 个顶点、3 条边的不同构的简单图有________个。

A. 2　　B. 3　　C. 4　　D. 5

4. 以下序列中________可构成无向图的顶点度数序列。

A. (1,1,2,2,3)　　B. (1,1,2,2,2)　　C. (0,1,3,3,4)　　D. (1,3,4,4,5)

5. 以下序列中________可构成无向简单图的顶点度数序列。

A. (1,1,2,2,3)　　B. (1,1,2,2,2)　　C. (0,1,3,3,3)　　D. (1,3,4,4,5)

6. 图 G 和 G' 的顶点和边分别存在一一对应关系是 G 和 G' 同构的________。

A. 充分条件　　B. 必要条件

C. 充要条件　　D. 既非充分也非必要条件

7. K_4 中含 3 条边的不同构生成子图有________个。

A. 1　　B. 3　　C. 4　　D. 2

8. 任何无向图中顶点间的连通关系是________。

A. 偏序关系　　B. 等价关系　　C. 相容关系　　D. 拟序关系

9. 设 $G=\langle V,E\rangle$，为有向图，$V=\{a,b,c,d,e,f\}$，$E=\{\langle a,b\rangle,\langle b,c\rangle,\langle a,d\rangle,\langle d,e\rangle,\langle f,e\rangle\}$ 是________。

A. 强连通图　　B. 单向连通图　　C. 弱连通图　　D. 不连通图

10. 设 $|V|>1$，$G=\langle V,E\rangle$ 是强连通图，当且仅当________。

A. G 中至少有一条通路

B. G 中有通过每个顶点至少一次的通路

C. G 中至少有一条回路

D. G 中有通过每个顶点至少一次的回路

11. 设 $V=\{a,b,c,d\}$，则与 V 构成强连通图的边集为________。

A. $E_1=\{\langle a,d\rangle,\langle b,a\rangle,\langle b,d\rangle,\langle c,b\rangle,\langle d,c\rangle\}$

B. $E_2=\{\langle a,d\rangle,\langle b,a\rangle,\langle b,c\rangle,\langle b,d\rangle,\langle d,c\rangle\}$

C. $E_3=\{\langle a,c\rangle,\langle b,a\rangle,\langle b,c\rangle,\langle d,a\rangle,\langle d,c\rangle\}$

D. $E_4=\{\langle a,d\rangle,\langle a,c\rangle,\langle a,d\rangle,\langle b,d\rangle,\langle c,d\rangle\}$

12. 无向图 G 中的边 e 是 G 的割边的充要条件为________。

A. e 是重边　　B. e 不是重边

C. e 不包含在 G 的任一简单回路中　　D. e 不包含在 G 的某一回路中

13. 在有 n 个顶点的连通图中，其边数________。

A. 最多有 $n-1$ 条　　B. 至少有 $n-1$ 条

C. 最多有 n 条　　D. 至少有 n 条

14. 欧拉回路是________。

A. 路径　　B. 简单回路

C. 既是基本回路也是简单回路　　D. 既非基本回路也非简单回路

15. 哈密尔顿回路是________。

A. 路径　　B. 简单回路

C. 既是基本回路也是简单回路　　D. 既非基本回路也非简单回路

16. 5阶无向完全图的边数为________。

A. 5　　B. 10　　C. 15　　D. 20

17. 下列三元组为图的顶点数、边数和面数，则其中________不能构成连通平面图。

A. (4,4,2)　　B. (4,5,3)　　C. (9,6,6)　　D. (7,8,3)

18. 已知有向图如图7.60所示，在其可达矩阵 $\boldsymbol{P}=(p_{ij})_{6\times6}$ 中，________$\neq 1$。

A. p_{15}　　B. p_{25}

C. p_{35}　　D. p_{45}

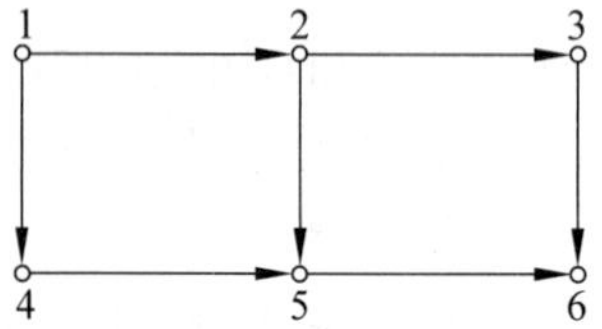

图7.60　第18题用图

19. 下列图中________不一定是树。

A. 无回路的连通图

B. 有 n 个顶点和 $n-1$ 条边的连通图

C. 每对顶点之间都有通路的图

D. 连通但删去任意一条边则不连通的图

20. 连通图 G 是一棵树当且仅当 G 中________。

A. 有些边不是割边　　B. 每条边都是割边

C. 无割边集　　D. 每条边都不是割边

21. 具有4个顶点的非同构的无向树的数目为________。

A. 2　　B. 3　　C. 4　　D. 5

22. 具有6个顶点的非同构的无向树的数目为________。

A. 5　　B. 6　　C. 7　　D. 8

23. 一棵树有2个2度顶点、1个3度顶点和3个4度顶点，则其1度顶点的个数为________。

A. 5　　B. 7　　C. 8　　D. 9

24. 下面给出的符号串集合中________是前缀码。

A. {1,01,001,000}　　B. {1,11,101,001,0011}

C. $\{b,c,aa,bc,aba\}$　　D. $\{b,c,a,aa,ac,abb\}$

25. 带权4,6,8,10,12的最优二叉树的权是________。

A. 100　　B. 225　　C. 400　　D. 90

二、填空题

1. 设 $G=(n,m)$ 是简单图，v 是 G 中度数为 k 的一个顶点，e 是 G 中任意一条边，则 $G-v$ 中有________个顶点，________条边。$G-e$ 中有________个顶点，________条边。

2. 设图 $G=\langle V,E\rangle$；$V=\{v_1,v_2,v_3,v_4\}$，若 G 的邻接矩阵为：

$$A=\begin{bmatrix}0 & 1 & 0 & 1\\1 & 0 & 1 & 1\\1 & 1 & 0 & 0\\1 & 0 & 0 & 0\end{bmatrix}$$

则 $\deg^{-}(v_1)=$________，$\deg^{+}(v_4)=$________，从 v_2 到 v_4 长度为 2 的通路有________条。

3. 若连通平面图 G 有 4 个顶点和 3 个面，则 G 有________条边。
4. 设图 $G=\langle V,E\rangle$ 和 $G'=\langle V',E'\rangle$，若________，则 G' 是 G 的真子图，若________，则 G' 是 G 的生成子图。

三、简答计算题

1. 设 $G=(V,E)$ 是一个无向图，

   $V=\{v_1,v_2,\cdots,v_8\}$

   $E=\{\langle v_1,v_2\rangle,\langle v_2,v_3\rangle,\langle v_3,v_1\rangle,\langle v_1,v_5\rangle,\langle v_5,v_4\rangle,\langle v_3,v_4\rangle,\langle v_7,v_8\rangle\}$

   (1) 画出 G 的图解。

   (2) 指出与 v_3 邻接的顶点以及与 v_3 关联的边。

   (3) 指出与 e_1 邻接的边以及与 e_1 关联的顶点。

   (4) 该图是否有孤立顶点和孤立边？

   (5) 求出各顶点的度数，并判断是不是完全图。

   (6) $G=\langle V,E\rangle$ 的 $|V|$ 和 $|E|$ 各是多少？

2. 设图 G 是具有 3 个顶点的无向完全图，试问

   (1) G 有多少个子图？

   (2) G 有多少个生成子图？

   (3) 如果没有任何两个子图是同构的，则 G 的子图个数是多少？将它们构造出来。

3. 给定下列 6 个图(如图 7.61 所示)。

   $G_1=\langle V_1,E_1\rangle$，其中 $V_1=\{a,b,c,d,e\}$，$E_1=\{(a,b),(b,c),(c,d),(a,e)\}$

   $G_2=\langle V_2,E_2\rangle$，其中 $V_2=V_1$，$E_2=\{(a,b),(b,e),(e,b),(a,e),(d,e)\}$

   $G_3=\langle V_3,E_3\rangle$，其中 $V_3=V_1$，$E_3=\{(a,b),(b,e),(e,d),(c,c)\}$

   $G_4=\langle V_4,E_4\rangle$，其中 $V_4=V_1$，$E_4=\{\langle a,b\rangle,\langle b,c\rangle,\langle c,a\rangle,\langle a,d\rangle,\langle d,a\rangle,\langle d,e\rangle\}$

   $G_5=\langle V_5,E_5\rangle$，其中 $V_5=V_1$，$E_5=\{\langle a,b\rangle,\langle b,a\rangle,\langle b,c\rangle,\langle c,d\rangle,\langle d,e\rangle,\langle e,a\rangle\}$

   $G_6=\langle V_6,E_6\rangle$，其中 $V_6=V_1$，$E_6=\{\langle a,a\rangle,\langle a,b\rangle,\langle b,c\rangle,\langle e,c\rangle,\langle e,d\rangle\}$

   试问：

   (1) 哪些是有向图？哪些是无向图？

   (2) 哪些是简单图？

   (3) 哪些是强连通图？哪些是单侧连通图？哪些是弱连通图？

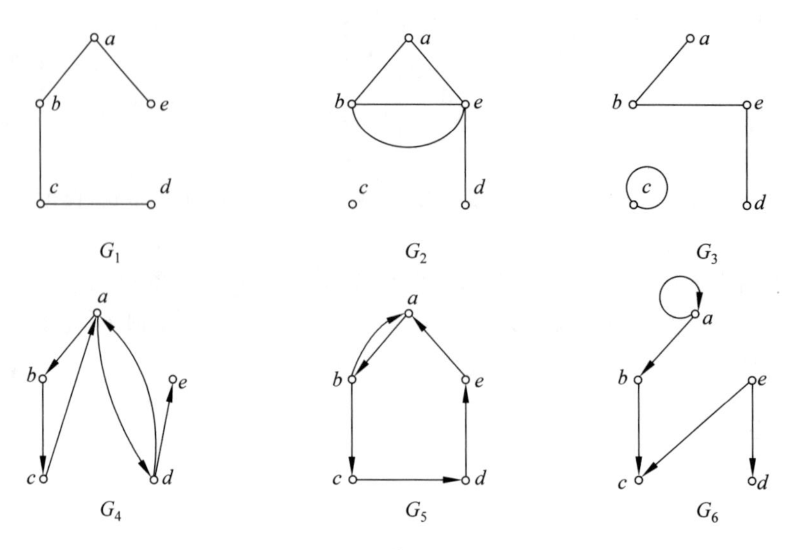

图 7.61　第 3 题用图

4. 给定图 $G=\langle V,E\rangle$，如图 7.62 所示。

(1) 在 G 中找出一条长度为 7 的通路。

(2) 在 G 中找出一条长度为 4 的简单通路。

(3) 在 G 中找出一条长度为 5 的基本通路。

(4) 在 G 中找出一条长度为 8 的复杂通路。

(5) 在 G 中找出一条长度为 7 的回路。

(6) 在 G 中找出一条长度为 4 的简单回路。

(7) 在 G 中找出一条长度为 5 的基本回路。

(8) 在 G 中找出一条长度为 7 的复杂回路。

5. 一个图如果同构于它的补图，则该图称为自补图。

(1) 试给出一个有 5 个顶点的自补图。

(2) 是否有 3 个顶点或 6 个顶点的自补图？说明理由。

(3) 证明：一个图是自补图，其对应的完全图的边数必为偶数。

6. 求第 3 题中 G_2 和 G_3 的关联矩阵和邻接矩阵，G_4、G_5 和 G_6 的邻接矩阵、关联矩阵和可达矩阵。

7. 判别图 7.63 的两幅图是否可以一笔画出。

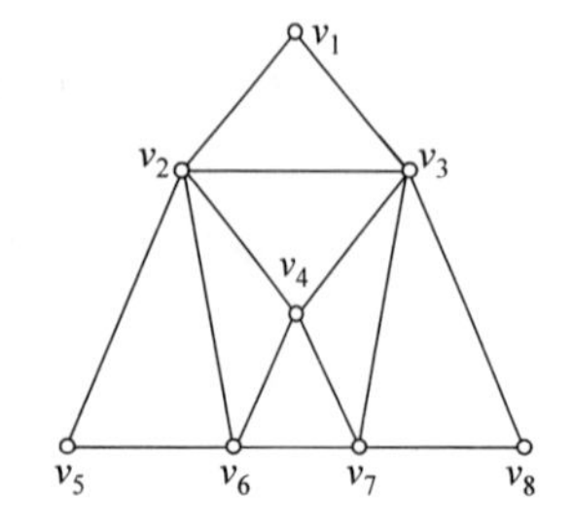

图 7.62　第 4 题用图

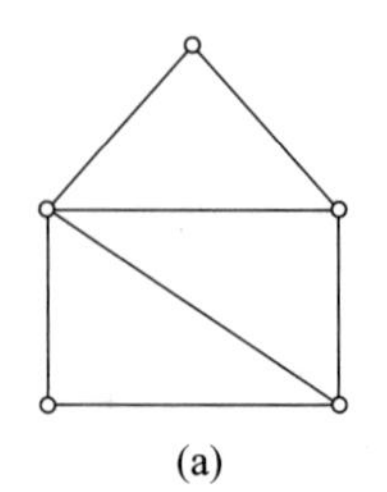

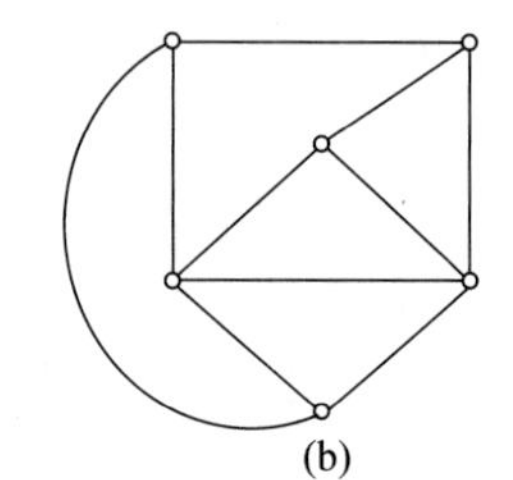

图 7.63　第 7 题用图

8. 判定图 7.64 中的 3 个图是否有欧拉回路？是否为欧拉图？说明理由。

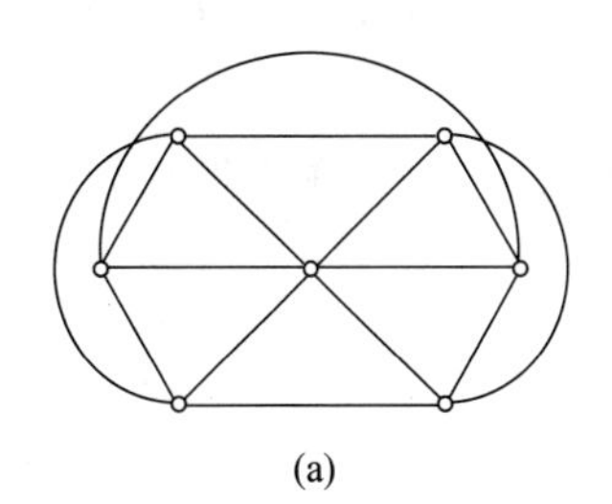

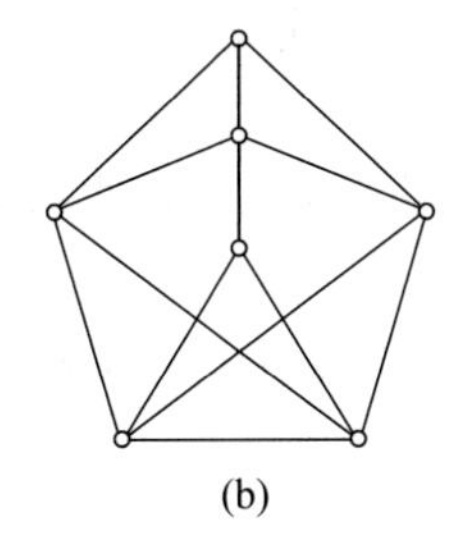

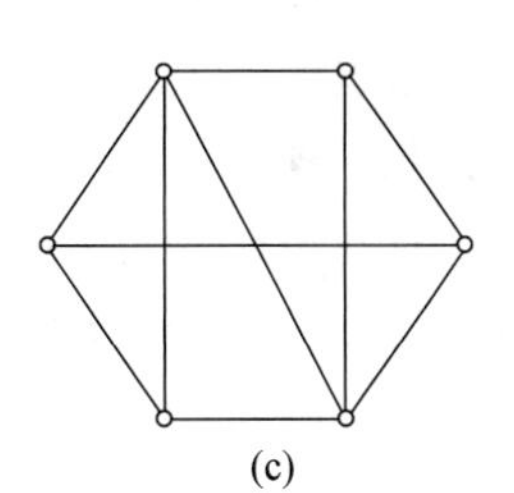

图 7.64　第 8 题用图

9. 确定 n 取怎样的值，则完全图 K_n 是欧拉图。

10. 判别图 7.65 中各图是否是哈密顿图或半哈密顿图，并说明理由。

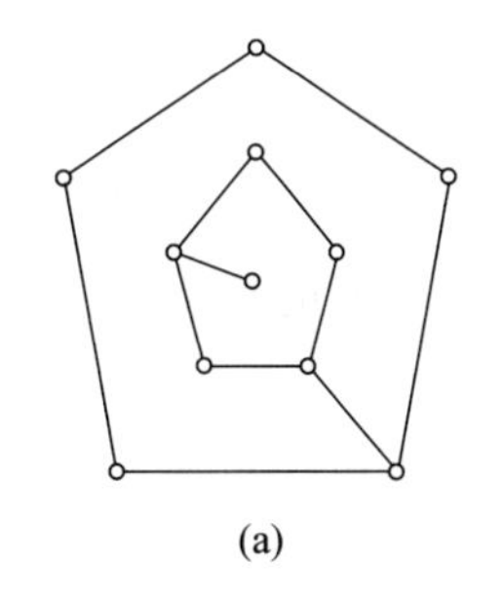

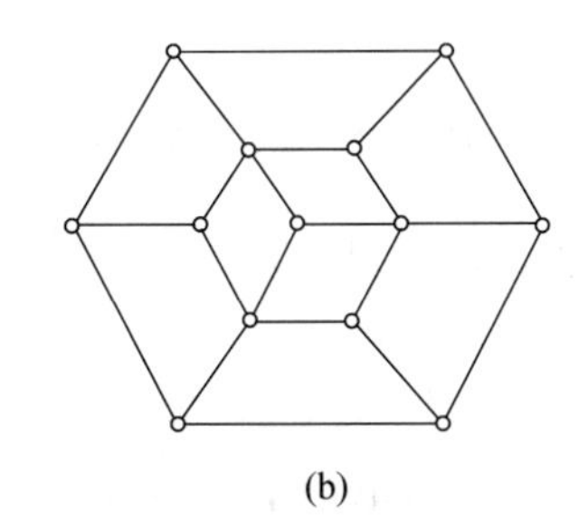

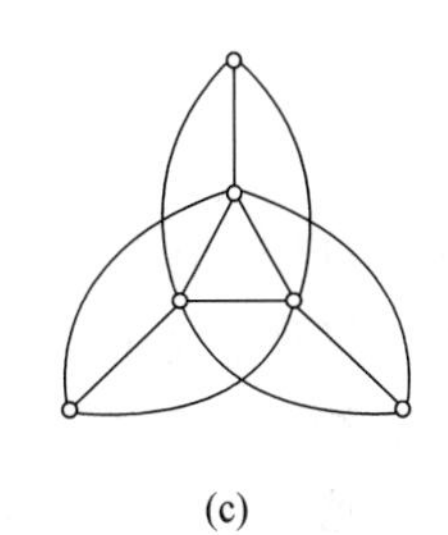

图 7.65　第 10 题用图

11. 证明图 7.65(c)不是平面图。

12. 证明：

(1) 对于 K_5 的任意边 e，K_5-e 是平面图。

(2) 对于 $K_{3,3}$ 的任意边 e，$K_{3,3}-e$ 是平面图。

13. 画出图 7.66 中各图的对偶图。

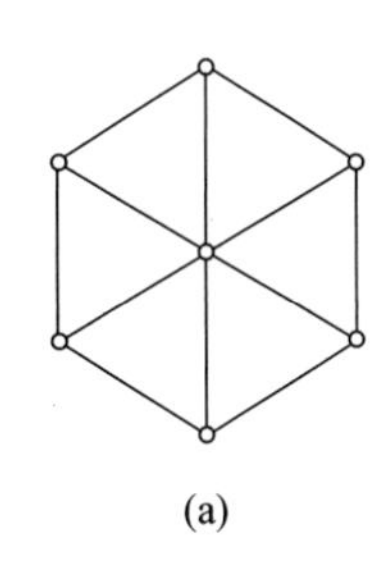

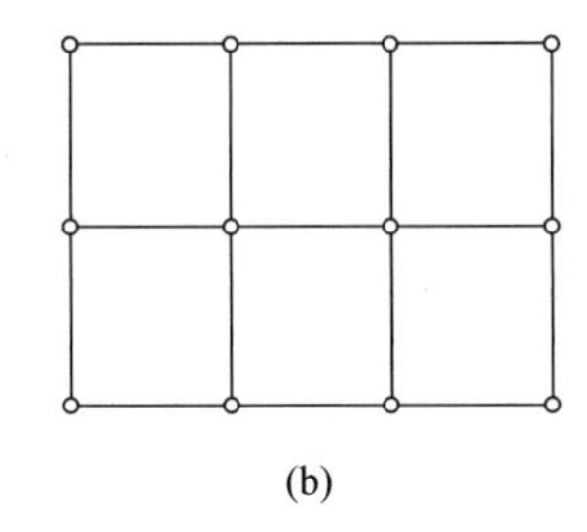

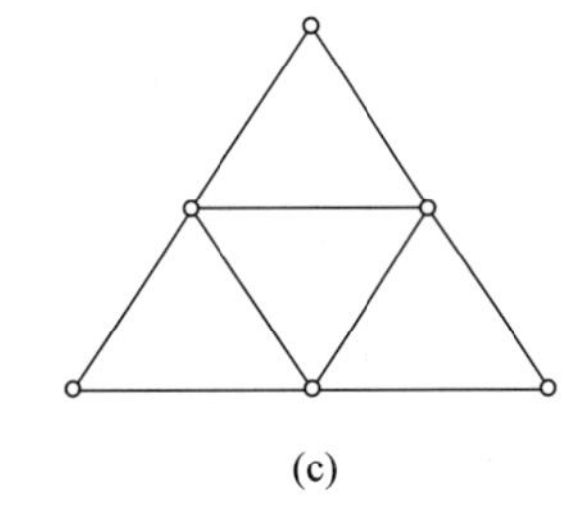

图 7.66　第 13 题用图

14. 求出第 13 题中对各图的面着色的最少色数。

15. 在具有 n 个顶点的完全图 K_n 中，需要删去多少条边才能得到树？

16. 设 G 是图，无回路，但若外加任意一条边于 G 后，就形成一条回路。试证明 G 必为树。

17. 证明：当且仅当连通图的每条边均为割边时，该连通图才是一棵树。
18. 无向树 T 中有 7 片树叶和 3 个 3 度顶点，其余都是 4 度顶点，T 中有多少个 4 度顶点？
19. 若一棵树有 n_2 个顶点度数是 2，n_3 个顶点度数是 3，…，n_k 个顶点度数为 k，问它有几个度数为 1 的顶点？
20. 求图 7.67 所示的两个带权图的最小生成树，计算它们的权。

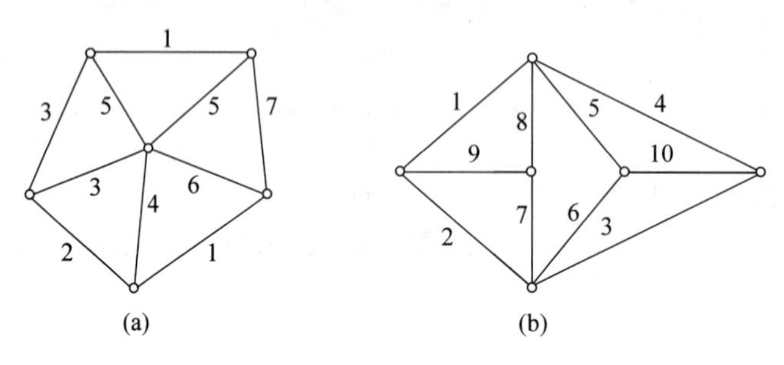

图 7.67　第 20 题用图

21. 证明：在完全二叉树中，边的总数等于 $2(t-1)$，其中 t 是树叶的数目。
22. 证明：完全二叉树有奇数个顶点。
23. 给定权 1,4,9,16,25,36,49,64,81,100，构造一棵最优二叉树。
24. 通信中 a、b、c、d、e、f、g、h 出现的频率分别为

a：25%	b：20%	c：15%	d：15%
e：10%	f：5%	g：5%	h：5%

通过画出相应的最优二叉树，求传输它们的最佳前缀码，并计算传输 10 000 个按上述频率出现的字母需要多少个二进制数码。

第 8 章 chapter 8

离散数学在计算机科学中的应用

本章要点

- 谓词逻辑在计算机科学中的应用
- 集合论在计算机科学中的应用
- 代数系统在计算机科学中的应用
- 图论在计算机科学中的应用

本章学习目标

- 数据子语言和逻辑程序设计语言
- 关系在数据库理论中的应用
- 布尔代数与逻辑电路
- 形式语言与有限状态自动机

随着电子计算机的发明和广泛应用,人类社会进入了信息时代。传统工业革命时代以微积分为代表的连续数学的统治地位已经发生了变化。冯·诺依曼计算机体系结构本身是一个离散结构,它只能处理离散的数据;连续型的数据只有离散化之后才能被计算机接受和处理。

离散数学是研究离散量的结构及其相互关系的学科,其思想和方法在计算机科学中有着广泛的应用。从计算机硬件到计算机软件,从理论计算机科学到计算机应用技术,从简单符号处理到高级人工智能,无不与离散数学密切相关。本章简述离散数学在计算机科学中的一些典型应用。

8.1 谓词逻辑在计算机科学中的应用

谓词逻辑不仅是程序设计理论和程序逻辑研究的重要基础,而且还是程序正确性证明、定理机器证明和知识表示的核心技术。

8.1.1 谓词逻辑在程序设计中的应用

在计算机程序设计中,每个算法都有其输入和输出,输入和输出必须满足的条件可以用谓词逻辑来表示。

例 8.1 假设计算机上没有提供直接进行整数除法的操作。现要计算两个正整数 x 和 y 相除的结果，那么该程序的输入条件可用谓词逻辑表示为

$$Q:(x\in \mathbf{I}_+)\wedge(y\in \mathbf{I}_+)\wedge(x\geqslant 0)\wedge(y>0)$$

记相除得到的商为 q，余数为 r，则程序的输出条件也可用谓词逻辑表示为

$$R:(q\in \mathbf{I}_+)\wedge(r\in \mathbf{I}_+)\wedge(x=y*q+r)\wedge(r<y)$$

一般情况下，如果程序设计语言提供了明确的类型，那么谓词中的类型约束可以省略，这样输入和输出条件可以简写为

$$Q:(x\geqslant 0)\wedge(y>0)$$

$$R:(x=y*q+r)\wedge(r<y)$$

例 8.2 给定一个长度为 n 的数组 $A[1:n]$，数组的第 i 个元素记为 $A[i]$。那么对数组 A 进行排序的程序输入输出条件可分别表示为

$$Q:n\geqslant 0$$

$$R:(\forall 0<i<n:A[i]\leqslant A[i+1])$$

例 8.3 给定一个加权图 G，现要求图中两个指定顶点 s 和 t 之间的最短路径 L。记图中的顶点集合为 $V(G)$，从 s 到 t 的所有路径集合为 $P_G(s,t)$，路径 L 的长度为 $d(L)$，则计算最短路径的程序输入输出条件可分别表示为

$$Q:(G\neq\varnothing)\wedge(s\in V(G))\wedge(t\in V(G))$$

$$R:(L\in P_G(s,t))\wedge(\forall L'\in P_G(s,t):d(L)\leqslant d(L'))$$

著名的计算机科学家和教育家 David Gries 提出了一种三段式的程序表示法：

$$\{Q\}\ S\ \{R\}$$

其中 S 表示程序，通过代码或伪代码描述；Q 和 R 分别表示程序的输入和输出条件，分别称为前置断言和后置断言，通过谓词逻辑描述。这种表示形式对程序所要求解的问题进行了严格的定义，有助于开发人员的精确理解，以避免传统编程时由于模糊性和二义性带来的错误。

通过对前置断言和后置断言的逻辑推理，还能够为程序设计提供有效的指导。考虑例 8.1 中的除法问题，从后置断言中可以发现，当 $x<y$ 时，

$$(x=y*q+r)\Leftrightarrow(q=0)\wedge(r=x)$$

而当 $x\geqslant y$ 时，

$$(x=y*q+r)\Leftrightarrow((x-y)=y*(q-1)+r)$$

上面蕴含式的右端实际上相当于计算$(x-y)$除以 y 的结果，采用这种方式对要求解的问题不断进行简化，直至 $x<y$ 时就可以直接得到问题的解。

```
{Q: (x≥0) ∧ (y>0)}
{S} begin
    q:=0, r:=x
    while (r≥y)do
      {I: (x=y*q+r) ∧ (0<y≤r)}
      r:=r−y
      q:=q+1
```

```
    endwhile
  end
{R：(x=y*q+r)∧(r<y)}
```

其中谓词$\{I：(x=y*q+r)\wedge(0<y\leqslant r)\}$表示在程序每一次循环时都必须要满足的条件，称为循环不变式，它也是验证程序正确性的重要基础。

采用严格的数学语言刻画、推导和验证计算机程序的方法称为形式化方法。著名的软件形式化方法有 Z 方法、VDM 方法、B 方法、XYZ 方法和 PAR 方法等，它们都是以谓词逻辑作为描述软件规约的基础。

8.1.2 谓词逻辑与数据子语言

在数据库理论中，数据子语言是以二维表为操作对象的。

一张二维表可表示为一个 n 元有序组的集合。一个集合可用一个特性谓词刻画，故一个 n 元有序组的集合可用一个 n 元特性谓词刻画，由此，一个二维表亦可用谓词刻画。某元组属于二维表之充分必要条件是使其对应的谓词为真。

例 8.4 表 8.1 所列之二维表可用谓词 $F(x,y)\equiv(x=y)\wedge(x\in\mathbf{N}_+)$表示，其中 $\mathbf{N}_+$ 表示正自然数的集合。

表 8.2 所列之二维表则可用谓词 $F(x,y)\equiv(x=y+1)\wedge(y/2=[y/2])\wedge(x\in\mathbf{N}_+)$ 表示。

表 8.1 二维表示例一

x	y
1	1
2	2
3	3
4	4
5	5
⋮	⋮

表 8.2 二维表示例二

x	y
3	2
5	4
7	6
9	8
11	10
⋮	⋮

这样二维表可用特性谓词表示的集合来表示，如例 8.4 中的两个二维表分别可用下面两个以特性谓词表示的集合来表示：

$$\{(x,y)\mid(x=y)\wedge(x\in\mathbf{N}_+)\}$$

$$\{(x,y)\mid (x=y+1)\wedge(y/2=[y/2])\wedge(x\in\mathbf{N}_+)\}$$

现在既然数据子语言的操作对象可用谓词逻辑中的谓词表示，故对其对象所进行的操作可用谓词公式表示，即由一些谓词通过命题联结词及量词来表示。为了说明这一点，首先要对关系式数据库中的谓词公式作明确的定义。在关系式数据库中，其谓词公式的原子公式与一般谓词公式的原子公式不同。

定义 8.1 在关系式数据库中，一个**谓词公式**可定义如下：

(1) 原子公式

① 刻画二维表的谓词 $R(s_1,s_2,\cdots,s_n)$是原子公式(其中个体变量 s_i 为二维表的第 i

个属性)；

② $s_i \theta u_j$ 是原子公式，其中 s_i 和 u_j 均为个体变量，θ 为比较符，它可以是<、>、=、≤和≥。

③ $s_i \theta a$ 是原子公式，其中 a 为常量。

(2) 公式

① 原子公式是公式。

② R、S 是公式，则 $\neg R$、$(R \wedge S)$ 和 $(R \vee S)$ 是公式。

③ $R(x)$ 是公式，则 $\exists x R(x)$ 和 $\forall x R(x)$ 是公式。

④ 公式是有限次使用①、②、③构成的。

下面用谓词公式来刻画数据子语言的基本操作。在关系代数中，可以用并运算和差运算分别表示插入和删除，而在谓词逻辑中，并运算相当于联结词"或者"，而差运算相当于联结词"并且"，再在第二项中加以否定。设：

$$R=\{(x_1,x_2,\cdots,x_n)\mid P(x_1,x_2,\cdots,x_n)\}$$

$$S=\{(x_1,x_2,\cdots,x_n)\mid Q(x_1,x_2,\cdots,x_n)\}$$

则操作的谓词公式表示方式如表 8.3 所示。

表 8.3 操作的谓词公式表示方式

基本操作	关系代数	逻辑公式
插入	$R \cup S$	$\{(x_1,x_2,\cdots,x_n)\mid P(x_1,x_2,\cdots,x_n) \vee Q(x_1,x_2,\cdots,x_n)\}$
删除	$R-S$	$\{(x_1,x_2,\cdots,x_n)\mid P(x_1,x_2,\cdots,x_n) \wedge \neg Q(x_1,x_2,\cdots,x_n)\}$

而修改操作是由删除和插入两个操作组合而成的，因此，既然删除、插入可由谓词刻画，修改也可由谓词刻画。用上面类似的方法，投影、选择和笛卡儿乘积也可用谓词公式来表示。

这样，把关系数据库中的数据子语言变成逻辑中的谓词公式，因而可以用谓词公式来研究数据子语言，也可以用谓词公式对数据子语言进行优化。由于关系代数、谓词逻辑以及数据库之间建立了联系，因而使关系数据库获得了巨大的生命力，利用这些数学工具，使关系数据库研究突飞猛进，近年来在上述研究基础上建立了一整套的关系数据库设计理论，使整个关系数据库建立在牢固的数学基础上，而且利用谓词逻辑建立起具有智能功能的数据库。由于和数学紧密结合，关系数据库近年来得到很大发展。

8.1.3 谓词逻辑与逻辑程序设计语言

由于引入了假设推理，使得由公理系统中的公理和推理规则出发而求得定理的过程变得十分简单。于是人们就进一步猜想，是否有一种固定的算法，按照这种算法，可以证明谓词逻辑中的任何公理系统的任何定理的正确性；若真存在这种算法的话，将这种算法用计算机实现后，则谓词演算中的定理就可以用计算机证明，从而实现了定理的自动证明。这种想法在 1965 年由美国数理逻辑学家 Robinson(鲁滨逊)完成了证明，得到了一个"半可判定"的算法，即在谓词演算中存在一种算法，只要公式是恒真的，就能用这种算法推出。他所使用的算法叫归结原理(Resolution Principle)。1972 年法国马赛大学的 Colmerauer 在上述研究成果的基础上设计了一种逻辑程序设计语言，称为 PROLOG (PROgramming in LOGic)语言，不久便在计算机上实现。

这样，现实世界中的问题只要能用谓词逻辑公理系统方式表示出来，就可以将它写成 PROLOG 程序，然后用计算机实现。其过程如下：

现实世界→谓词逻辑表示→PROLOG 程序→计算机实现

因此，通过此种方式可以用计算机求解现实世界中的很多逻辑问题。

8.1.4 谓词逻辑在人工智能中的应用

要使计算机具备智能推理能力，一阶谓词逻辑是基本的手段和工具。比如在智能机器人研究中，机器人需要推理如何完成指定的任务，具体方法是先为机器人设定在什么条件下应执行什么操作的操作规则，以及执行某一操作后对现场环境产生何种影响的环境变换规则，这些规则都存放在机器人的电脑存储器中。向机器人下达某项任务时，同时应当指定一组环境条件。机器人根据任务、环境条件和存储的规则自动进行逻辑推理，得到完成任务所应执行的动作序列，或是得出任务无法完成的结论。

下面看一个简单的例子。

例 8.5 机器人推箱子。

定义谓词：

$A(x,y)$ 箱子 x 在房间 y 里。

$B(y)$ 机器人在房间 y 中。

$D(y_1,y_2)$ 房间 y_1 和 y_2 有门相通。

$P(x,y_1,y_2)$ 机器人把箱子 x 从房间 y_1 推到 y_2 里。

$M(y_1,y_2)$ 机器人从房间 y_1 走进房间 y_2。

操作规则：

W_1. $\forall x \forall_{y_1} \forall y_2 (A(x,y_1) \land B(y_1) \land D(y_1,y_2) \to (P(x,y_1, y_2) \to A(x,y_2)))$

W_2. $\forall y_3 \forall y_4 B(y_3) \land D(y_3,y_4) \to (M(y_3,y_4) \to B(y_4))$

环境变换规则：

V_1. $\{A(x,y_1),B(y_1)\}P(x,y_1,y_2)\{A(x,y_2),B(y_2)\}$

V_2. $\{B(y_3)\}M(y_3,y_4)\{B(y_4)\}$

环境指定(其中个体常量 b_i 指箱子，r_i 指房间，$i=1,2$)：

S_1. $A(b_1,r_1)$

S_2. $A(b_2,r_2)$

S_3. $B(r_2)$

S_4. $D(r_1,r_2)$

S_5. $D(r_2,r_1)$

任务描述：

$|-\exists y(A(b_1,y) \land A(b_2,y))$，即要求机器人将两个房间的箱子集中到一个房间里。

机器人电脑的消解推理及完成任务动作序列的生成：

如果任务可获得完成，那么否定任务描述谓词公式，并入指定环境和已存规则而形成的(归谬论证)前提集合，存在一个否证，而且在否证中提取动作谓词以生成先后有序的动作序列。

否定任务描述公式得

$$\text{P.}\quad \forall y(\neg A(b_1,y)\vee\neg A(b_2,y))$$

将非司寇伦范式的谓词公式司寇伦范式(合取型)化并仍以原代号标记之：

W_1. $\neg A(x,y_1)\vee\neg B(y_1)\vee\neg D(y_1,y_2)\vee\neg P(x,y_1,y_2)\vee A(x,y_2)$

W_2. $\neg B(y_3)\vee\neg D(y_3,y_4)\vee\neg M(y_3,y_4)\vee B(y_4)$

P. $\neg A(b_1,y)\vee\neg A(b_2,y)$

机器人的消解推理及动作序列的生成过程：

(1) 就 P 中文字 $\neg A(b_2,y)$ 与 S_2 消解得

$$A(b_1,r_2)$$

此说明机器人当前所在房间 r_2 中有一只箱子。以下机器人要以 r_2 为记忆条件，根据规则识别其他房间中是否有箱子，并生成进入它们和移动这些箱子到 r_2 的动作序列。

(2) 就 P 中文字 $\neg A(b_1,y)$ 在合一代换 $\{b_1/x,r_2/y_2\}$ 下与 W_1 消解得

$$\neg A(b_1,y_1)\vee\neg B(y_1)\vee\neg D(y_1,r_2)\vee\neg P(b_1,y_1,r_2)$$

接着与 S_1 消解得(合一代换为 $\{r_1/y_1\}$)

$$\neg B(r_1)\vee\neg D(r_1,r_2)\vee\neg P(b_1,r_1,r_2)$$

式中命题 $\neg P(b_1,r_1,r_2)$ 指出，房间 r_1 中的箱子 b_1 有待机器人将它移到房间 r_2 去。这是一个为完成任务必做的动作，机器人电脑将其否定式存入预设的先进后出的堆栈中。

(3) 除去动作谓词 $\neg P(b_1,r_1,r_2)$，以 $\neg B(r_1)\vee\neg D(r_1,r_2)$ 与 S_4 消解得

$$\neg B(r_1)$$

再与 W_2 消解得(合一代换为 $\{r_1/y_4\}$)

$$\neg B(y_3)\vee\neg D(y_3,r_1)\vee\neg M(y_3,r_1)$$

(4) 以(3)中结果与 S_3 消解得(合一代换为 $\{r_2/y_3\}$)

$$\neg D(r_2,r_1)\vee\neg M(r_2,r_1)$$

命题 $\neg M(r_2,r_1)$ 指出机器人待做的动作，机器人电脑将之否定式记入堆栈。

(5) 以(4)中除去动作谓词后的 $\neg D(r_2,r_1)$ 与 S_5 消解得

$$M(r_2,r_1)$$

至此，机器人结束了完成任务的消解推理。对堆栈中的命题以后进先执行的顺序，机器人首先从房间 r_2 走进房间 r_1，然后将箱子 b_1 从房间 r_1 推入房间 r_2。

8.2 集合论在计算机科学中的应用

8.2.1 关系在关系数据库中的应用

数据库是计算机管理数据的一种机构，它一般由两部分组成：一部分是供存入数据

用的大量存储空间，可以是磁盘、磁带和光盘等外存空间；另一部分是管理数据库中数据的一组程序，这组程序称为数据库管理系统(DBMS)。由于数据库操作的重要性，目前已经开发了数据库表示的各种方法，下面讨论其中的一种基于关系概念的方法，叫做关系数据模型。

一般来说，数据库由记录组成，这些记录是由字段构成的 n 元组，这些字段是 n 元组的数据项。例如，学生记录的数据库可以由包含学生的姓名、学号、专业和平均成绩的字段构成。关系数据模型把一个记录的数据库表示成一个 n 元关系。

在关系数据库中数据按二维表的形式存放，这种二维表就称为关系，数据库中的实体与联系均按这种二维表的形式存放。二维表的形式如表 8.4 所示，它包括行和列。一张二维表可有 m 行 n 列，二维表的每一行叫元组，它代表一个完整的数据，一个元组有 n 个分量，因此这个元组又叫 n 元元组；二维表的每一列表示数据的分量。这种二维表叫 n 元关系。

表 8.4　二维表的形式

名称	号码	类型	…	价格	数量

例 8.6　设有实体 T 表示教师概貌，它有 4 个属性：编号、姓名、年龄和所属系名，分别用 T#、TN、TA 及 TD 表示，这个实体存放 6 个教师的概貌，它们可用表 8.5 所示的关系(即二维表)表示。

表 8.5　*T* 的关系

T#	TN	TA	TD
0001	AB	25	CS
0002	AC	31	MA
0003	AD	42	MA
0004	AE	55	CS
0005	AF	40	CS
0006	AG	30	CS

又设有实体课程的概况 C，它有 3 个属性：课程号、课程名和任课教师编号，分别用 C#、CN 和 T# 表示，这个实体存放 6 门课的概况，它们可用表 8.6 所示的关系表示。

表 8.6　*C* 的关系

C#	CN	T#	C#	CN	T#
01	OS	0002	04	ML	0005
02	PL	0005	05	MC	0006
03	DB	0006	06	DS	0004

实体与实体间的联系也可用关系表示，如课程的任课教师情况可用课程编号(C#)与教师姓名(TN)构成一个新关系 *TC*，这个关系可用表 8.7 所示的二维表表示。

表 8.7 *TC* 的关系

C#	TN	C#	TN
01	AC	04	AF
02	AF	05	AG
03	AG	06	AE

从上面可以看出，数据实体与联系均可用二维表表示，在数据库中，用这种二维表构造数据的模型就称为关系式数据库。

用户使用关系式数据库就是对一些二维表进行检索、插入、修改和删除等操作，关系式数据库中的数据库管理系统必须向用户提供使用数据库的语言，一般称为数据子语言，语言目前是以关系代数或谓词逻辑作为它的数学基础，说得确切一些就是这种语言以关系代数或谓词逻辑作为它的数学基础，由于用这种数学的方法去表示，使得对这些语言的研究成为对数与谓词逻辑的化简问题。由于引入了数学表示方法，使得关系式数据库具有比其他几种数据库更为优越的条件。正因为如此，关系数据库近年来得到了迅速发展，成为目前应用最为广泛的一种数据库，已基本上代替了其他类型的数据库。当今流行的各种大型网络数据库，如 Sybase、Oracle、Informix 和 FoxPro 等都属于关系式数据库。关系式数据库已成为数据库中最有实用价值和理论价值的数据库。

8.2.2 关系代数与数据子语言

由前面知道，关系式数据库的数据子语言的基本操作对象是二维表，它的基本操作是插入、检索、添加与删除。

一张二维表可看成若干元组的集合，而 n 元元组可视为一个 n 元有序组，因此一张二维表可看成 n 元有序组的集合，故可以说，数据子语言的操作对象是 n 元有序组的集合。所以对其对象的基本操作可以看作对集合的运算。下面是对 n 元有序组的集合的 5 种基本操作，其中 2 个是一元运算，3 个是二元运算。

- 投影运算：R[A]
- 限定运算：R[P]
- 笛卡儿积：R×S
- 并运算：R∪S
- 差运算：R−S

其中投影运算是从二维表中选择一些指定的列而组成的新表。而限定运算则是从二维表中选出那些满足性质的元组而组成的新表。这些运算都是封闭的，因此它们构成了一个代数，称为关系代数。

而数据子语言的基本操作则可以通过这 5 种运算来完成。比如检索操作实际上就是选择表中满足某种条件的一些行和一些列，并组成一个新表。所以检索操作可以通过投影运算(选择列)和限定运算(选择行)来实现。再如插入操作就是利用笛卡儿积的运算来完成,添加则可以用并运算来完成,删除操作可以利用差运算来完成等。

从上面的分析可以看到,数据库的子语言可以通过对关系的一系列运算来建立数学模型。

在关系式数据库中,用户用数据子语言使用数据库,相同的要求有时可以有多种不同的写法,而不同的写法在计算机内执行时会有完全不同的效率。比如,在计算机内执行一个笛卡儿积是很耗时间的,这个时间正比于两个关系的元组数,并且同关系的元素也有关系,因此一般希望对执行笛卡儿积的两个关系,尽量让其先做投影运算与限定运算,这样可使其执行速度大为提高。另外,为了优化子语言,使它具有最高效率,也可以用关系代数等价公式的转换来实现。

8.2.3 等价关系在计算机中的应用

前面研究了集合和元素,现在来研究结构的一些基本形式,它们是用集合的元素间的关系表示的。关系这一概念对计算机科学的理论和应用都是非常重要的。复合的数据结构,如阵列、表列、树等,用来表示数据的集合,这些数据都是由元素间的关系来联系的。关系是数学模型的一部分,它常常在数据结构内隐含地体现出来,数值应用、信息检索和网络问题等就是关系的应用领域,这些领域中关系作为描述问题的一部分而解决问题,因而关系的运算和处理是重要的。关系在包括程序结构和算法分析在内的计算机理论方面也有重要的作用。

例 8.7 在信息检索系统中,根据一个主码,可以把全体文献划分成两块,如主码是"知识工程",则文献将根据它来分类。假定可以用 10 个主码,指定一个主码,则可确定文献集合中 10 个划分中的一个;然后再进行检索,则能在文献集合 20 个划分中确定一个。若允许使用一个连接词 AND,则可得到一个积划分 $\pi_1 \otimes \pi_2$,其中 π_1 和 π_2 是分别由二主码确定的划分。$\pi_1 \otimes \pi_2$ 中的一块对应于一个文献子集合。若使用一个连接词 OR,则不会得到一个和划分 $\pi_1 + \pi_2$ 中的一块,而只是划分的积中一些块的并集。

8.2.4 序关系在项目管理中的应用

假设一个项目由 20 个任务组成,某些任务只能在其他任务结束之后完成,怎么能找到关于这些任务的顺序?对这个问题可利用拓扑排序来解决。为了构造该问题的求解模型,首先建立任务集合上的部分序集,使得 $a \leqslant b$(即 a、b 满足序关系$\leqslant$),当且仅当 a 和 b 是任务且直到 a 结束后 b 才能开始。为了安排好这个项目,需要得出与这个部分序集相容的所有 20 个任务的顺序。

例 8.8 一个计算机公司开发的项目需要完成 7 个任务,其中的某些任务只能在其他任务结束后才能开始。考虑如下建立任务上的部分序,如果任务 Y 在任务 X 结束之后才能开始,则任务 $X \leqslant$ 任务 Y。这 7 个任务关于该部分序的哈斯图见图 8.1。

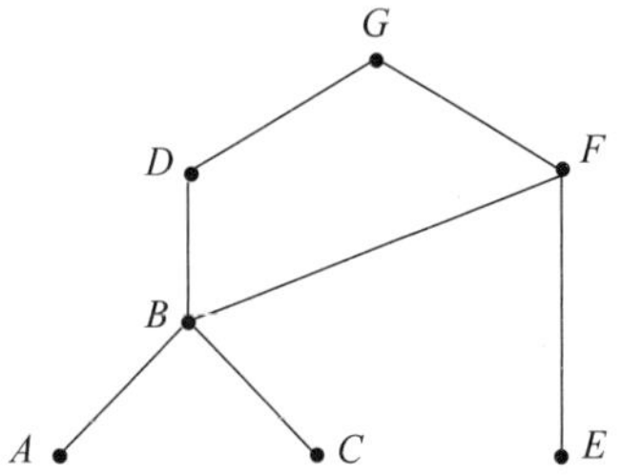

图 8.1 关于 7 个任务的哈斯图

可以通过执行一个拓扑排序得到 7 个任务的排序。

其中一种排序的结果为 $A \leqslant C \leqslant B \leqslant E \leqslant F \leqslant D \leqslant G$。这个全序使得可以按照它执行这些任务以完成这个项目。

本节从几个方面介绍了集合论的相关知识在计算机科学与技术中的应用，但这种应用绝非仅限于此，比如，计算机程序以及程序中使用到的函数都是 4.1 节内容的具体应用。这些就需要靠读者在学习和工作中不断总结和体会。

8.3 代数系统在计算机科学中的应用

代数、分析和几何是现代数学的三大支柱。其中代数系统是专门研究离散系统的数学，是对符号的操作。代数系统的基本特征是“以符号代替数”乃至“以符号代替事物”，即对现实世界中不同的具体系统进行抽象，用符号来表示系统中的属性和行为，找出它们共有的性质，建立抽象的代数系统。在抽象代数系统中成立的结论，均可适用于这一类具体系统中的任何一个。

大部分实际问题的研究都要建立数学模型，而建模过程中往往不可避免地要用到代数结构，在计算机科学研究中更是如此。例如，群论和格论是计算机形式语义和自动机系统的理论基础；有限域理论是计算机通信编码的重要工具；格和布尔代数是计算机硬件和通信系统设计的基础。另外，代数结构和代数算法也在计算机数据结构和算法研究中占据主导地位。本节选取两个这方面的典型应用进行介绍。

8.3.1 布尔代数与逻辑电路设计

布尔代数是数字逻辑电路模型的基础，这种逻辑电路的输入和输出均为集合{0,1}中的元素。逻辑电路的基本元件叫做门，每种类型的门实现一种布尔运算；对这些门应用 6.3 节中介绍的布尔代数的规则来进行复合，就可以设计出用于执行各种不同任务的复杂电路。设计电路的 3 种基本元件分别是：

(1) 反相器。它以布尔值作为输入，并生成此布尔值的补作为输出。用来表示反相器的符号如图 8.2(a)所示，进入元件的输入画在左边，离开元件的输出画在右边。

(2) 或门。它输入两个或两个以上的布尔值，并输出这些值的布尔和。用来表示或门的符号如图 8.2(b)所示。

(3) 与门。它输入两个或两个以上的布尔值，并输出这些值的布尔积。用来表示或门的符号如图 8.2(c)所示。

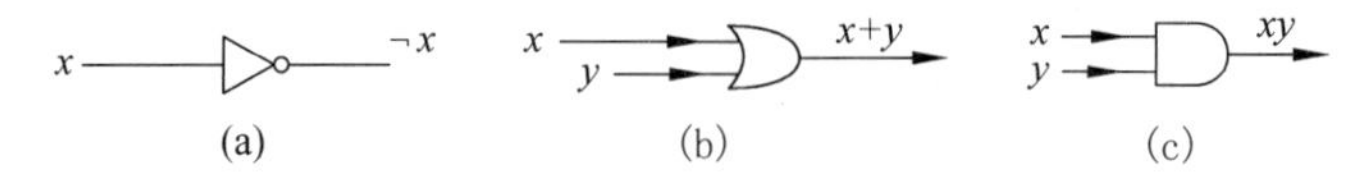

图 8.2 基本类型的门

使用反相器、或门和与门的组合可以构造组合电路，此时不同的门可能有公共的输入，而一个门的输出可能被作为另一个门的输入。存在公共输入时，既可以对每个门分别画出其输入，也可以从一个输入导出多个分支。例如，图 8.3 中分别采用不同的方式

绘制了输入为 x 和 y、输出为 $xy+\neg xy$ 的电路。

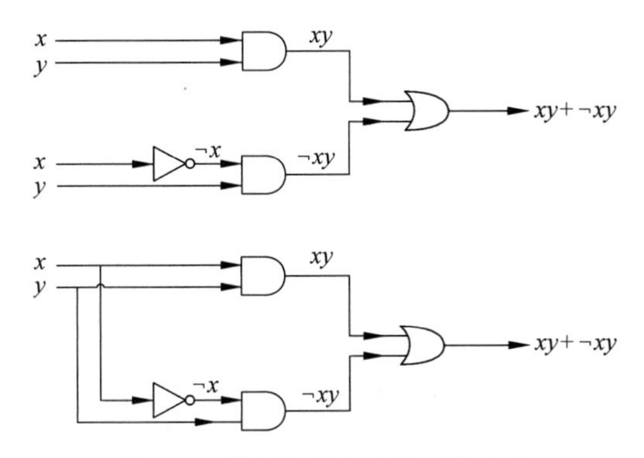

图 8.3 绘制相同电路的两种方法

例 8.9 构造产生下列输出的电路：

(1) $(x+y)(\neg x)$

(2) $(\neg x)(\neg(y+\neg z))$

(3) $(x+y+z)(\neg x)(\neg y)(\neg z)$

解：产生这些输出的电路如图 8.4 所示。

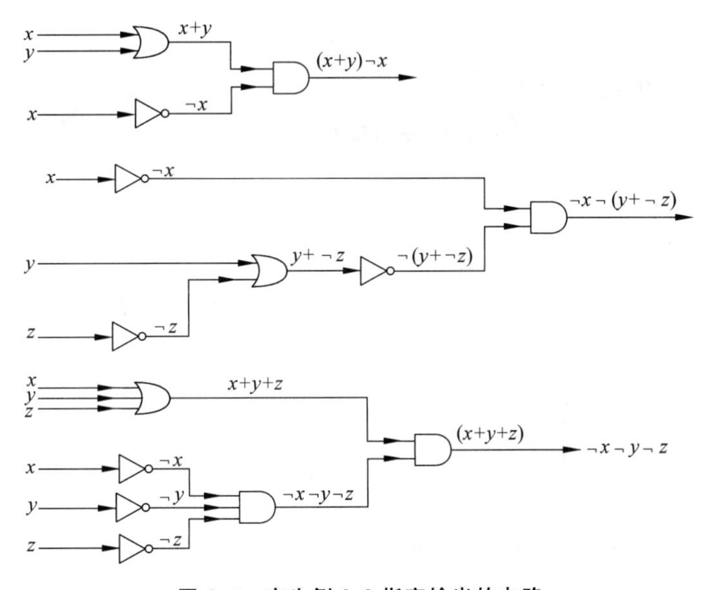

图 8.4 产生例 8.9 指定输出的电路

下面说明怎么用逻辑电路对两个正整数的二进制编码来执行加法。先构造一些分支电路，再从这些分支电路来构造加法电路。首先构造电路来计算 $x+y$，其中 x 和 y 是两个二进制数字。因为 x 和 y 的值为 0 或 1，此电路的输入就是 x 和 y。输出由两个二进制数字 s 和 c 构成，其中 s 和 c 分别是和位与进位。因为这种电路有多个输出，故称为多重输出电路。又由于此电路只是将两个二进制数字相加，而没有考虑以前加法所产生的进位，所以这样的电路称为半加器。表 8.8 说明了半加器的输入和输出，由此表可以

看出 $c=xy$，且 $s=x(\neg y)+(\neg x)y=(x+y)\neg(xy)$。这样图 8.5 所示的电路计算了 x 与 y 的和位 s 与进位 c。

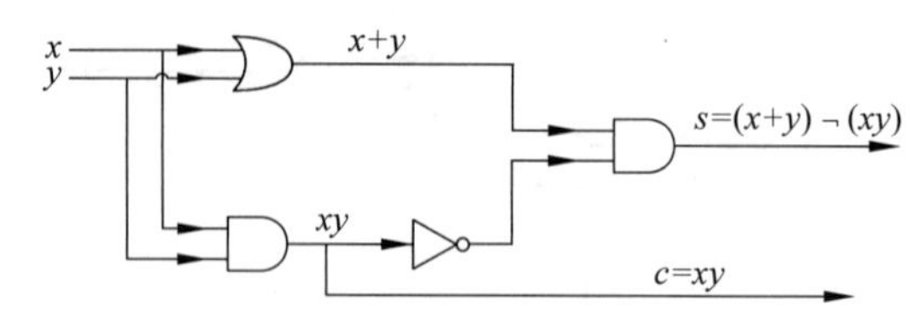

图 8.5 半加器

表 8.8 半加器的输入和输出

输入		输出	
x	**y**	**s**	**c**
1	1	0	1
1	0	1	0
0	1	1	0
0	0	0	0

当两个二进制数字与一个进位相加时，用全加器来计算和位与进位。全加器的输入是这两个二进制数字 x 和 y 以及进位 c_i，输出是和位 s 与新的进位 c_{i+1}。全加器的输入和输出如表 8.9 所示。

表 8.9 全加器的输入和输出

输入			输出	
x	**y**	c_i	**s**	c_{i+1}
1	1	1	1	1
1	1	0	0	1
1	0	1	0	1
1	0	0	1	0
0	1	1	0	1
0	1	0	1	0
0	0	1	1	0
0	0	0	0	0

全加器的两个输出——和位 s 与进位 c_{i+1}——可分别由积之和展开式 $xyc_i+x\neg y\neg c_i+\neg x\neg yc_i$ 与 $xyc_i+xy\neg c_i+x\neg yc_i+\neg xyc_i$ 表示。但本例并不直接构造全加器，而是使用半加器来产生所需的输出。使用半加器构造全加器的方法如图 8.6 所示。

最后，图 8.7 说明了怎样用加法器和半加器来计算两个 3 位二进制整数 $(x_2x_1x_0)_2$ 与 $(y_2y_1y_0)_2$ 的和 $(s_3s_2s_1s_0)_2$。注意，和中的最高位 s_3 是由进位 c_2 产生的。

下面给出一个具有实际功能的电路。

例 8.10 某个组织的一切事务都由一个三人委员会决定，每个委员对提出的建议可以投赞成票或反对票。一个建议如果得到了至少两张赞成票就获得通过。设计一个电

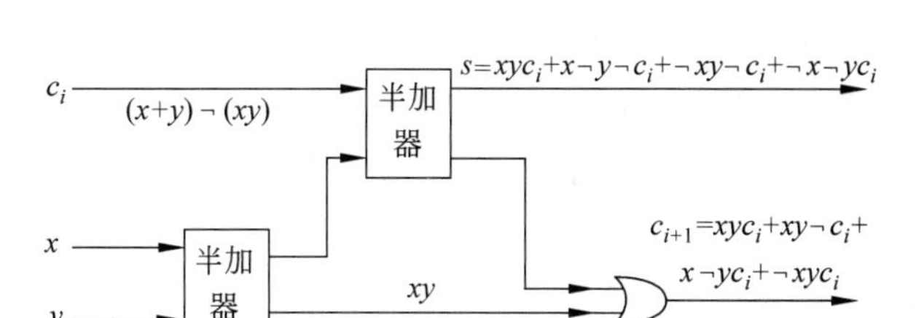

图 8.6　全加器

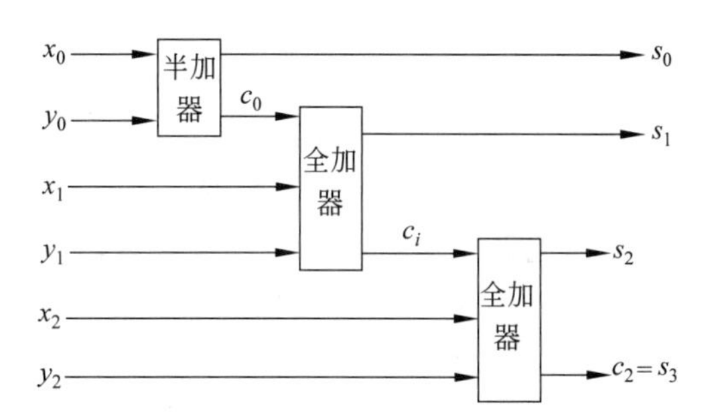

图 8.7　用全加器和半加器将两个 3 位整数相加

路来确定建议是否获得通过。

解：如果第一个委员投赞成票，则令 $x=1$；如果这个委员投反对票，则令 $x=0$。如果第二个委员投赞成票，则令 $y=1$；如果这个委员投反对票，则令 $y=0$。如果第三个委员投赞成票，则令 $z=1$；如果这个委员投反对票，则令 $z=0$。必须设计一个电路使得：对于输入 x、y 和 z，如果其中至少有两个为 1，则此电路产生输出 1。具有这样输出值的一个布尔函数表示是 $xy+xz+yz$。实现这个函数的电路如图 8.8 所示。

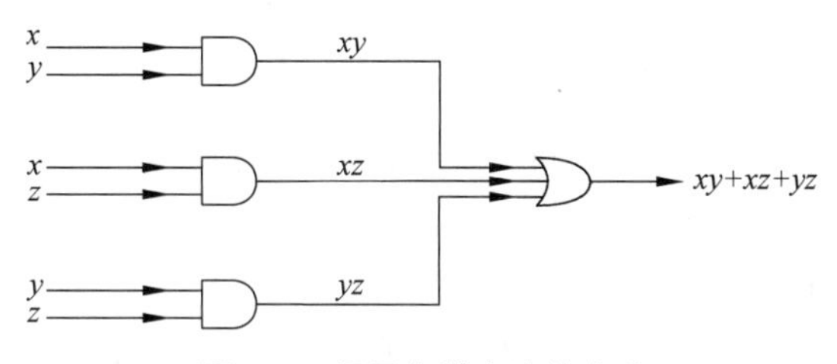

图 8.8　用于多数表决的电路

8.3.2　半群与形式语言

计算机可以完成很多任务。但是给定一个任务，我们面临的第一个问题是：它是否可以用计算机来解决？若可以的话，我们就要考虑第二个问题：如何解决。这些问题的回答都和计算模型有关。

3 种最为基本的计算模型分别是文法(grammar)、有限状态机(finite-state machine)和图灵机(turing machine)。其中文法是用来生成一门语言的所有词汇以及判断一个词汇是否在一门语言中的规则。文法产生形式语言，而形式语言既为像英语这样的自然语言提供了模型，又为像 Pascal、C、PROLOG 和 Java 这样的编程语言提供了模型。在编译原理和汇编程序的创造中，文法有着不可替代的作用。

设 Σ 是一个非空有限集合，称为字母表，由 Σ 中有限个字母组成的有序集合（即字符串）称为 Σ 上的一个字，串中的字母个数 m 称为字长，$m=0$ 时称为空字，记为 ε。Σ^* 表示 Σ 上的字的全体，Σ^* 上的连接运算 · 定义为 $\alpha,\beta\in\Sigma^*$，$\alpha\cdot\beta=\alpha\beta$，则 $<\Sigma^*,\varepsilon>$ 是一个代数系统，而且是一个独异点。

Σ^* 的任一子集就称为语言。

可以利用文法来给定一门语言。一个文法给出了一个字母表（用来产生语言中词的符号集合）和一个产生词的规则集。

一个文法是一个四元组 $G=(\Sigma, T, s, P)$，其中 Σ 是字母表，T 是 Σ 的子集，它的元素是终止符（它不能再被 Σ 中其他字符代替），s 是 Σ 的一个元素，它是初始符，P 是所谓生成规则的集合（生成规则实质上就是语言的短语构成规则，它们决定 Σ 中的一个字符串可以被 Σ 中的哪个符号串替换）。$N=\Sigma-T$ 中的元素称为非终止符（它能被 Σ 中其他字符代替），P 中的每个产生式的左端至少要有一个非终止符。

定义了一门语言的文法后，利用产生式，就可以从初始符号 s 出发演绎出一个一个词，从而确定由该文法产生出来的语言。

设 $G=(\Sigma,T,s,P)$ 是一个文法，则由 G 产生的语言 $L(G)$ 就是能由初始符号 s 演绎出来的所有字符串的集合，即 $L(G)=\{T|s\}$。

例 8.11 设 $\Sigma=\{0,1\}$，可定义 Σ 上的不同语言如下：

(1) $\{0,1\}$；$\{00, 11\}$；$\{0,1, 00, 11, 01, 10\}$；…

(2) $\{0,1\}*$；$\{00, 11\}$；$\{0,1, 00, 11, 01, 10\}*$；…

8.3.3 纠错码

定义 8.2 由 0 和 1 组成的串称为**字**(word)，一些字的集合称为**码**(code)。码中的字称为**码字**(code word)。不在码中的字称为**废码**(invalid code)。码中的每个二进制信号 0 或 1 称为**码元**(code letter)。

下面举出几个关于纠错码的例子。

例 8.12 设有长度为 2 的字，它们一共可有 $2^2=4$ 个，它们所组成的字集为 $S_2=\{00,01,10,11\}$。当选取编码为 S_2 时，这种编码不具有抗干扰能力。因为当 S_2 中的一个字如 10，在传递过程中其第一个码元 1 变为 0，因而整个字成为 00 时，由于 00 也是 S_2 中的字，故不能发现传递中是否出错。

当选取 S_2 的一个子集如 $C_2=\{01,10\}$ 作为编码时就会发生另一种完全不同的情况。因为此时 00 和 11 均为废码，而当 01 在传递过程中第一个码元由 0 变为 1，即整个字成为 11 时，由于 11 是废码，因而能够发现传递过程中出现了错误。对 10 也有同样的情况。

$$01\begin{cases}\text{第一个码元错，成为 }11\\\text{第二个码元错，成为 }00\end{cases}\qquad 10\begin{cases}\text{第一个码元错，成为 }00\\\text{第二个码元错，成为 }11\end{cases}$$

可见，这种编码有一个缺点，即它只能发现错误而不能纠正错误，因此还需要选择另一种能纠错的编码。

例 8.13 考虑长度为 3 的字，它们一共可有 $2^3=8$ 个，它们所组成的字集为 $S_3=\{000,001,010,011,100,101,110,111\}$，选取编码 $C_3=\{101,010\}$。利用此编码不仅能发现错误，而且能纠正错误。

因为码字 101 出现单个错误后将变为 001、111 或 100，而码字 010 出现错误后将变为 110、000 或 011，故如码字 101 在传递过程中任何一个码元出现了错误，整个码字只会变为 111、100 或 001，但是都可知其原码为 101；对于码字 010 也有类似的情况。故编码 C_3 不仅能发现错误，而且能纠正错误。

当然，上述编码还有一个缺点，就是它只能发现并纠正单个错误。当错误超过两个码元时，它就既不能发现错误，更无法纠正了。

通过前面例子发现，C_2 编码仅能发现错误，按 C_3 编码可发现并纠正单个错误。可见，不同的编码具有不同的纠错能力。下面介绍编码方式与纠错能力之间的联系。

设 S_n 是长度为 n 的字集，即

$$S_n=\{x_1x_2\cdots x_n \mid x_i=0 \text{ 或 } 1, i=1,2,\cdots,n\}$$

在 S_n 上定义二元运算∘为

$$\forall X,Y\in S_n, X=x_1x_2\cdots x_n, Y=y_1y_2\cdots y_n, Z=X\circ Y=z_1z_2\cdots z_n$$

其中，$z_i=x_{i+_2}y_i(i=1,2,\cdots,n)$，运算符 $+_2$ 为模 2 加运算（即 $0+_21=1+_20=1, 0+_20=1+_21=0$），称运算∘为按位加。

显然，$<S_n,\circ>$是一个代数系统，且运算∘满足结合律，它的幺元为 $00\cdots0$，每个元素的逆元都是它自身。因此，$<S_n,\circ>$是一个群。

定义 8.3 S_n 的任一非空子集 C，如果是$<C,\circ>$群，即 C 是 S_n 的子群，则称码 C 是**群码**(group code)。

定义 8.4 设 $X=x_1x_2\cdots x_n$ 和 $Y=y_1y_2\cdots y_n$ 是 S_n 中的两个元素，称

$$H(X,Y)=\sum_{i=1}^{n}(x_i+_2y_i)$$

为 X 与 Y 的**汉明距离**(Hamming distance)。

从定义可以看出，X 和 Y 的汉明距离是 X 和 Y 中对应位码元不同的个数。设 S_3 中两个码字为 000 和 011，这两个码字的汉明距离为 2；而 000 和 111 的汉明距离为 3。关于汉明距离，有以下结论：

(1) $H(X,X)=0$

(2) $H(X,Y)=H(Y,X)$

(3) $H(X,Y)+H(Y,Z)\geqslant H(X,Z)$

这里只对(3)进行的证明。定义

$$H(x_i,y_i)=\begin{cases}0, & x_i=y_i\\ 1, & x_i\neq y_i\end{cases}$$

则 $H(x_i,z_i)\leqslant H(x_i,y_i)+H(y_i,z_i)$，从而有

$$\begin{aligned}H(X,Z)&=\sum_{i=1}^{n}H(x_i,z_i)\leqslant\sum_{i}^{n}H(x_i,y_i)+\sum_{i=1}^{n}H(y_i,z_i)\\&=H(X,Y)+H(Y,Z)\end{aligned}$$

定义 8.5 一个码 C 中所有不同码字的汉明距离的极小值称为码 C 的**最小距离**(minimum distance),记为 $d_{\min}(C)$。即

$$d_{\min}(C)=\min_{\substack{X,Y\in C\\ X\neq Y}} H(X,Y)$$

例如,$d_{\min}(S_2)=d_{\min}(S_3)=1$,$d_{\min}(C_2)=2$,$d_{\min}(C_3)=3$。

利用编码 C 的最小距离,可以刻画编码方式与纠错能力之间的关系,有以下两个定理。

定理 8.1 一个码 C 能检查出不超过 k 个错误的充分必要条件为 $d_{\min}(C)\geqslant k+1$。

定理 8.2 一个码 C 能纠正 k 个错误的充分必要条件是 $d_{\min}(C)\geqslant 2k+1$。

例 8.14

(1) 对于 $C_2=\{01,10\}$,因为 $d_{\min}(C_2)=2=1+1$,所以 C_2 可以检查出单个错误。

(2) 对于 $C_3=\{101,010\}$,因 $d_{\min}(C_3)=3$,故 C_3 能够发现并纠正单个错误。

(3) 对于 S_2 和 S_3 分别包含了长度为 2、3 的所有码,因而 $d_{\min}(S_2)=d_{\min}(S_3)=1$,从而 S_2、S_3 既不能检查错误也不能纠正错误。从而可知,一个编码如果包含了某个长度的所有码字,则此编码一定无抗干扰能力。

例 8.15 奇偶校验码(parity code)的编码。

编码 $S_2=\{00,01,10,11\}$ 没有抗干扰能力。但可以在 S_2 的每个码字后增加一位(称为奇偶校验位),这一位是这样安排的,它使每个码字所含 1 的个数为偶数,按这种方法编码后 S_2 就变为 $S'_2=\{000,011,101,110\}$,而它的最小距离 $d_{\min}(S'_2)=2$,故由定理 8.1 可知,它可以发现单个错误。而事实也是如此,当传递过程中发生单个错误时,码字就变为含有奇数个 1 的废码。

类似地,增加奇偶校验位使码字所含 1 的个数为奇数时也可得到相同的效果。可以把上述结果推广到 S_n 中去,不管 n 多大,只要增加一位奇偶校验位总可能查出一个错误。这种方法在计算机中是使用很普遍的一种纠错码,它的优点是所付出的代价较小(只增加一位附加的奇偶校验位),而且这种码的生成与检查也很简单,它的缺点是不能纠正错误。

通过前面的分析发现 S_2 无纠错能力,但在 S_2 中选取 C_2 后,C_2 具有发现单错的能力。同样,S_3 无纠错能力,但在 S_3 中选取 C_3 后,C_3 具有纠正单错的能力。从这里可以看出,如何从一些编码中选取一些码字组成新码,使其具有一定的纠错能力是一个很重要的课题。

下面介绍一种很重要的编码——汉明编码,这种编码能发现并纠正单个错误。

先考虑一个 4 位编码 S_4,其中每个码字为 $a_1a_2a_3a_4$,若增加 3 位校验位 $a_5a_6a_7$,从而使它成为长度为 7 的码字 $a_1a_2a_3a_4a_5a_6a_7$。其中校验位 $a_5a_6a_7$ 应满足下列方程:

$$a_1+_2 a_2+_2 a_3+_2 a_5=0 \tag{8.1}$$

$$a_1+_2 a_2+_2 a_4+_2 a_6=0 \tag{8.2}$$

$$a_1+_2 a_3+a_4+_2 a_7=0 \tag{8.3}$$

也就是说要满足

$$a_5=a_1+_2 a_2+_2 a_3$$
$$a_6=a_1+_2 a_2+_2 a_4$$
$$a_7=a_1+_2 a_3+_2 a_4$$

因此，a_1、a_2、a_3、a_4 一旦确定，则校验位 a_5、a_6、a_7 可根据上述方程唯一确定。这样由 S_4 就可以得到一个长度为 7 的编码 C，如表 8.10 所示。

表 8.10　长度为 C 的编码 C

a_1	a_2	a_3	a_4	a_5	a_6	a_7	a_1	a_2	a_3	a_4	a_5	a_6	a_7
0	0	0	0	0	0	0	1	0	0	0	1	1	1
0	0	0	1	0	1	1	1	0	0	1	1	0	0
0	0	1	0	1	0	1	1	0	1	0	0	1	0
0	0	1	1	1	1	1	1	0	1	1	0	0	1
0	1	0	0	1	1	0	1	1	0	0	0	0	1
0	1	0	1	1	0	1	1	1	0	1	0	1	0
0	1	1	0	0	1	1	1	1	1	0	1	0	0
0	1	1	1	0	0	0	1	1	1	1	1	1	1

上述的编码 C 能发现一个错误并纠正单个错误。因为如果 C 中码字发生单错，则上述 3 个等式必定至少有一个不满足；当 C 中码字发生单错后，不同的字位错误可使不同的等式不成立，如当 a_2 发生错误时必有式(8.1)和式(8.2)不成立，而当 a_3 发生错误时必有式(8.1)和式(8.3)不成立，这 3 个等式的 8 种组合可对应 $a_1 \sim a_7$ 的 7 个码元每个码的错误以及一个正确无误的码字。

为讨论方便，下面建立 3 个谓词：

$$P_1(a_1,a_2,\cdots,a_7): a_1+_2 a_2+_2 a_3+_2 a_5=0$$
$$P_2(a_1,a_2,\cdots,a_7): a_1+_2 a_2+_2 a_4+_2 a_6=0$$
$$P_3(a_1,a_2,\cdots,a_7): a_1+_2 a_3+_2 a_4+_2 a_7=0$$

这 3 个谓词的真假与对应等式是否成立相一致。

再建立 3 个集合 S_1、S_2、S_3 分别对应 P_1、P_2、P_3，令

$$S_1=\{a_1,a_2,a_3,a_5\}$$
$$S_2=\{a_1,a_2,a_4,a_6\}$$
$$S_3=\{a_1,a_3,a_4,a_7\}$$

显然，S_i 是使 P_i 为假的所有出错字的集合。可构成下面 7 个非空集合：

$$\{a_1\}=S_1\cap S_2\cap S_3 \qquad \{a_2\}=S_1\cap S_2\cap \overline{S}_3$$
$$\{a_3\}=S_1\cap \overline{S}_2\cap S_3 \qquad \{a_4\}=\overline{S}_1\cap S_2\cap S_3$$
$$\{a_5\}=S_1\cap \overline{S}_2\cap \overline{S}_3 \qquad \{a_6\}=\overline{S}_1\cap S_2\cap \overline{S}_3$$
$$\{a_7\}=\overline{S}_1\cap \overline{S}_2\cap S_3$$

从这 7 个集合可以确定出错位。例如，$\{a_3\}=S_1\cap \overline{S}_2\cap S_3$，即表示 $a_3\in S_2$，$a_3\in S_1$，$a_3\in S_3$，所以 a_3 出错，则必有 P_2 为真，P_1、P_3 为假。反之亦然。以此类推，可得到表 8.11 所示的纠错对照表。从表中可看出这种编码 C 能纠正一个错误。

表 8.11 纠错对照表

P_1	P_2	P_3	出错码元
0	0	0	a_1
0	0	1	a_2
0	1	0	a_3
0	1	1	a_4
1	0	0	a_5
1	0	1	a_6
1	1	0	a_7
1	1	1	无

将上例加以抽象，首先将式(8.1)、式(8.2)和式(8.3)表示为矩阵形式：

$$\boldsymbol{H}\cdot\boldsymbol{X}^{\mathrm{T}}=\Theta^{\mathrm{T}}$$

其中，

$$\boldsymbol{H}=\begin{bmatrix}1&1&1&0&1&0&0\\1&1&0&1&0&1&0\\1&0&1&1&0&0&1\end{bmatrix}$$

$$\boldsymbol{X}=(a_1,a_2,a_3,a_4,a_5,a_6,a_7)$$

$$\Theta=(0,0,0)$$

$\boldsymbol{X}^{\mathrm{T}}$ 和 Θ^{T} 分别是 X 和 Θ 的转置矩阵，这里加法运算为 $+_2$。

可见，一个编码可由矩阵 $\boldsymbol{H}$ 确定，而它的纠错能力可由 $\boldsymbol{H}$ 的特性决定。下面讨论矩阵 $\boldsymbol{H}$。

定义 8.6 一个码字 $\boldsymbol{X}$ 所含 1 的个数称为此码字的**权重**(weight)，记为 $W(X)$。

例如，码字 001011 的权重为 3，码字 100000 的权重为 1，码字 00…0 的权重为 0，通常将 00…0 记为 0′或 Θ。利用码字的权重，有如下结论：

(1) 设有码 C，对任意 $X,Y\in C$，有 $\boldsymbol{H}(X,Y)=\boldsymbol{H}(X\circ Y,\Theta)=W(X\circ Y)$；

(2) 群码 C 中非零码字的最小权重等于此群码的最小距离。

(3) 设 $\boldsymbol{H}$ 是 k 行 n 列矩阵，$X=x_1x_2\cdots x_n$，并设集合 $G=\{X\mid\boldsymbol{H}\cdot X^{\mathrm{T}}=\Theta^{\mathrm{T}}\}$，这里加法运算为 $+_2$，则 $\langle G,\circ\rangle$ 是群，即 G 是群码。

上述介绍的汉明码就是群码。

定义 8.7 群码 $G=\{X\mid\boldsymbol{H}\cdot X^{\mathrm{T}}=\Theta^{\mathrm{T}}\}$ 称为由 $\boldsymbol{H}$ 生成的群码，而 G 中每一个码字称为由 $\boldsymbol{H}$ 生成的**码字**，矩阵 $\boldsymbol{H}$ 称为**一致校验矩阵**(uniform check matrix)。

现在介绍矩阵列向量的概念，设矩阵 $\boldsymbol{H}$ 为

$$\boldsymbol{H}=\begin{bmatrix}h_{11}&h_{12}&\cdots&h_{1n}\\h_{21}&h_{22}&\cdots&h_{2n}\\\vdots&\vdots&\ddots&\vdots\\h_{m1}&h_{m2}&\cdots&h_{mn}\end{bmatrix},\quad 令\ \boldsymbol{h}_i=\begin{pmatrix}h_{1i}\\h_{2i}\\\vdots\\h_{mi}\end{pmatrix},\quad i=1,2,\cdots,n$$

此时矩阵 $\boldsymbol{H}$ 可记为 $\boldsymbol{H}=(\boldsymbol{h}_1\ \boldsymbol{h}_2\ \boldsymbol{h}_3\cdots\boldsymbol{h}_n)$，而 $\boldsymbol{h}_i$ 称为矩阵 $\boldsymbol{H}$ 的第 i 个列向量(column vector)。

$$\boldsymbol{h}_i \circ \boldsymbol{h}_j = \begin{pmatrix} h_{1i} +_2 h_{1j} \\ h_{2i} +_2 h_{2j} \\ \vdots \\ h_{mi} +_2 h_{mj} \end{pmatrix}$$

通过上面的讨论，有如下结论：

(1) 一致校验矩阵 $\boldsymbol{H}$ 生成一个权重为 p 的码字的充分必要条件是：在 $\boldsymbol{H}$ 中存在 p 个列向量，它们的按位加为 Θ^{T}。

(2) 由 $\boldsymbol{H}$ 生成的群码的最小距离等于 $\boldsymbol{H}$ 中列向量按位加为 Θ^{T} 的最小列向量数。

这个结论建立了最小距离与列向量之间的联系。由前面结论可知：一个码的纠错能力由其最小距离决定，一个群码的纠错能力可由其一致校验矩阵 $\boldsymbol{H}$ 中列向量按位加为 Θ^{T} 的最小列向量数决定。

故只要选取适当的 $\boldsymbol{H}$ 就可使其生成的码达到预定的纠错能力。

对于前面所述的汉明码，它的一致校验矩阵 $\boldsymbol{H}$ 中没有零向量，且各列向量之间均互不相同，但它的第 2～4 列向量的按位加为 Θ^{T}，由此结论可知，这个码的最小距离为 3，而且可知此群必能纠正单个错误。

8.4　图论在计算机科学中的应用

图论在计算机科学领域中起着相当重要的作用，如在逻辑设计、计算机网络、数据结构、数据库系统、形式语言与自动机理论等的研究过程中，图论都是一种十分有用的工具。

在第 7 章中已经例举了图论的应用问题。如利用有向图的连通性来分析计算机操作系统中的死锁问题，利用欧拉图解决了计算机鼓轮设计问题，利用最小生成树的原理解决了科学规划中的一些问题，利用最优树的理论解决了最优前缀码等等，从中已经可以初见图论的应用性之强。实际上，图论中很多理论都是由最先的实际问题分析而来，比如由哥尼斯堡七桥问题引出了欧拉图，由周游世界问题引出了哈密尔顿图，由地图的四色猜想引出了点和边的着色理论等等。在此不再一一论述图论在这些问题中的应用。本节从几个与计算机实际应用非常密切的一些角度或者说学科来讨论图论的具体应用。

8.4.1　二叉树在搜索算法中的应用

有向树的重要应用是用作数据结构和描述算法，而用得最多的是二叉树和三叉树。下面以二叉树为例说明作为数据结构时的应用和有关算法。

通常有大量的数据存储在计算机系统中，数据最基本的单位是**记录**，每个记录由各个相关的**数据项**组成，例如，一个学生的学习档案就是一个记录。记录的集合叫**文件**。在文件上的操作通常有插入新记录、删去记录和在文件中搜索记录等。为使这些操作能进行，简便的做法是使每个记录中含有一个称为**搜索键**的项，例如学生的学习档案构成的文件，可以用每个学生的学号或姓名作为搜索键。

为使记录能快速存取，文件可以用二叉树形式作为数据结构进行组织。这种二叉树称为**二叉搜索树**。每一结点代表一记录，假定每一记录的键值都不相同。例如，图 8.9 就是一棵二叉搜索树，每一结点中的标记是存储于该结点的记录的键（简称为该结点的键值）。二叉搜索树的存储特点是：每一结点的键值大于其左子树中所有结点的键值，而小于其右子树中所有结点的键值。

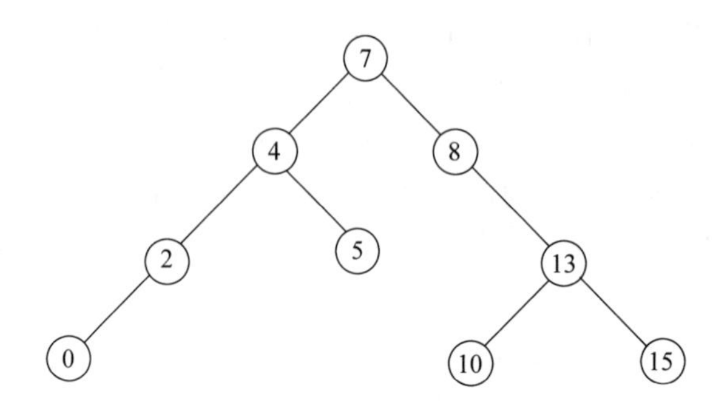

图 8.9　搜索树

搜索的算法如下：如果要找的记录的键值是 A，那么把 A 和根结点的键值 K 比较，如果相等，则存于此结点的记录就是要找的，搜索结束。如果 $A<K$，那么转到根的左子树，若左子树不存在，说明文件中没有要找的记录，搜索结束。如果 $A>K$，那么转到右子树，若右子树不存在，说明文件中没有要找的记录，搜索结束。转到左（右）子树后，对左（右）子树重复以上过程。最终，或找到所要的记录，或明确要找的记录不在文件中。

这种搜索法显然比把记录以表的形式存储，再顺序地搜索要有效。

使用二叉树作数据结构时，有时需要遍历整棵树，即遍访每一结点。有 3 个遍历算法，依据根结点被处理的先后不同，分别称为**前序**、**中序**、**后序遍历算法**。设二叉树的根为 r，左子树为 T_1，右子树为 T_2（但 T_1 和 T_2 都可以不存在），3 个遍历算法的递归定义如下。

前序：

(1) 处理 T 的根结点 r。

(2) 如果 T_1 存在，那么用前序方法处理 T_1。

(3) 如果 T_2 存在，那么用前序方法处理 T_2。

中序：

(1) 如果 T_1 存在，那么用中序方法处理 T_1。

(2) 处理 T 的根结点 r。

(3) 如果 T_2 存在，那么用中序方法处理 T_2。

后序：

(1) 如果 T_1 存在，那么用后序方法处理 T_1。

(2) 如果 T_2 存在，那么用后序方法处理 T_2。

(3) 处理 T 的根结点 r。

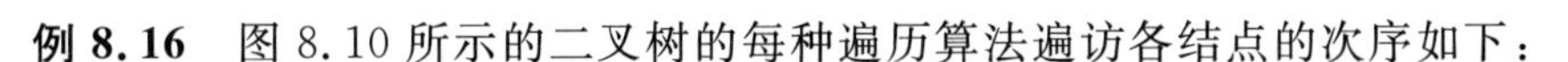

例 8.16 图 8.10 所示的二叉树的每种遍历算法遍访各结点的次序如下：

先根次序遍历为 $v_1 v_2 v_4 v_6 v_7 v_3 v_5 v_8 v_9 v_{10} v_{11} v_{12}$。

中根次序遍历为 $v_6 v_4 v_7 v_2 v_1 v_8 v_5 v_{11} v_{10} v_{12} v_9 v_3$。

后根次序遍历为 $v_6 v_7 v_4 v_2 v_8 v_{11} v_{12} v_{10} v_9 v_5 v_3 v_1$。

如果树的结点标号是某字母表上的一个字符，那么按给定遍历算法的次序写下各结点的标号就得到该字母表上的一个字 w。一般地说，仅给出字 w 和遍历算法不可能重新构造出树。但在下述特殊情况下却是可以的。如果树代表一个代数表达式，其中每一内部结点标记着一个运算符，诸如＋、－、$*$ 和/，而每片叶子标记着一个变元或常数，字由前序遍历或后序遍历得出，那么，根据这个字可重新构造出原代数表达式。这意味着字是代数表达式的另一种表示，通常称为波兰表示，它对计算机计算极为方便。

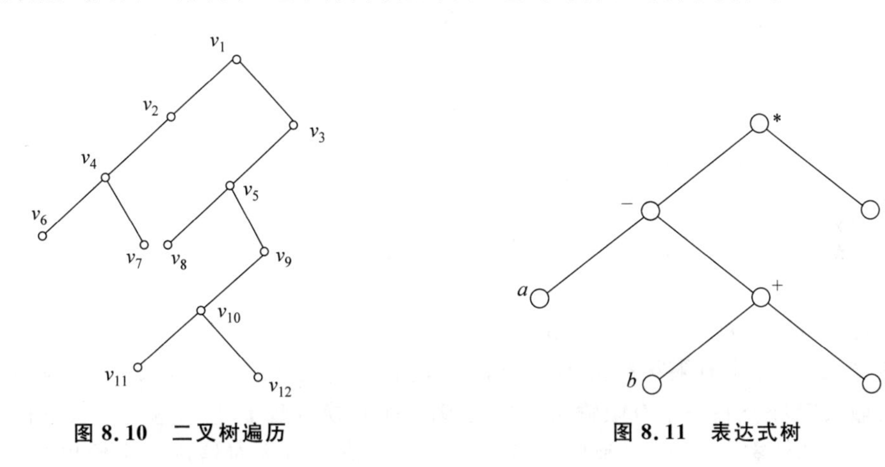

图 8.10 二叉树遍历　　图 8.11 表达式树

例 8.17 考虑代数表达式$(a-(b+c))*d$ 和它关联的标记二叉树(见图 8.11)。

我们发现，这个树的前序遍历得到的字序列为 $*-a+bcd$，后序遍历得到的字序列为 $abc+-d*$，中序遍历所得的字序列为 $a-b+c*d$。

把这 3 种结果与原表达式对照，可以发现，中根次序遍历的结点序列没有括号，因此这种表示会产生二义性。而先根次序遍历的结点序列恰好是把表达式中的运算符写在两个运算量前，这种表示方法称为**表达式的前缀表示法**，也称为**波兰表示法**。后根次序遍历的结点序列恰好是把表达式中的运算符写在两个运算量后，这种表示方法称为**表达式的后缀表示法**，也称为**逆波兰表示法**。后两种表示法都能正确地计算表达式。

8.4.2 图论在形式语言的应用

一个由上下文无关语法产生语言的演绎可以用一个有序的根树来表示，称为演绎树。这个树的根代表初始符。树的分支结点代表演绎中出现的非终止符，树的叶结点代表演绎中出现的终止符。如果在演绎过程中使用了产生式 $A\to\omega$，ω 是一个词，那么代表 A 的结点把代表 ω 中每个符号的结点作为儿子结点，顺序从左到右。

例 8.18 英语句子"The big elephant ate the peanut"可以图解为图 8.12。

判断一个符号串是否在一个由上下文无关语法产生的语言中，这是一个在应用中经

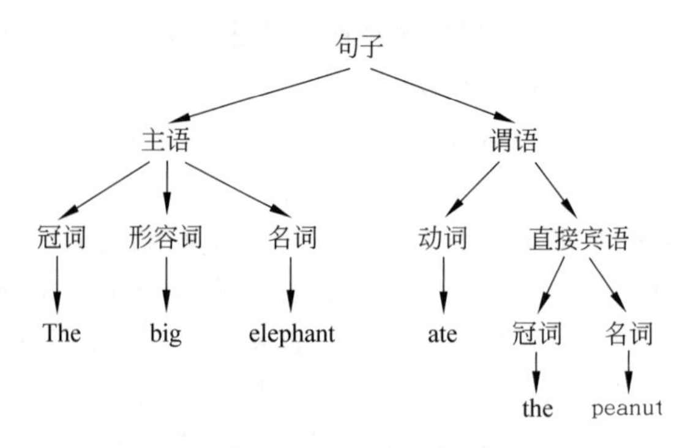

图 8.12 语法分解

常遇见的问题,如构造编译器等。一般可以有两种方法来解决这个问题:一种是从初始符开始,试图使用一系列的产生式来演绎出字符串,称为自顶向下分析;另一种方法称为自底向上的分析,在这种方法中,过程正好相反。

8.4.3 图论在有限状态自动机中的应用

许多器件,包括计算机元件,可以用一种称为有限状态机的结构来模拟。所有这些有限状态机都包含一个有限状态集合、一个指定的初始状态、一个输入字母表和一个转换函数,这个函数为任何一个状态和输入的对,给出下一个状态。

定义 8.8 一个有限状态机 $M=(S,I,O,f,g,s_0)$ 包含:一个有限的状态集合 S;一个有限输入字母表 I;一个有限输出字母表 O;一个转换函数 f,它为每一个状态和输入对给出一个新的状态;一个输出函数 g,它为每一个状态和输入对给出一个输出;一个初始状态 s_0。

根据转换函数,一个输入的符号串可以让初始状态经过一系列的状态变化,当从左向右一个符号一个符号地读输入的符号串时,每个读入的符号都让状态机从一个状态变成另一个状态。因为每个转换都能产生一个输出,所以一个输入的符号串也能产生一个输出串。

假设一个输入串 $x=x_1x_2\cdots x_k$,则读入这个输入可以让状态机从状态 s_0 变到状态 s_1,其中 $s_1=f(s_0,x_1)$,然后变到状态 s_2,其中 $s_2=f(s_1,x_2)$,……,最后终止于状态 $s_k=f(s_{k-1},x_k)$,这一系列的转换也产生了一个输出串 $y=y_1y_2\cdots y_k$,其中 $y_1=g(s_0,x_1)$对应从状态 s_0 到状态 s_1 的转换,$y_2=g(s_1,x_2)$对应从状态 s_1 到状态 s_2 的转换,……。一般地,$y_j=g(s_{j-1},x_j)$,$j=1,2,\cdots,k$。有的时候也把输出函数表示成 $g(x)=y$,其中 y 是对应输入 x 的输出,这种记法在很多应用中都很有用处。

例 8.19 在许多电子器件中有一个很重要的元件,称为单位延迟器,它的作用是把输入延迟一个指定的时间输出。怎么样构造一个有限状态机来把一个输入串延迟一个单位时间输出呢?即对于给定的二进制输入串 $x_1x_2\cdots x_k$,可以得到一个二进制输出串 $0x_1x_2\cdots x_{k-1}$。

把这个延迟器构造成两个输入,即 0 和 1,有一个初始状态 s_0,因为它要记住上一个输入是 0 还是 1,所以还需要两个状态 s_1 和 s_2,如果上一个输入是 1,则它有状态 s_1;如果上一个输入是0,则它有状态 s_2。对于从 s_0 出发的第一个转换所产生的输出是0,从 s_1 出发的转换产生一个输出1,从 s_2 出发的转换产生一个输出0。对于给定的二进制输入串 $x_1x_2\cdots x_k$,可以得到一个二进制输出串 $0x_1x_2\cdots x_{k-1}$。状态图如图8.13所示。

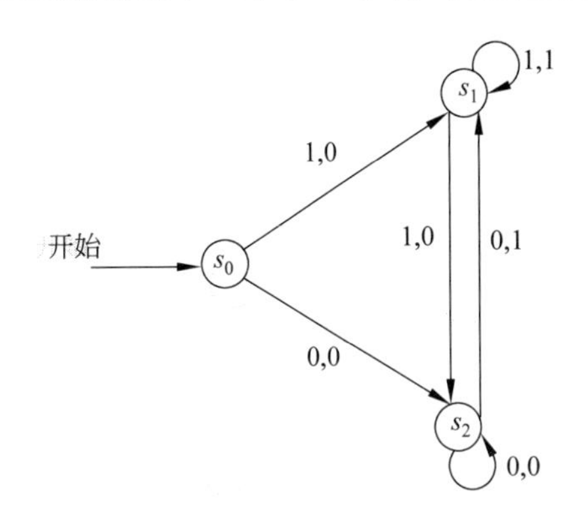

图8.13 单位延迟器的状态图

习 题

1. 试用谓词逻辑描述以下计算机程序问题的输入和输出。

(1) 近似计算整数的平方根。

(2) 查找数组中最大的元素。

(3) 查找数组中第 k 大的元素。

(4) 计算加权图中的最小支撑树。

2. 使用消解原理证明:

(1) 几何命题"两条不同直线至多有一个交点"是几何公设"过两个不同的点至多引一条直线"的逻辑结果。

(2) 如果函数序列 $f_1(x)$, $f_2(x)$,…, $fn(x)$,…在区间 (a,b) 内一致收敛于 $f(x)$,则必收敛于 $f(x)$。

3. 用反相器、与门和或门构造产生下列输出的电路。

(1) $(\neg x)+y$

(2) $(\neg(x+y))x$

(3) $xyz+(\neg x)(\neg y)(\neg z)$

(4) $\neg((\neg x+z)(y+\neg z))$

4. 设计一个电路来实现5个人的多数表决。

5. 设计一个由4个开关控制的电灯混合控制器,使得当电灯在打开时,按动任意一个开关都可关闭它;或者当电灯在关闭时,按动任意一个开关都可以打开它。

6. 证明可以使用全加器和半加器来计算两个5位二进制整数的和。

7. 用与门、或门和反相器构造一个多路转接器,它的4个输入是二进制数字 x_0、x_1、x_2 和 x_3,控制位是 c_0 和 c_1。建造此电路使得 x_i 为输出,其中 i 是2位整数 $(c_0c_1)_2$ 的值。